Service lecteurs gratuit

Retournez vite cette carte à notre département marketing pour bénéficier des avantages du service lecteurs.

- *Vous serez abonné à la lettre d'information réservée à nos meilleurs clients.*
- *Vous recevrez, dès sa parution, le catalogue BTP des Éditions Eyrolles.*
- *Vous serez informé de toutes nos offres dans les domaines qui vous intéressent.*

Éditions Eyrolles
Département Marketing
61, Bd St-Germain
75240 Paris Cedex 05

AF853644

Affranchir
au tarif
en vigueur

L'installation électrique

comme un pro !

L'installation électrique

comme un pro !

Thierry GALLAUZIAUX

Dixième tirage 2002

EYROLLES

ÉDITIONS EYROLLES
61, Bld Saint-Germain
75240 Paris Cedex 05
www.editions-eyrolles.com

Sommaire

RÉALISEZ VOTRE INSTALLATION

Remerciements

La conception d'un ouvrage de ce type est une entreprise de longue haleine. C'est pourquoi je remercie David Fedullo qui a eu la gentillesse de me consacrer son temps et son expérience tout au long de l'élaboration de ce livre. Par ses idées, ses suggestions et ses relectures, il a contribué à rendre cet ouvrage plus agréable et à le mettre à la portée de tous.

Comment utiliser ce livre ?

L'*installation électrique comme un pro* est divisé en trois parties. La première, volontairement brève, vous permettra, le cas échéant, de revoir les notions et les règles élémentaires concernant l'éléctricité. Elle s'adresse en priorité aux débutants.

La seconde partie se veut théorique, mais elle est néanmoins importante. Il s'agit, notamment au moyen d'exemples concrets, de vous accompagner dans l'accomplissement d'une étape essentielle pour une installation électrique réussie : le plan. Ne négligez pas cette partie. Prévoyez plusieurs copies du plan du futur logement afin d'y transcrire vos idées d'aménagement. De nombreuses solutions de confort électrique sont présentées afin de vous proposer un vaste choix. Utilisez les symboles indiqués dans l'exemple, ou les vôtres, inspirez-vous des plans proposés pour réaliser votre propre plan dans le respect des dernières normes. Cette deuxième partie s'adresse à tous, y compris à ceux qui ont déjà des notions en électricité.

La troisième partie suppose que vous avez défini précisément ce que vous voulez et que vous souhaitez passer à la réalisation proprement dite de votre installation. Vous y apprendrez comment distribuer les fileries, faire les montages, etc. Cette partie est la suite logique (la réalisation pratique) des deux premières.

Des cartouches, dans la marge, jalonnent l'ouvrage. Ils ont pour but de vous informer, d'attirer votre attention ou de vous mettre en garde. Voici la signification des différentes icônes :

- INTERDICTION
- ATTENTION
- INFORMATION
- DANGER
- IDÉE, CONSEIL
- MATÉRIEL NÉCESSAIRE
- CONSEILLÉ PAR PROMOTELEC

Révisez vos connaissances

Cette partie introductive présente brièvement les principes de base de l'électricité et sa nature. L'objectif est d'éclaircir ce que l'on appelle communément "courant" électrique, mais sans entrer dans la théorie des formules mathématiques. Vous découvrirez ou redécouvrirez, par exemple, la différence entre intensité, puissance et tension.

Les principaux dangers inhérents à l'électricité domestique sont présentés. Nous vous invitons également à évaluer vos besoins en terme de rénovation et attirons votre attention sur les normes et organismes compétents (Norme NF C 15-100 "Installation électriques à basse tension"), Consuel et Promotelec.

GÉNÉRALITÉS

L'électricité, qu'est-ce que c'est ?

L'électricité est une énergie dont on pourrait dire qu'elle existe à l'état naturel. Sa manifestation la plus connue est l'éclair lors d'un orage. Mais on ne peut pas la citer au même titre que les autres, car elle présente un inconvénient de taille : c'est qu'elle ne peut être stockée.

On doit donc la produire en permanence à partir d'autres énergies (centrales thermiques, hydrauliques, nucléaires).

Elle présente l'avantage d'être facilement transportable, de ne pas nécessiter de lieu de stockage, d'être immédiatement utilisable et propre. Le seul point que l'on pourrait lui reprocher c'est, peut-être, l'aspect inesthétique des lignes aériennes à haute tension ainsi que certaines installations dans nos habitations.
Malheureusement, l'électricité est très dangereuse si elle est mal maîtrisée. C'est pourquoi l'on ne cesse d'imposer des normes de plus en plus strictes, de créer du matériel plus sécurisant et plus performant. Pour bien maîtriser une chose il faut bien la connaître ; c'est pourquoi nous allons essayer simplement d'en comprendre le fonctionnement.

Comment ça marche ?

Un courant électrique est la circulation d'électrons libres entre deux points d'un corps conducteur. Les électrons sont des particules qui gravitent autour d'un noyau (un peu comme les planètes autour du soleil...). Le noyau et ses électrons constituent un atome. On appelle électron libre un électron pouvant se détacher facilement de l'atome. On distingue deux sortes de corps : ceux qui possèdent des électrons libres, appelés les *conducteurs* (essentiellement les métaux), et ceux qui n'en possèdent pas, appelés les *isolants* (verre, porcelaine, plastique).

Le générateur : un générateur est un appareil qui produit de l'électricité. Il est muni de deux bornes métalliques. Il contient un dispositif qui crée un excès d'électrons sur une borne et un manque sur l'autre. On symbolise ses bornes avec plus (+) pour l'excès et moins (-) pour le manque (figure 1). Lorsque l'on raccorde un récepteur à ses bornes (une ampoule

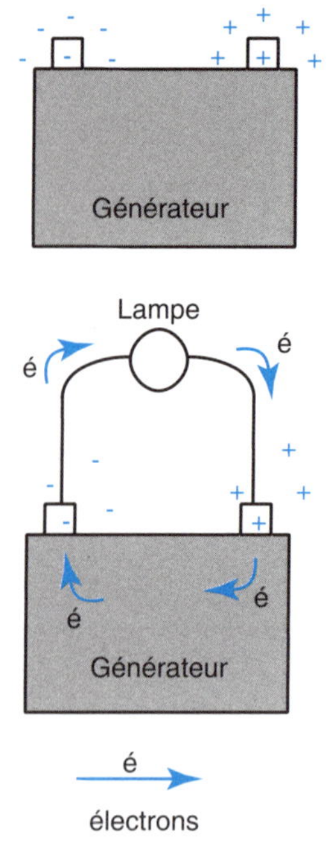

Figure 1 : Le générateur

sur une pile par exemple), le générateur agit comme une pompe à électrons. Il absorbe les charges + et renvoie les -. Dans le circuit les électrons circulent de la borne - à la borne +. Le courant électrique a donc un sens. Autrefois, on avait défini que le courant circulait de la borne + à la borne - (l'inverse de la réalité) ; par suite, on a gardé cette convention.

Pour connaître les effets de l'électricité, voici une petite expérience. On réalise un circuit (figure 2) en raccordant en série (les uns à la suite des autres avec un fil électrique) :
– une lampe ;
– des électrodes (extrémité des conducteurs en cuivre ou autre métal) que l'on plonge dans une solution ionique (base, acide, sel + eau). Une solution ionique est un produit qui, mélangé avec de l'eau,

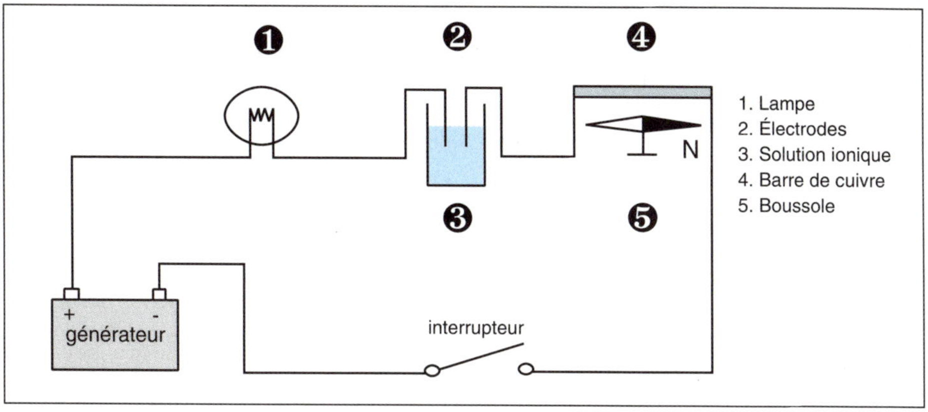

Figure 2 : Montage pour l'expérience

donne des *ions* (atomes ayant perdu ou gagné un ou plusieurs électrons) ;
– une barre de cuivre (sous laquelle on place une boussole) ;
– un interrupteur ;
– un générateur (une pile, par exemple).
Quand on abaisse l'interrupteur, que se passe-t-il ?
– La lampe s'allume (dégagement de chaleur) : effet calorifique.
– Des particules apparaissent sur les électrodes : effet chimique.
– L'aiguille de la boussole tourne : effet magnétique.
De la constatation de ces trois phénomènes, on peut résumer tout ce que l'on peut faire avec l'élèctricité.

L'effet calorifique : quand un courant électrique traverse un matériau résistant, l'énergie électrique se transforme en énergie calorifique. Cet effet est utilisé pour l'éclairage mais aussi pour le chauffage (un convecteur électrique utilise ce principe). Dans le cas de l'éclairage, la résistance est constituée d'un filament de tungstène porté à incandescence (sous l'effet du passage de l'électricité) dans une enveloppe de verre contenant du vide ou un gaz rare (krypton, par exemple).

L'effet chimique : lors du passage du courant électrique entre les électrodes à travers la solution, il se produit un échange d'électrons, donc de matière, d'une électrode à l'autre. Cette réaction chimique s'appelle *l'électrolyse*. Ce principe est utilisé dans l'industrie pour le raffinage de certains métaux (aluminium, or, argent) et pour la *galvanoplastie* (dépôt métallique sur une autre matière, par exemple l'argenture ou la dorure).
Mais ce principe mérite d'être un peu plus étudié, car si le passage du courant crée une réaction chimique, le processus inverse est vrai et une réaction chimique peut créer un courant électrique.
Il suffit de placer l'électrolyse dans un récipient et l'on obtient une pile électrique ou une batterie pour la voiture.

L'effet magnétique : dans la barre de cuivre traversée par le courant se produit un champ magnétique qui a pour effet d'influencer l'aiguille d'une boussole. Ce principe a lui aussi un champ d'application très vaste : il a permis d'élaborer le moteur électrique, le transformateur, la sonnette, la gâche électrique à la porte de

votre immeuble et bon nombre de mécanismes pour les automatismes.
Ce principe est lui aussi réversible. Par exemple, si l'on faisait tourner mécaniquement un moteur électrique, il produirait du courant. On a créé ainsi des générateurs plus spécifiques (l'alternateur d'une voiture, par exemple) et une bonne partie de l'électricité qui arrive chez vous est produite par ce procédé.
Maintenant, pour achever notre expérience, si l'on inverse les conducteurs au niveau du générateur, on va constater que, dans la solution, la matière va se déposer sur l'autre électrode et que la boussole va tourner dans l'autre sens. L'ampoule réagit de la même manière. On peut donc en déduire que le sens du courant influence ces effets.

Les valeurs

Nous allons maintenant évoquer les différentes valeurs à partir desquelles on définit le courant électrique.
Il existe deux sortes de courants :
– Le courant **continu**, produit par l'effet chimique (les piles et batteries) ; c'est celui que nous avons utilisé pour notre expérience avec un pôle **+** et un pôle **-** et selon le sens établi dont nous avons parlé précédemment.
– Le courant **alternatif**, produit par l'effet magnétique ; c'est celui que nous avons tous chez nous. Il ne présente pas les pôles **+** et **-** ; il les alterne plusieurs fois par seconde. On appelle cela la fréquence et on l'exprime en *hertz*. En France, nous disposons d'un courant alternatif de 50 hertz (l'alternance se produit 50 fois par seconde). Les deux fils qui arrivent sur les prises de courant sont appelés **phase** et **neutre** ; puisqu'on ne peut plus les appeler **+** et **-**.

Différence de potentiel (symbole **U**) **:** comme on l'a vu précédemment, le générateur agit comme une pompe à électrons. Il existe donc une dépression à ses bornes de sortie que l'on appelle différence de potentiel et qui s'exprime en **volts** (symbole **V**). Si vous mesurez avec un appareil adéquat (voltmètre) la différence de potentiel sur une prise de courant (que l'on peut considérer comme les bornes de sortie d'un générateur), vous trouverez une mesure située entre 220 et 230V. Plus communément, on appelle aussi cette valeur la tension.

Intensité (symbole **I**) **:** quand on branche une lampe sur notre générateur (figure 1), on établit un circuit passant par l'ampoule. Un certain flux d'électrons va donc transiter dans les fils et le filament de la lampe. Ce flux s'exprime en **ampères** (symbole **A**).

Résistance (symbole **R**) : une résistance est un matériau qui permet à l'énergie électrique de se transformer en énergie calorifique (le tungstène dans le filament de notre lampe, par exemple). On constate qu'en présence d'une tension donnée, l'intensité est proportionnelle à la résistance. Il existe une relation mathématique qu'on appelle la loi d'ohm qui est $U = R \times I$.
La résistance s'exprime en *ohms* (symbole Ω). On peut donc en déduire que si l'on augmente la résistance, l'intensité diminue, car la tension reste constante. L'inverse est vrai : si l'on baisse la résistance, l'intensité augmente.
Attention, lorsqu'on groupe des résistances, on obtient un résultat de nature différente selon que le montage est réalisé en série ou en parallèle.
Résistances en série : les résistances placées en série s'ajoutent. La résistance

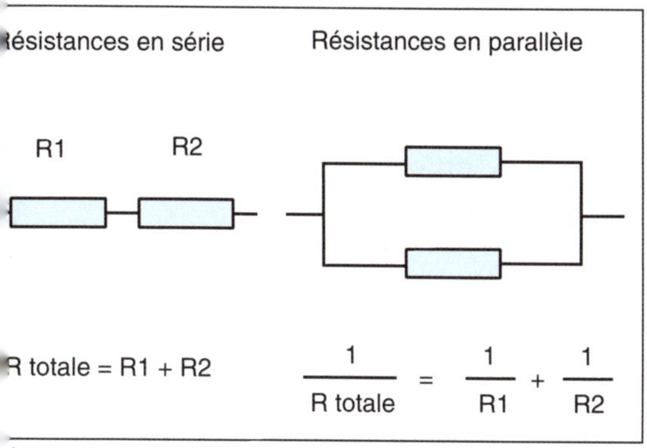

Figure 3 : Les résistances

équivalente est donc égale à la somme de toutes les résistances. Dans ce cas, plus on intercale de résistances, plus l'intensité diminue.

Résistances en parallèle : la résistance équivalente à un groupement en parallèle se calcule suivant la formule indiquée ci-dessus. Elle est inférieure à la plus petite des résistances. Dans ce cas, plus on ajoute de résistances, plus l'intensité augmente. C'est ce qui se produit lorsqu'on branche plusieurs appareils sur une même prise.

Puissance (symbole **P**) **:** exprimée en **Watts** (symbole **W**), elle évalue la quantité d'énergie absorbée par l'appareil raccordé sur une prise. Elle se calcule en multipliant la tension par l'intensité. Prenons un exemple pour illustrer ces valeurs.

Nous disposons d'une tension (à la prise) U = 220 V.

Admettons qu'une ampoule produise une intensité I = 0,45 A.

La puissance P = U × I = 220 × 0,45 = 100 W.

De même, si vous connaissez la puissance d'un appareil (information que vous devez trouver facilement sur sa plaque signalétique ainsi que la tension sur laquelle on le raccorde, vous pouvez déterminer l'intensité I = P/U.

Lorsque les puissances sont plus élevées, on les exprime en **kilowatts** (symbole **kW**), un kilowatt étant égal à 1000 watts.

…ensité, tension et **…ssance** ont des unités …érentes !

Consommation (symbole **kWh**) : elle s'obtient en multipliant la puissance d'un appareil (en kW) par sa durée d'utilisation (en heures). Toujours dans le même exemple, si nous laissons la lampe allumée trois heures, sa consommation sera donc de :

100 W = 0,100 kW

3 heures = 3

0,100 × 3 = 0,300 kWh

Cette valeur de consommation, vous la connaissez très bien, car c'est elle que vous voyez défiler sur le cadran de votre compteur électrique et c'est à partir de celle-ci que l'on établit votre facture EDF.

Il existe encore beaucoup d'autres valeurs en électricité mais on peut se contenter de ces quelques principes de base pour le sujet qui nous intéresse : réaliser une installation électrique.

Les dangers

L'électricité, rappelons-le, est très dangereuse. On déplore, en France, chaque année, plusieurs milliers d'accidents corporels, dont au moins 200 sont mortels, et plus de 4 000 incendies*.

Les incendies : ils peuvent être provoqués par plusieurs phénomènes :

– un échauffement des conducteurs dû à une section insuffisante de ceux-ci ou à une demande de puissance trop importante ;

* *Sources : PROMOTELEC.*

– un court-circuit entre les parties conductrices (ce qui provoque une surintensité avec un échauffement important) ;
– un mauvais contact dans les appareillages ou les raccordements (échauffements).
– un arc électrique dû au mauvais isolement des parties conductrices ou à la présence d'humidité.

Les risques corporels : le passage du courant électrique à travers le corps humain peut provoquer des effets pathophysiologiques qui vont des picotements jusqu'à l'arrêt cardiaque. On distingue deux sortes de contacts avec des parties électriques (figure 4) :

Les contacts directs : ils sont caractérisés par le contact direct du corps humain avec un conducteur sous tension et le sol.

Les contacts indirects : ils sont caractérisés par le contact du corps humain avec un appareil accidentellement sous tension (fil dénudé en contact avec la carcasse métallique d'un appareil ménager, par exemple) et le sol.

Le passage du courant dans le corps dépend de nombreux facteurs :
– la résistance du corps humain ;
– la callosité et humidité des mains (en cas de contact avec la main) ;
– la nature du sol (plus ou moins conducteur) ;
– la nature des chaussures ;
– la durée du contact.

Mais sachez qu'une tension supérieure à 25 V en alternatif dans de mauvaises conditions peut être mortelle. De même, avec le courant domestique, une intensité supérieure à 40 mA (milliampère) provoque la mort. Donc en électricité, la principale règle à respecter est la **sécurité**.

À partir d'une tension de 25V, l'électricité peut être mortelle. En 220 V elle est mortelle à partir d'une intensité de 40 mA.

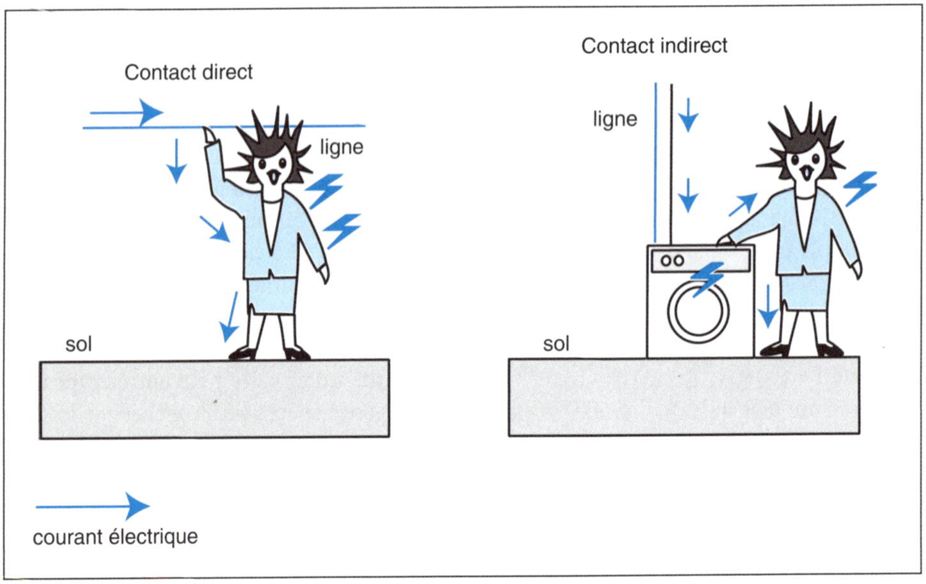

Figure 4 : Les risques d'électrocution

POURQUOI RÉNOVER ?

La plupart des installations électriques anciennes ne sont plus capables de supporter les appareils modernes que nous sommes amenés à raccorder. Souvent, elles n'étaient prévues que pour l'éclairage et quelques petits appareils de faible consommation. Ces installations ne se trouvent plus du tout en conformité avec les règles élémentaires de sécurité (prise à côté d'une baignoire, par exemple) : le matériel s'est usé, il n'est plus conforme. Les moyens de protection étaient assez rudimentaires : par exemple, il n'y avait pas de prise de terre.

Ces quelques remarques semblent évidentes mais beaucoup n'en ont pas conscience. On pense à refaire les peintures mais rarement l'installation électrique, partant du principe que tant que cela fonctionne, il n'y a pas de problèmes (jusqu'à ce qu'ils arrivent !).

La rénovation de votre installation va vous permettre de disposer de circuits adaptés à vos appareils, d'avoir des prises de courant en nombre suffisant et placées aux endroits qui vous sont les plus utiles (avec la prise de terre et des protections pour les enfants désormais obligatoires), d'avoir des éclairages qui mettent en valeur votre intérieur, d'être en parfaite sécurité et souvent de réaliser des économies.

De plus, le matériel actuel est beaucoup plus performant et il supportera mieux le poids des années. Il faut savoir que les travaux sur une installation électrique ne tolèrent ni l'à-peu-près ni le mauvais bricolage.

Il existe maintenant des règles très strictes qu'il est obligatoire de respecter. Sachez que ces règles ne sont pas imposées pour vous importuner. Elles sont le fruit de nombreuses années de constats et de recherches ayant pour but d'offrir une totale sécurité.

RÉNOVATION PARTIELLE, TOTALE OU EXTENSION ?

C'est un choix qu'il est difficile de faire à votre place. Cela dépend du temps et des moyens dont vous disposez. Sachez tout de même qu'une rénovation totale vous apportera la tranquillité et la sécurité pour bon nombre d'années. De plus, si elle est effectuée conjointement à d'autres travaux de rénovation, la gêne sera beaucoup moins importante et les travaux plus faciles à réaliser.

Sachez que le fait de remplacer de vieux interrupteurs ou prises de courant ne constitue pas une rénovation partielle : en effet, peu de problèmes seront résolus en conservant les vieilles lignes.

Vous pouvez réaliser une rénovation partielle en suivant le plan ci-après, établi par étapes. Vous pourrez avancer progressivement afin d'arriver à un résultat cohérent.

En rénovation partielle, le premier organe que l'on peut envisager de remplacer est le tableau de protection (les fusibles) ; c'est le gendarme et le cerveau de l'installation ; il veille à votre sécurité.

La deuxième étape consiste à rénover différentes lignes d'alimentation (du couloir, de l'entrée).

Par la suite, vous pourrez rénover pièce par pièce en vous raccordant sur les nouvelles lignes passées précédemment.

Si vous n'envisagez qu'une extension (création d'une nouvelle pièce, par exemple), vous devrez vous raccorder directement sur le tableau de protection et respecter toutes les normes dans cette installation.

CONFORMITÉ

• Norme NF C 15-100 installations électriques à basse tension

En 1991, la norme concernant les installations électriques domestiques (NF C 15-100) a été modifiée et améliorée afin de suivre l'évolution du matériel et en vue d'une harmonisation internationale.

Depuis 1991, une nouvelle norme (NF C 15-100) est en vigueur.

Des règles beaucoup plus strictes sur la sécurité ont été définies.

Toutes les installations électriques dans le neuf ou la rénovation doivent obligatoirement satisfaire à cette nouvelle norme.

Cet ouvrage tient compte de toutes les dispositions de cette nouvelle norme.

• Consuel

Dans le but de veiller à la conformité des installations, un organisme de vérification a été créé : le Consuel (Comité national pour la sécurité des usagers de l'électricité).

Avant l'établissement de la nouvelle norme, cet organisme n'opérait que dans les constructions neuves. Maintenant, son rôle s'est étendu à la rénovation.

Par rénovation, on entend la rénovation totale d'une installation. Il est évident que si vous refaites l'installation d'une pièce, vous n'aurez pas besoin d'une vérification de vos travaux.

Lors d'une rénovation totale, quand l'on a besoin d'être raccordé au réseau, EDF demande une attestation du Consuel.

En cas de rénovation totale, si vous devez être raccordé au réseau EDF, un certificat de conformité établi par le Consuel sera exigé !

Si vous avez besoin d'électricité pour exécuter vos travaux, EDF peut vous proposer un raccordement provisoire pour la durée des travaux. Le raccordement définitif ne sera réalisé qu'après l'obtention du certificat de conformité.

Lorsque les travaux de rénovation de votre installation électrique sont terminés, vous devez prendre contact avec le Consuel.

Celui-ci, après avoir convenu d'un rendez-vous, viendra vérifier votre installation. Si elle est conforme, il vous délivrera le certificat vous permettant d'être raccordé au réseau.

Dans le cas contraire, si les transformations à apporter sont importantes, il vous faudra reprendre un nouveau rendez-vous et cela tant que l'installation ne sera pas conforme.

Le contrôle d'une installation coûte un peu plus de cinq cent francs.

On comprend facilement qu'il est nécessaire de bien réaliser son installation dès le départ afin de s'éviter des soucis.

N'essayez pas de bricoler votre installation en pensant que cela ne se verra pas, les vérificateurs du Consuel connaissent très bien leur métier.

• Promotelec

Nous serons amenés tout au long de cet ouvrage à citer PROMOTELEC. C'est une association créée en 1962 dans le but de promouvoir la qualité et la sécurité des installations électriques. Elle regroupe des constructeurs, des installateurs et EDF.

PROMOTELEC décerne des labels de qualité pour les installations électriques dans la construction neuve (label confort plus) et l'habitat existant (label confort sécurité) qui garantissent la sécurité, la qualité et les performances des installations.

Les labels concernent :

– les installations électriques ;

– les installations de chauffage électrique, avec prise en compte de l'isolation du logement, de la production d'eau chaude et de la ventilation.

Le label est demandé par le maître d'ouvrage (professionnel ou particulier).

L'attribution de ce label se déroule en deux phases :

- une première phase à l'achèvement des travaux permet d'obtenir un label provisoire ;
- une seconde phase après un an d'utilisation de l'installation permet d'obtenir le label définitif.

« Au 1er janvier 1997, PROMOTELEC a développé un nouveau label pour les constructions neuves : le label Confort électrique. Il prend en compte la qualité et la mise en œuvre du bâti de la construction, du chauffage électrique, de l'eau chaude sanitaire et de l'installation électrique. »

Pour obtenir un label, il est nécessaire de réaliser une installation selon les recommandations de PROMOTELEC. Des brochures détaillant toutes les recommandations sont disponibles sur simple demande auprès de PROMOTELEC.

Vous pourrez aussi trouver auprès de cet organisme des brochures sur tout ce qui concerne les installations électriques et l'isolation thermique (voir adresses utiles à la fin de cet ouvrage).

Nous ne manquerons pas de citer les recommandations de PROMOTELEC tout au long de cet ouvrage.

Pensez votre installation

> !
>
> ans cette partie vous
> rrez comment faire le
> an (très important !)
> votre installation.
> entamez pas de
> avaux sans avoir tout
> évu au préalable !

Maintenant que vous avez quelques notions d'électricité, nous allons aborder une partie plus théorique. Il ne faut pas se lancer dans la réalisation de votre installation sans savoir exactement où vous allez. Il est nécessaire d'étudier vos besoins afin de réaliser l'installation électrique qui sera la mieux adaptée à votre logement, à vos désirs, à votre mode de vie et au niveau de confort recherché. Nous passerons en revue tout ce que l'on peut réaliser, afin de vous offrir le plus grand choix possible. Si un montage vous plaît mais que vous le trouvez trop onéreux, par exemple, pour l'instant, prévoyez-le quand même. Il est beaucoup moins cher et plus simple de préparer les fileries et de les laisser en attente que de réaliser le montage une fois le logement terminé (par exemple, des stores électriques, un système d'alarme, un interphone, etc.). Quand votre installation sera terminée, il sera très difficile d'ajouter quelque chose. Alors ne négligez pas ce chapitre, anticipez, prévoyez toutes les utilisations futures de chaque pièce : nombre de prises suffisant, éclairage le mieux adapté, prise de téléphone, de télévision (une prise de courant et un plafonnier ne suffisent plus dans une pièce comme on le faisait auparavant).

DÉTERMINEZ VOS BESOINS

Nous allons à présent dresser la liste des réalisations à prévoir. Certaines sont indispensables pour la sécurité, d'autres relèvent plus de l'esthétique ou du confort.

Besoins courants

• La prise de terre

La prise de terre est **obligatoire** dans toutes les installations électriques. Avec la nouvelle norme NF C 15-100 (installations électriques à basse tension) établie en

> !
>
> La prise de terre est désormais obligatoire pour toute nouvelle installation.

1991, toutes les prises de courant et tous les points lumineux doivent être équipés d'un conducteur de terre. C'est un élément essentiel de sécurité. Elle permet, en cas de contact indirect (figure 1), d'évacuer l'électricité vers le sol sans que celle-ci ne traverse le corps. C'est la prise de terre qui permet aux appareils de sécurité de se déclencher et de couper l'alimentation électrique en cas d'incident.

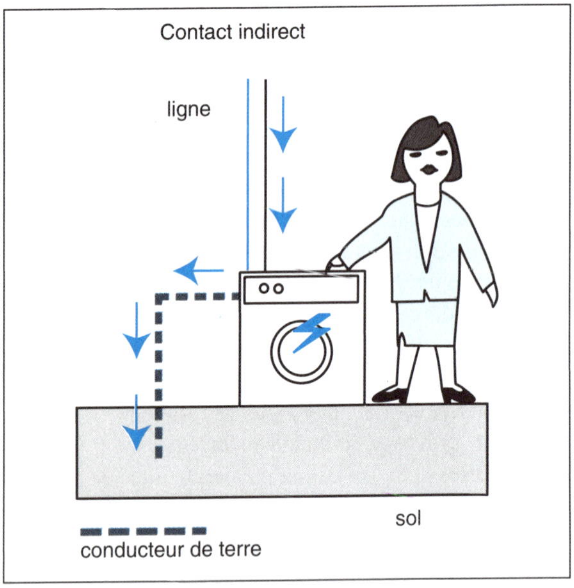

Figure 1 : La prise de terre

Si vous habitez un appartement, renseignez-vous auprès du syndic de copropriété pour savoir si l'immeuble est équipé d'une distribution de terre. Vous pouvez aussi inspecter votre palier. À chaque étage, il doit y avoir un petit boîtier de couleur jaune ou marqué *terre* sur lequel vous devrez vous raccorder. Pour ne pas faire d'erreur, sachez que les fils aboutissant dans ces boîtiers sont toujours de couleur **verte** et **jaune**. Si cette distribution n'existe pas, il faudra en demander l'installation. Si cette démarche se révèle impossible, une autre solution consiste à créer une prise de terre sur une conduite d'eau froide, sous certaines conditions (voir pages 192 à 195).
Si vous vivez dans un pavillon et que vous ne disposez pas de prise de terre, il faudra en créer une. Nous verrons plus tard comment la réaliser.

Pour la création d'une prise de terre sur conduite d'eau froide, voir page 192.

• Éclairage

L'éclairage est un aspect important d'une installation d'un point de vue esthétique et décoratif. Il permet de mettre en valeur un intérieur et d'avoir un confort visuel de qualité s'il est bien étudié. Il existe différents modes d'éclairage* (voir page suivante) :
– l'éclairage direct,
– l'éclairage indirect,
– l'éclairage diffus,
– l'éclairage mixte.

Toutes ces possibilités vous permettent de choisir un style d'éclairage. Les emplacements seront choisis soit en plafonnier, soit en applique avec le mode d'éclairage désiré. Pour des appliques, choisissez des emplacements judicieux. Ne les placez pas trop bas (1,80 m environ), pas derrière une porte ou dans un couloir trop étroit.
Attention : il existe des règles strictes pour les éclairages dans les pièces humides, salles de bains, cuisine, sous-sol. Nous vous présenterons ces règles ainsi que des suggestions dans les paragraphes consacrés aux différentes pièces.

Pour les règles à respecter dans les pièces humides, voir pages 64 à 66.

* *Sources : Groupement des Industries du Luminaire.*

L'éclairage direct
Le flux lumineux est dirigé directement sur la surface à éclairer. Il permet de mettre en valeur un objet (table, statue) ou d'éclairer une surface de travail (lampe de bureau). Il correspond à l'éclairage donné par les spots et les plafonniers à réflecteur non translucide.

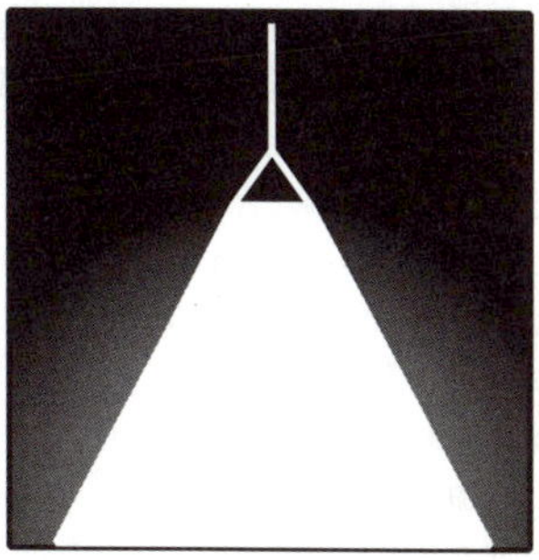

L'éclairage indirect
Il est dirigé vers le plafond qui réfléchit la lumière (plus le plafond est clair, meilleur est le résultat). On trouve de nombreuses vasques dans le commerce qui procurent ce type d'éclairage.

L'éclairage diffus
Le luminaire diffuse sur 180 ou 360 degrés. Il permet d'éclairer toute la pièce. L'ampoule est généralement placée dans une verrerie ou bien elle est apparente si elle est décorative. C'est le cas du lustre, du tube fluorescent.

L'éclairage mixte
Il réunit les trois autres modes d'éclairage dans un même luminaire. C'est le cas de la lampe de chevet ou de table.

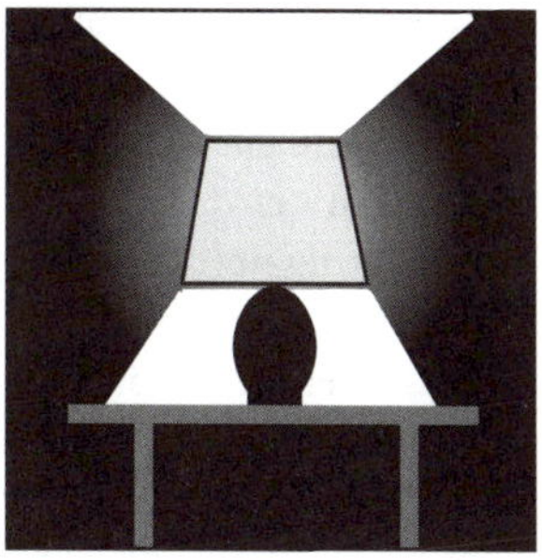

Il faudra choisir le mode de commande que vous désirez pour ces éclairages. Un seul point de commande (l'interrupteur), deux points de commande (le va-et-vient), trois points ou plus (le télérupteur). Vous pouvez aussi opter pour un système à variation à partir d'un ou plusieurs points (le variateur, le télévariateur).

L'emplacement de ces commandes est important. Pour les pièces d'habitation, on le prévoit généralement à droite en entrant ou à l'extérieur. Pour la salle de bains et les toilettes, plutôt à l'intérieur. Dans une chambre, on peut prévoir une commande en tête de lit. Dans une entrée, prévoyez la commande de l'éclairage le plus près possible de la porte d'accès. Un grand couloir ou un escalier nécessiteront plusieurs points de commande, afin de pouvoir allumer ou éteindre depuis l'accès des autres pièces. Un accès à un sous-sol ou un garage nécessitera au minimum un va-et-vient (deux points de commande).

• Prises confort

Comme nous l'avons précisé précédemment, toutes les prises de courant doivent obligatoirement posséder la prise de terre. Ainsi vous n'aurez plus de problèmes de prises inadaptées à vos appareils.

Les prises de courant sont très importantes. N'hésitez pas à en prévoir un nombre important (une tous les trois mètres environ). Cela vous évitera d'utiliser des rallonges et des prises multiples. Une entrée, un couloir nécessitent au minimum une prise de courant (pour raccorder l'aspirateur, par exemple). Prévoyez toujours une prise de courant à proximité d'une prise de téléphone ou de télévision. Évitez de les prévoir au milieu d'un panneau de mur (cela risque de gêner pour les meubles) ou coincée dans un angle (accès difficile).

Une prise de courant peut être commandée par un interrupteur situé à l'entrée de la pièce. Si vous y raccordez un lampadaire ou une lampe, ce système peut remplacer un plafonnier.

Mais attention, l'installation de prises de courant dans certaines pièces (salles de bains, cuisines) est très réglementée. Nous évoquerons ces règles dans la section consacrée aux pièces.

> L'installation des prises de courant (notamment dans les pièces humides) est très réglementée. Voir pages 64 à 66.

• Alimentations spécifiques

Prévoyez tous les appareils fixes dont vous comptez vous équiper et qui nécessitent une alimentation électrique. Cela va de la chaudière à gaz à l'amplificateur d'antenne de télévision en passant par les stores électriques ou le portail automatisé. Il faut prévoir une ligne d'alimentation pour tous ces appareils.

• Téléphone

Il faut également penser aux prises téléphoniques, car le passage des câbles est plus facilement réalisable pendant la rénovation de votre installation qu'après. Cela vous évitera la vue assez désagréable de ces câbles agrafés qui courent le long des plinthes et des plafonds.

Prévoyez-les en nombre suffisant, même si vous ne les utilisez pas toutes dans l'immédiat. Ne les installez pas dans une salle de bains ou des toilettes (le téléphone peut aussi être dangereux).

> Les prises de téléphone sont interdites dans les salles d'eau et W-C.

Sachez en outre qu'avec les câbles normalisés, vous pouvez disposer de deux lignes sur la même prise.

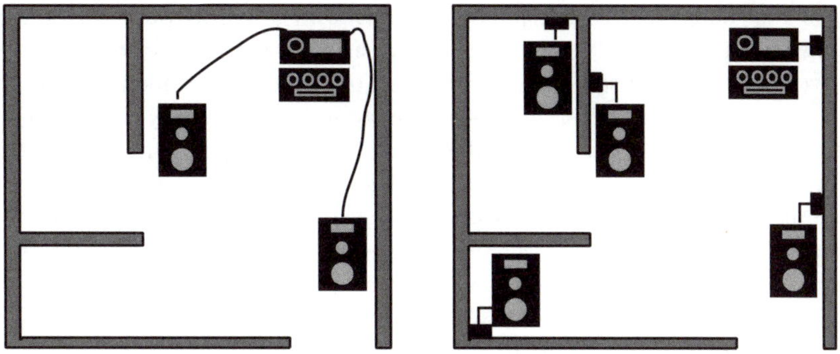

Figure 2 : Distribution de la hi-fi

• Tv, hi-fi, alarme

Les câbles d'antenne de télévision ainsi que ceux d'une alarme peuvent être installés en même temps que votre rénovation électrique.

Pour votre chaîne hi-fi, vous pouvez envisager d'intégrer les fileries des enceintes dans l'installation. Vous n'aurez plus de fils apparents entre la chaîne et les enceintes et vous pourrez aussi sonoriser plusieurs pièces.

• Accueil des visiteurs

En appartement, n'oubliez pas de prévoir une sonnette ou un carillon pour la porte d'entrée. Dans le cas d'un logement avec un grand couloir de distribution, placez la sonnerie le plus près possible des pièces occupées.

En pavillon, plusieurs systèmes s'offrent à vous. Vous pouvez choisir le système de sonnette classique. Dans ce cas, il faudra qu'il soit alimenté en basse tension (inférieur à 50 V généralement 8 ou 12 V) car le bouton d'appel situé à l'extérieur ne doit présenter aucun danger. Ce système est simple à réaliser mais présente quelques désagréments. Si le portail ne vous permet pas de voir les visiteurs, il faudra vous déplacer pour voir qui a sonné. Même si vous pouvez identifier les visiteurs, vous devrez sortir pour leur ouvrir le portail. Il est donc utile de prévoir un système de gâche électrique qui vous permettra d'ouvrir sans sortir.

Il existe un système plus élaboré qui est l'interphone ou mieux, le vidéophone. Dans le cas de l'interphone, vous pouvez identifier les visiteurs par la voix. Ce système intègre une commande de gâche électrique, vous n'avez donc plus à vous déplacer. Dans le cas du vidéophone, un système de microcaméra (à l'extérieur) et de récepteur de type télévision (à l'intérieur) permet de surcroît une reconnaissance visuelle.

• Ventilation mécanique

La ventilation (ou aération) d'un logement est très importante et ne doit jamais être négligée. Elle est un élément indispensable du confort. La présence et l'activité humaine

> **!** Une bonne aération est primordiale pour un habitat sain (pas d'odeurs, pas d'humidité, chaleur bien répartie) !

dans une habitation sont source de pollution pour l'air ambiant. Notre respiration provoque un dégagement de vapeur d'eau et de gaz carbonique. Lorsqu'on utilise la douche, on provoque un afflux d'humidité. La cuisine, l'utilisation des toilettes dégagent des odeurs. Le chauffage électrique a une fâcheuse tendance à dessécher l'air. Tous ces phénomènes anodins peuvent avoir des conséquences néfastes : mauvaises odeurs persistantes, dégradation des murs et des revêtements (humidité, moisissures), condensation, développement des acariens.

Si vous envisagez un chauffage électrique, vous devrez créer une bonne isolation thermique dans votre habitation (doubles vitrages, isolants pour murs, planchers et combles). Cela aura pour effet de la rendre encore plus hermétique et vous devrez absolument prévoir un bon système d'aération. S'il est bien étudié, il ne créera pas d'importantes déperditions et vous apportera un bon confort.

Il est bien sûr possible d'aérer en ouvrant les fenêtres mais c'est très insuffisant, notamment pendant la période froide où l'on évite les courants d'air. Il existe également l'aération naturelle : l'air est évacué par un conduit vertical sous l'effet du tirage naturel. Mais ce principe ne peut pas être maîtrisé et dépend largement des conditions climatiques. Il nécessite une ventilation artificielle.

Le principe de la ventilation mécanique est de créer une entrée d'air dans les pièces principales (salon, chambres), une aspiration dans les pièces de service (cuisine, salle de bains, W.-C.) et un rejet à l'extérieur. Les entrées d'air doivent être situées en hauteur - le plus souvent dans la partie haute des fenêtres. La circulation d'air se fait à travers ces pièces. L'air passe sous les portes des locaux à ventiler et est aspiré par un aérateur mécanique. Situé lui aussi en partie haute cet aérateur évacue l'air à l'extérieur par un conduit existant (cheminée) ou à créer.

Ce type d'aération obéit à deux grands principes :

La ventilation mécanique ponctuelle (figure 3). Elle est définie par la pose d'appareils dans chaque pièce de service à ventiler. Leur fonctionnement est indépendant et permet leur utilisation seulement lorsque le local est utilisé. Pour rendre leur utilisation pratique, on peut faire fonctionner l'appareil en même temps que l'éclairage ou mieux, utiliser un appareil à temporisation qui fonctionne automatiquement quelques minutes encore après que l'on ait quitté la pièce. Pendant le reste du temps, l'aération se fait sur le principe naturel. Pour obtenir un débit suffisant, l'appareil doit être adapté au volume et au type de local à assainir. On le calcule ainsi :

$$\text{Débit} = \text{Volume} \times \text{Nr/h}$$

Débit : débit de l'appareil en m^3/h.

Volume : volume du local en m^3

Nr/h : nombre de renouvellements du volume d'air par heure.

Voici quelques exemples de Nr/h*:

Pièces	Nr/h
Cuisine (excepté hotte)	6 à 10
Salle de bains	10 à 15
WC	8 à 12
Buanderie	10 à 15
Cave	4 à 6
Garage	4 à 8

Si l'appareil évacue l'air par un conduit de type cheminée, il faut prendre en compte la longueur de celui-ci, car il se produit des pertes, appelées pertes de charge. Pour un conduit d'une dizaine de mètres, cette perte peut atteindre 20 %. Vous devez en tenir compte et adapter la

* *Sources : UNELVENT.*

puissance de l'appareil en conséquence. Dans ce cas, on utilise généralement des appareils à turbine (forme particulière de l'hélice).

Dans les autres situations (évacuation sur vitre ou traversée directe), on utilise des appareils à hélice classique (figure 4).

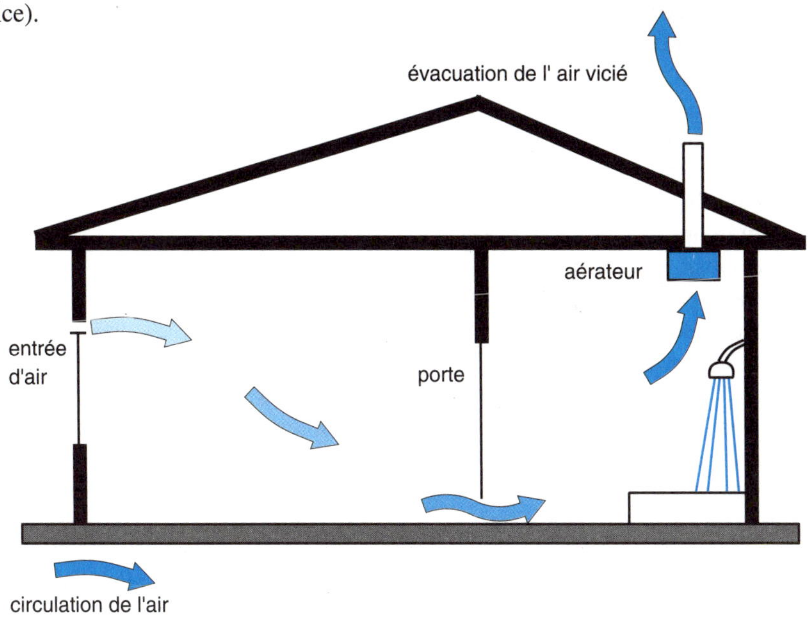

Figure 3 : Le principe de l'aération mécanique ▲

Figure 4 : Les types d'aérateurs ▼

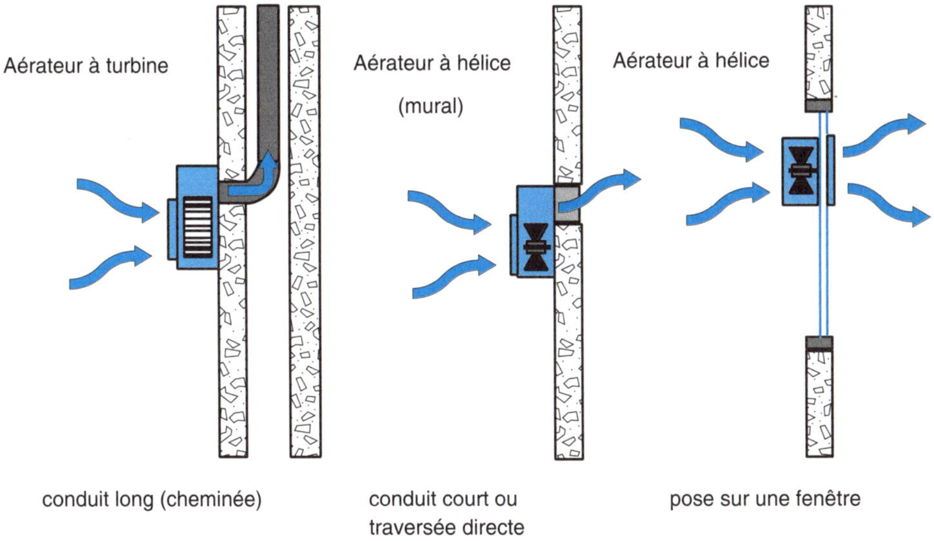

Avec la ventilation mécanique contrôlée (figure 5), le principe des entrées d'air reste le même, c'est-à-dire par les pièces principales. L'extraction va toujours se faire par les pièces de service mais de façon permanente et conjointe. Elle est constituée d'un caisson d'aspiration (que l'on place généralement dans les combles) à partir duquel partent des gaines d'aspiration vers les pièces de service (de diamètres différents selon les besoins) et une gaine d'expulsion qui aboutit sur le toit. Ces appareils possèdent un commutateur de puissance que l'on place généralement au niveau du tableau de protection. Il permet d'obtenir temporairement un débit d'aspiration plus important. Certaines VMC sont hygrorégulées, c'est-à-dire qu'elles adaptent leur débit d'aspiration en fonction de l'humidité ambiante.
Pour un fonctionnement correct, il est nécessaire que les entrées d'air soient sensiblement égales au débit d'extraction. Ce mode de ventilation est plus approprié à un pavillon. Néanmoins, si vous occupez un appartement situé au dernier étage et que vous disposez des combles, vous pouvez envisager une telle installation.

• L'isolation

L'isolation thermique est indispensable lors de la réalisation d'un chauffage électrique. Elle permet de mieux maîtriser les dépenses de chauffage, d'améliorer le confort en supprimant les parois froides et les condensations. L'isolation thermique peut également apporter une meilleure isolation acoustique. L'isolation thermique sera réalisée au niveau de la toiture, des sols et des murs. Il sera également nécessaire de prévoir l'amélioration des fenêtres et portes (doubles vitrages, joints d'isolation) et l'installation d'un bon système de ventilation, comme nous l'avons vu précédemment.

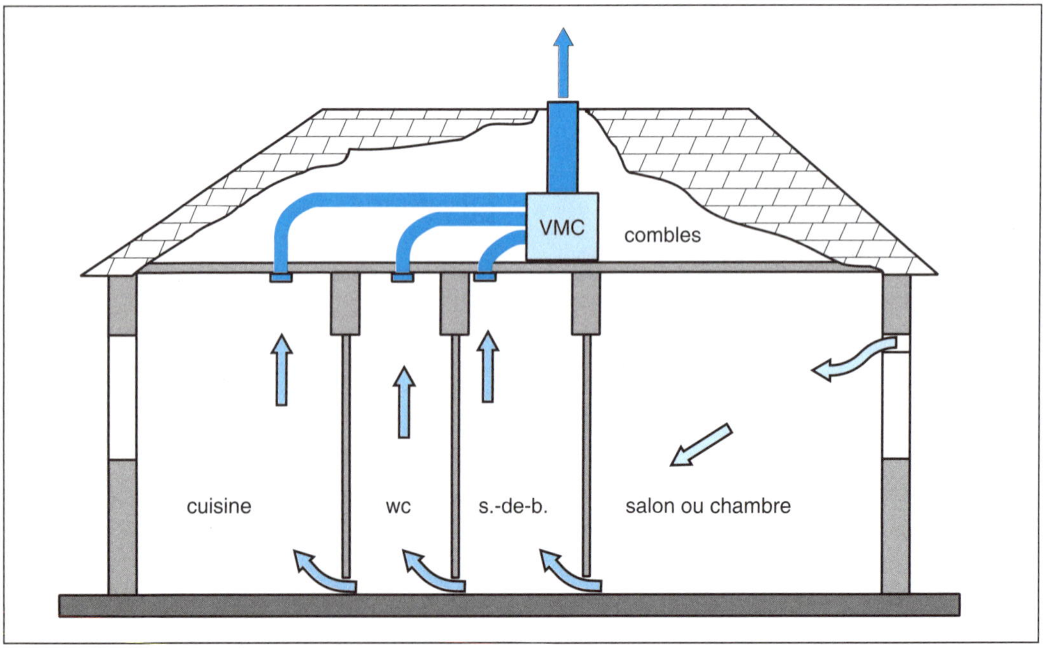

Figure 5 : La ventilation mécanique contrôlée

L'isolation des parois*

L'épaisseur du matériau isolant à ajouter aux parois dépend de :

– la zone climatique où est située l'habitation (figure 6) ;

– la constitution de la paroi à isoler ;

– la nature de l'isolant utilisé.

Voici un tableau, à titre indicatif.

Types de parois	ISOLATION Résistance thermique et épaisseur (1)					
	Zone H1		Zone H2		Zone H3	
Murs verticaux	1,5	6 cm	1,5	6 cm	1	4 cm
Toitures	5	20 cm	3,75	15 cm	2,5	10 cm
Terrasses	2,5	10 cm	2,5	10 cm	1,5	6 cm
Planchers	1	4 cm	1	4 cm	1	4 cm

(1) La résistance thermique figure sur l'étiquetage des matériaux d'isolation. L'épaisseur indiquée est équivalente à la résistance thermique pour un isolant de conductivité thermique de 0,04 W/m°C (polystyrène ou laine minérale).

* *Sources : Promotelec.*

Afin de réaliser une étude thermique sérieuse de votre habitation, vous pouvez vous procurer une brochure sur ce sujet auprès de Promotelec.

• Éclairage extérieur

L'éclairage à l'extérieur de votre habitation est très important. Il contribue à votre confort et votre sécurité. Un jardin, une allée éclairée est toujours dissuasive pour les éventuels visiteurs mal intentionnés. Le choix d'un éclairage se fera en fonction de l'espace dont vous disposez.

Si l'entrée se trouve à proximité de la rue, un éclairage situé au-dessus de la porte ou du garage suffira.

Si vous disposez d'une allée de plusieurs mètres, vous pourrez baliser celle-ci à l'aide de bornes dont le flux lumineux sera de préférence dirigé vers le bas.

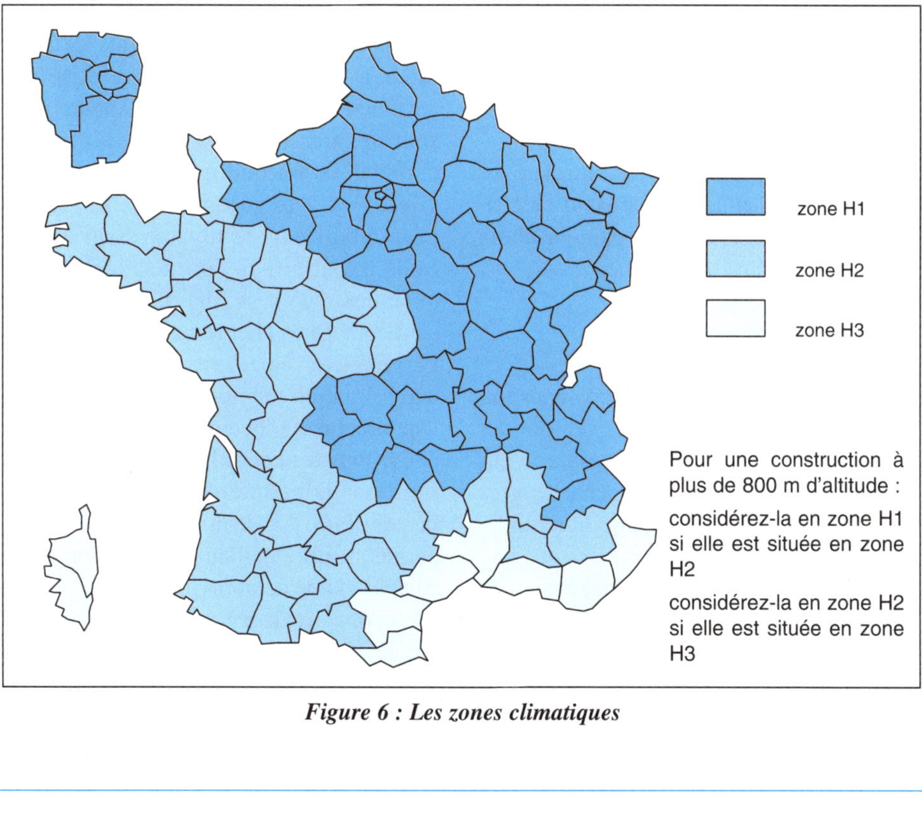

Figure 6 : Les zones climatiques

Figure 7 : L'éclairage extérieur

Dans un espace arboré ou recouvert de pelouse, vous aurez le choix entre des bornes, des candélabres ou des spots halogènes dirigés sous le feuillage des arbres (figure 7).

Besoins en puissance

Nous allons à présent passer en revue les appareils gros consommateurs d'électricité. Ils sont déterminants dans le choix d'un abonnement EDF adapté.

• Gros appareils ménagers

Ce sont en général les plus gros consommateurs d'électricité. Vous devez prévoir à l'avance ceux dont vous comptez vous équiper. La norme veut que chaque gros appareil soit alimenté par une ligne indépendante.

Les plus gros consommateurs sont par ordre décroissant : la cuisinière électrique ou la table de cuisson, le four, le lave-linge, le sèche-linge ou le lave-vaisselle. Le four à micro-ondes et le réfrigérateur ne sont pas de gros consommateurs.

• Chauffage électrique

Le chauffage électrique présente de nombreux avantages : il est propre et se met en fonction rapidement ; les appareils ne sont pas très onéreux, ils présentent un choix d'esthétique qui leur permet de s'intégrer à tous les intérieurs, ils ne nécessitent pas de tuyaux disgracieux. Mais attention, si l'on ne respecte pas quelques règles, le chauffage électrique peut coûter très cher (en consommation).

La première règle à respecter est d'avoir une habitation thermiquement bien isolée. Une brochure éditée par PROMOTELEC dispense tous les conseils pour bien la réaliser. Dans la mesure du possible, adoptez la ventilation mécanique contrôlée qui permettra une meilleure répartition de la chaleur et une aération plus saine.

La seconde règle est de prévoir une régulation adaptée à votre type de chauffage et au confort recherché. La plupart des convecteurs disposent désormais de ther-

mostats intégrés plus ou moins élaborés, permettant d'obtenir une régulation indépendante sur chaque appareil.
Il existe aussi des programmateurs qui permettent de piloter l'ensemble du chauffage. Les plus simples sont des appareils munis d'une horloge (mécanique ou électronique) couplée à des thermostats. Ils permettent, en fonction des heures d'occupation du logement, de baisser ou d'élever automatiquement la température et cela selon un programme adapté à chaque jour de la semaine. Prenons un exemple (figure 8) : vous tra-

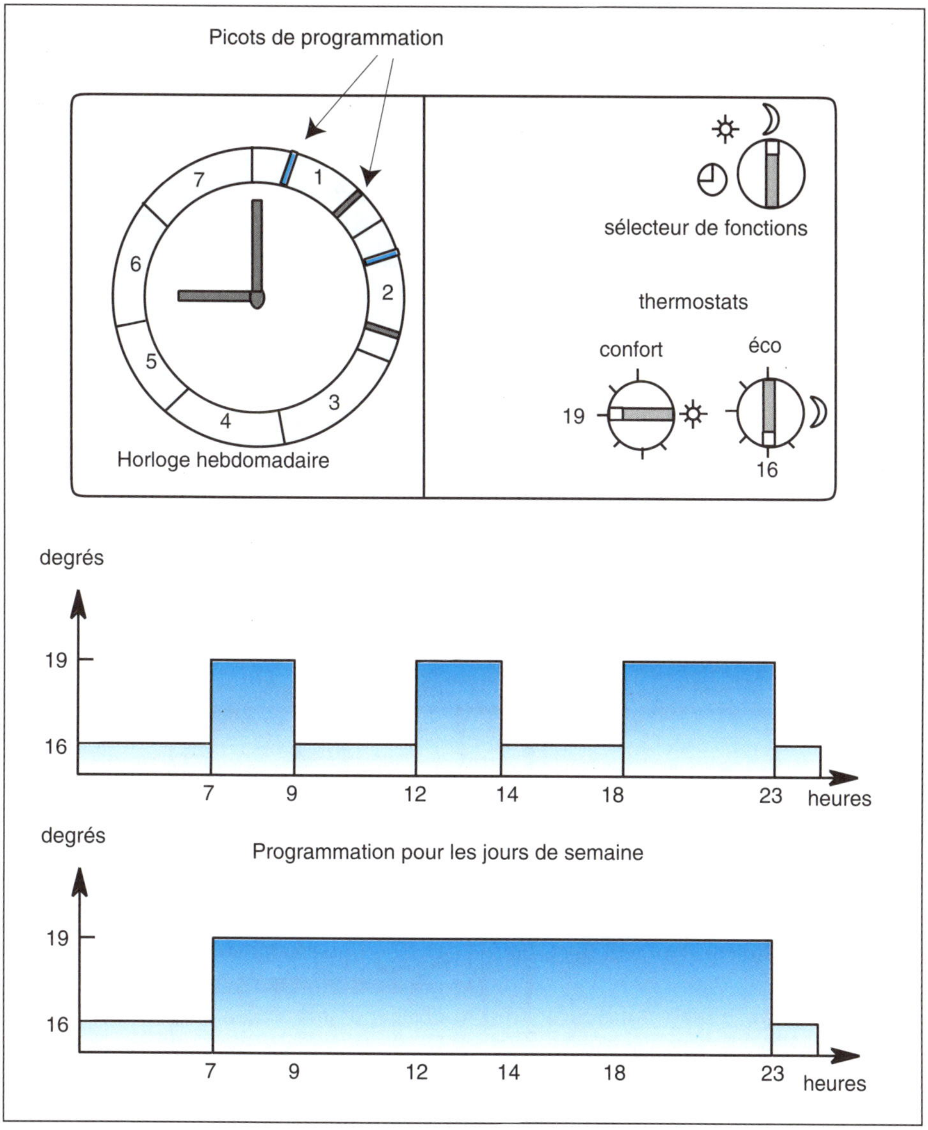

Figure 8 : Le programmateur

vaillez du lundi au vendredi de neuf heures à dix-sept heures. Vous rentrez déjeuner le midi. Le week-end, vous occupez votre logement en permanence. Le programmateur vous permet de sélectionner une température économique pendant vos absences (environs 16 degrés) et une température de confort (19 degrés) pendant vos heures de présence. Vous pouvez aussi programmer cette température économique pendant la nuit, vous allégerez d'autant plus votre facture d'électricité.

Un autre système est possible : c'est la programmation centralisée (figure 9). Elle fonctionne généralement avec des convecteurs équipés d'un fil pilote (fil supplémentaire par lequel passent les ordres de programmation). Elle dispose d'une ou plusieurs zones de programmation, ce qui permet d'obtenir un choix de température et de temps de fonctionnement différents sur plusieurs zones. Vous pouvez, par exemple, choisir une zone pour les pièces occupées le jour (entrée, salon, cuisine) et une zone pour les pièces occupées la nuit (chambres). Vous chaufferez ces pièces à la température de confort uniquement pendant leur période d'occupation. La salle de bains et les W.-C. seront indépendants et régulés par leur thermostat individuel (ces pièces étant suceptibles d'être occupées pendant l'une ou l'autre des deux périodes).

D'autres programmateurs sont adaptés à certains convecteurs sur lesquels on les connecte afin de programmer l'appareil. Ainsi, chaque appareil peut être programmé séparément. D'autres encore sont plus élaborés et prennent en compte la température extérieure. Chaque type de chauffage dispose désormais d'un vaste choix de programmateurs.

Le convecteur

C'est l'appareil le plus simple pour réaliser un chauffage électrique. Il existe un vaste choix d'esthétiques, de formes, de couleurs qui vous permettra de trouver le modèle le mieux adapté à votre intérieur.

Le choix de la puissance à installer dépend de nombreux paramètres : de votre situation géographique, de la température extérieure, de la température souhaitée, du degré d'isolation thermique de votre habitation, du volume de la pièce à chauffer. Pour ne pas entrer dans des calculs fastidieux voici, à titre indicatif, quelques valeurs moyennes.

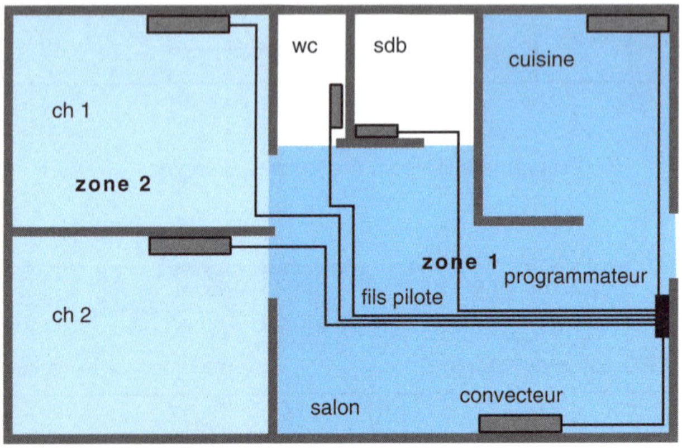

Figure 9 : La programmation centralisée

PUISSANCE	SURFACES CHAUFFÉES
1000 W	10 à 15 m^2
1500 W	15 à 20 m^2
2000 W	20 à 25 m^2
2500 W	25 à 30 m^2
3000 W	30 à 40 m^2

Ces valeurs sont données pour une hauteur moyenne sous plafond de trois mètres et une température de confort de 19 degrés. Une puissance de 3000 W peut s'obtenir avec deux convecteurs de 1500 W. Pour une estimation plus précise, reportez-vous à la page 149.

On les installe de préférence sur les murs en contact avec l'extérieur, sous les fenêtres, si celles-ci ne sont pas trop basses (les rideaux ne doivent pas venir en contact avec le convecteur sous risque d'incendie).

Classique

Il s'agit du type de convecteurs le plus simple et le moins onéreux. Ils fonctionnent sur le principe de la convection naturelle. L'air froid situé en bas s'échauffe en passant près de la résistance, s'élève dans la pièce, puis il se refroidit, redescend et ainsi de suite (figure 10). Les convecteurs classiques sont constitués d'une carcasse métallique dotée d'ouïes d'aération hautes et basses, d'une résistance électrique métallique commandée par un interrupteur et un thermostat (électronique ou mécanique). On préférera les modèles à sortie frontale afin d'éviter un noircissement des murs au-dessus de l'appareil.

> Pour éviter un noircissement disgracieux des murs , préférez les modèles de convecteur à sortie frontale.

Rayonnant

Leur enveloppe extérieure ressemble aux convecteurs classiques. La différence provient de l'élément chauffant, qui n'est plus une résistance métallique classique. Il est constitué d'un circuit imprimé ou d'un dépôt métallique sur un émail isolant. La diffusion de la chaleur se fait par rayonnement thermique (figure 10). Le rayonnement – c'est le principe du soleil – échauffe les objets, les meubles, les murs

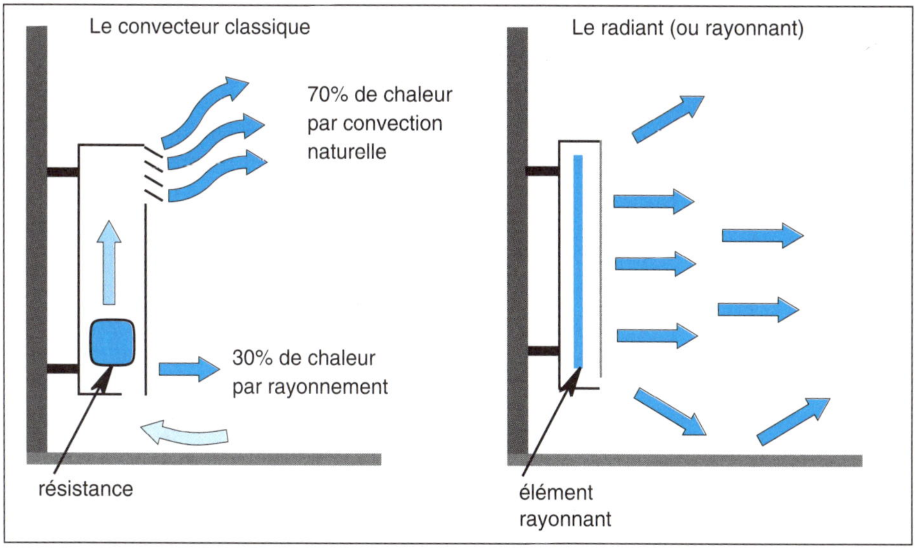

Figure 10 : Les convecteurs

qui vont eux-mêmes réchauffer l'air ambiant. Ce mode de chauffage est plus confortable (pas de sensation de courant d'air, chaleur homogène) mais les appareils sont d'un coût assez élevé.

Le sèche-serviettes

Cet appareil est devenu très à la mode pour chauffer la salle de bains. Il allie le côté pratique à l'aspect décoratif. Il existe différents modèles qui vont du radiant (Calor) au soufflant (Noirot, Sauter), en passant par les modèles à fluide caloporteur (Acova). Ces derniers reprennent le principe du radiateur à bain d'huile (ou d'un radiateur de chauffage central) où la résistance électrique chauffe un liquide qui lui-même transmet la chaleur dans l'appareil. Ces appareils sont prévus pour des locaux humides. Leur installation est réglementée dans la salle de bains. Nous évoquerons ces règles dans la section consacrée à la salle de bains.

L'installation d'appareils de chauffage électrique dans la salle d'eau est réglementée, voir page 65.

Le soufflant

Ce type d'appareil n'est pas utilisé en montage fixe. On le trouve plus souvent en chauffage d'appoint. Il présente les inconvénients d'être bruyant, de remuer la poussière et de provoquer un courant d'air désagréable.

L'accumulateur

L'accumulateur (figure 11) a eu sa période de gloire pendant les années précédant la crise de l'énergie. Son principe de fonctionnement est simple mais il impose d'avoir un abonnement EDF avec ce que l'on appelle communément le *tarif de nuit*, période pendant laquelle le prix du kWh est moins cher. L'appareil se met en marche pendant cette période et chauffe des matériaux réfractaires qui vont stocker la chaleur. Pendant la journée, un système de turbine couplée à un thermostat restitue la chaleur accumulée. Malheureusement, pour pouvoir restituer de la chaleur toute la journée, ces appareils doivent chauffer le plus possible pendant leur période de fonctionnement et ce sont donc de gros consommateurs d'électricité. De plus, c'est vous qui sélectionnez la puissance de charge de l'appareil et, si le temps se radoucit, pendant la nuit par exemple, vous aurez accumulé plus d'énergie que nécessaire. Autre inconvénient, les matériaux réfractaires prennent de la place et rendent ces appareils volumineux et très lourds.

Le plafond radiant

Appelé aussi plafond rayonnant (figure 12), il adopte le même principe de fonctionnement que le convecteur du même nom. Il chauffe les objets qui, à leur tour, chauffent l'air. C'est un procédé d'installation relativement récent. Il se présente sous la forme de cassettes adaptables aux divers types de faux plafonds ou sous forme de films déroulables. Il procure un chauffage uniforme et confortable, il n'est pas gros consommateur d'énergie, il peut être finement régulé pièce par pièce, il ne prend pas de place dans votre intérieur et reste très discret et propre. Malheureusement, son installation et sa régulation ne sont pas à la portée de tous et il ne faudra pas hésiter à faire appel à un professionnel si vous envisagez ce type d'équipement. De plus, il ne peut pas être installé partout (nécessité d'un faux plafond).

Le chauffage par le sol

C'est un type de chauffage qui ne peut être envisagé que si vous réalisez une chape (figure 13). Il nécessite une chape d'une certaine épaisseur et sera plus particulièrement adapté à un pavillon ou à un appar-

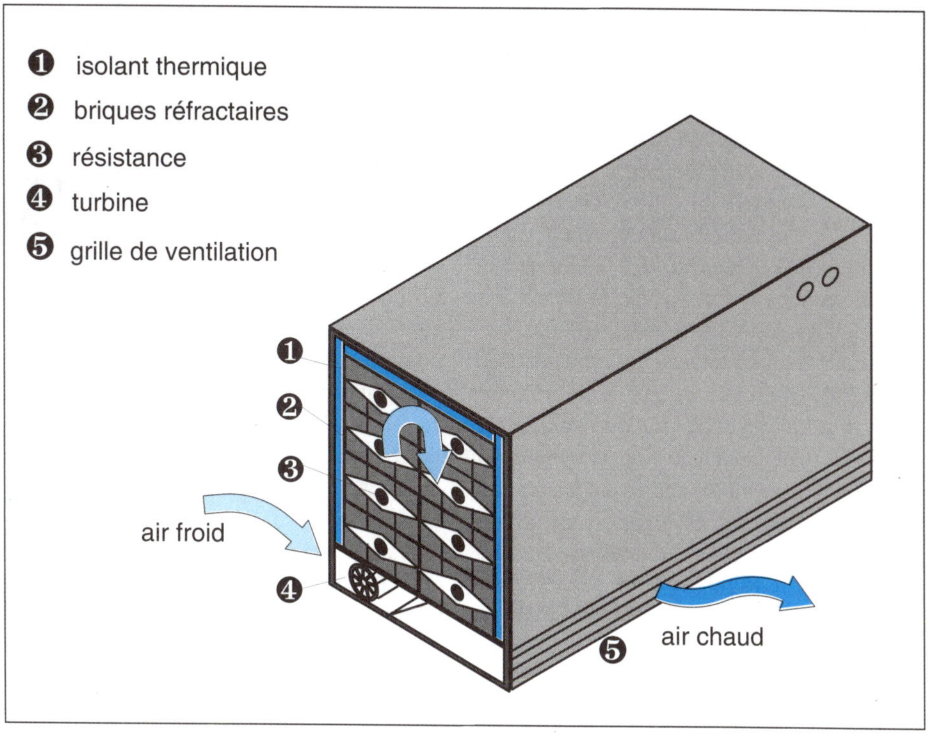

Figure 11 : Le radiateur à accumulation

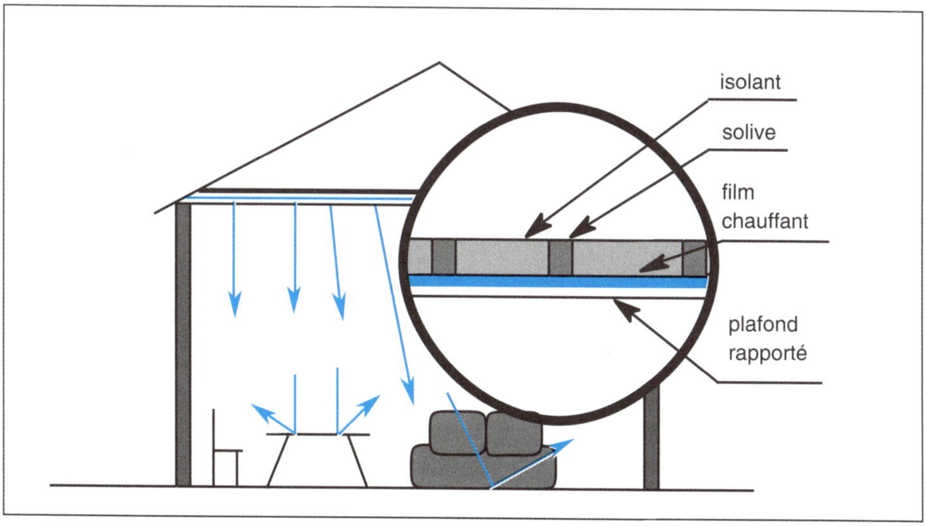

Figure 12 : Le plafond rayonnant

Si vos travaux nécessitent la réalisation d'une chape épaisse, pensez au chauffage par le sol ! (confort, simplicité, coût moindre)

tement en rez-de-chaussée. Il est constitué d'un câble chauffant noyé dans le béton. Il fonctionne sur le principe de l'accumulation et chauffe la dalle de béton pendant la nuit (obligation, là encore, d'avoir un abonnement EDF spécifique). Le jour, cette chaleur accumulée se dégage du sol. Ce principe n'a plus rien à voir avec l'ancien système, qui chauffait uniquement par le sol avec une température élevée et qui était néfaste pour la santé. Avec le procédé actuel, on utilise le plancher chauffant pour base de chauffage, le complément étant assuré par des convecteurs. Ces derniers n'auront plus qu'à réchauffer le local de quatre degrés pour atteindre la température de confort. Leur puissance est donc inférieure à celle d'un chauffage uniquement par convecteurs. Le plancher chauffant est généralement piloté par une régulation très précise qui tient compte de la température extérieure et permet ainsi de moduler l'accumulation. D'autres modèles de régulation permettent d'obtenir une remise en chauffe diurne de la dalle si la température vient à chuter brutalement.

La mise en œuvre de ce type de chauffage, bien que paraissant relativement simple, sera de préférence confiée à un professionnel. En effet, le calcul des puissances à installer est assez ardu. La réalisation doit être parfaite pour obtenir un résultat satisfaisant. Tout est à prendre en compte : étude thermique du local, nature du béton, mise en place du câble, surveillance et test de celui-ci pendant le coulage de la chape, installation et réglages de la régulation.

Pour le calcul de la puissance nécessaire au câble chauffant en fonction des divers paramètres, voir figure 68, page 154.

Une autre version de ce type de chauffage connaît actuellement un grand développement : le chauffage direct par le sol.

L'élément chauffant (câble ou film) est noyé dans une chape de béton de faible épaisseur (trois à cinq centimètres).

Cette chape est coulée sur un isolant très performant posé sur la dalle.

L'inertie (temps de réponse lors de la mise en marche) de ce système est très

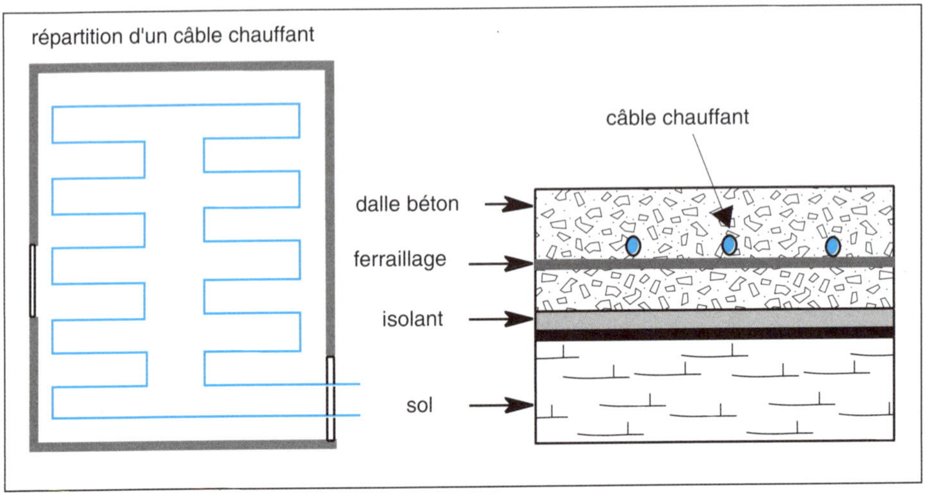

Figure 13 : Le chauffage par le sol

faible et permet donc une utilisation sans complément de convecteurs.
La chaleur est émise sous forme de rayonnement.
La température est régulée par un thermostat situé dans chaque pièce et relié de préférence à une programmation centralisée.
Dans ce cas également, le calcul de la puissance nécessaire et la mise en œuvre du système seront de préférence confiées à un professionnel.

• La production d'eau chaude

La production d'eau chaude peut être assurée par un chauffe-eau électrique à accumulation. C'est un gros réservoir isolé thermiquement muni d'une résistance et d'un thermostat (figure 14). Il ne nécessite pas d'entretien particulier, il est propre, silencieux et offre une température constante. Pour des volumes importants, il peut fonctionner en permanence ou, si les besoins en eau chaude sont moindres, il peut fonctionner automatiquement sur le tarif de nuit (avec une possibilité de relance manuelle de jour). Cette dernière solution permet de produire de l'eau chaude au meilleur prix. Il faut prévoir l'installation du chauffe-eau électrique le plus près possible du principal point de demande d'eau chaude (douche, baignoire). Si vos divers points d'eau sont très éloignés les uns des autres, rien ne vous empêche de prévoir plusieurs chauffe-eau (un chauffe-eau de 15 litres, par exemple, peut être placé sous un évier). Le défaut de ce système est peut-être sa taille, car il faudra lui trouver un emplacement judicieux qui permette de le dissimuler, tout en laissant le maximum d'accessibilité en vue d'une réparation ou d'un remplace-

Les chauffe-eau verticaux consomment moins d'énergie comparativement aux modèles horizontaux.

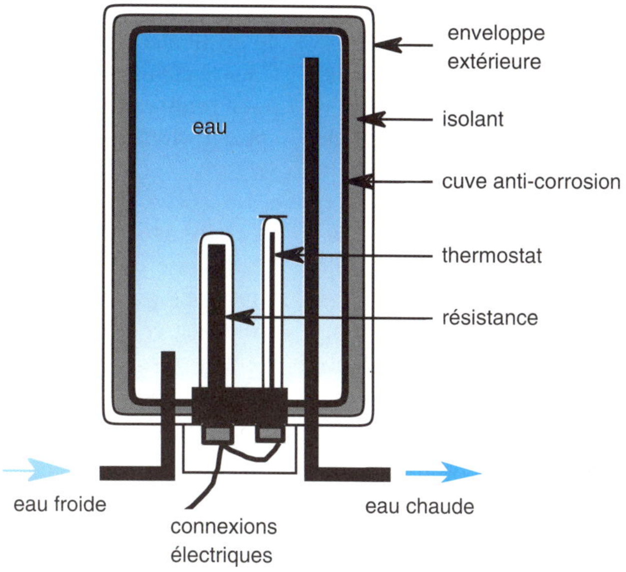

Figure 14 : Le chauffe-eau électrique à accumulation

ment. Préférez, dans la mesure du possible, un modèle vertical à un modèle horizontal. Il sera beaucoup moins sensible à l'entartrage et délivrera plus d'eau chaude en fin de réserve (la surface de mélange eau chaude/eau froide étant moins importante). Voici, à titre indicatif, quelques capacités en fonction des équipements :

Équipements	Évier	Évier + lavabo	Évier + lavabo + douche	Évier + lavabo + baignoire	Évier + lavabo + douche + baignoire
Chauffe-eau en marche permanente	15-30 l	30-75 l	75 l	100-150 l	150-250 l
Chauffe-eau en marche au tarif heures creuses	déconseillé	déconseillé	100 l	150-200 l	200-300 l

CHOISISSEZ L'ABONNEMENT LE MIEUX ADAPTÉ

L'abonnement EDF que vous allez choisir se décompose en trois éléments principaux :

Bien choisir son abonnement, c'est bien gérer sa facture d'électricité.

– **la tension de raccordement** (220 V en monophasé ou 380 V en triphasé) en fonction des possibilités du distributeur ;
– **la puissance de raccordement** (selon vos besoins personnels) ;
– les options tarifaires qui dépendront de votre équipement et de son utilisation.

La facture d'électricité qui vous sera fournie prendra en compte ces éléments. Elle se compose :

L'abonnement, c'est :
• la tension de raccordement
• la puissance
• l'option tarifaire

– **d'une prime fixe** (abonnement) déterminée en fonction de la puissance souscrite et des options tarifaires choisies ;
– **du prix des kWh** consommés.

Il est donc très important de choisir la solution la mieux adaptée à votre cas.

Les tensions de raccordement

• Le monophasé

C'est le type de tension le plus répandu à l'heure actuelle (figure 15). EDF met à votre disposition une arrivée de courant en deux fils (phase et neutre) avec une différence de potentiel de 220 volts.
On l'appelle monophasé, car il n'y a qu'une seule phase.
Vous pouvez souscrire des puissances allant de 3 à 18 kW (selon les possibilités du distributeur, qu'il faudra consulter).
C'est également la solution la plus simple pour réaliser une installation, tous les appareils fonctionnant en 220 V.

• Le triphasé

Le triphasé est un autre type de tension dont vous pouvez vous équiper (figure 15). C'est ce que l'on appelle communément *la force*. Le distributeur ne vous apporte plus deux fils, comme dans le monophasé, mais quatre (un neutre et trois phases). Entre neutre et phase, on dispose toujours d'une tension de 220 V, mais entre deux phases, on dispose de 380 V.
Ce type de tension n'est intéressant que si vous disposez d'appareils de grosse puis-

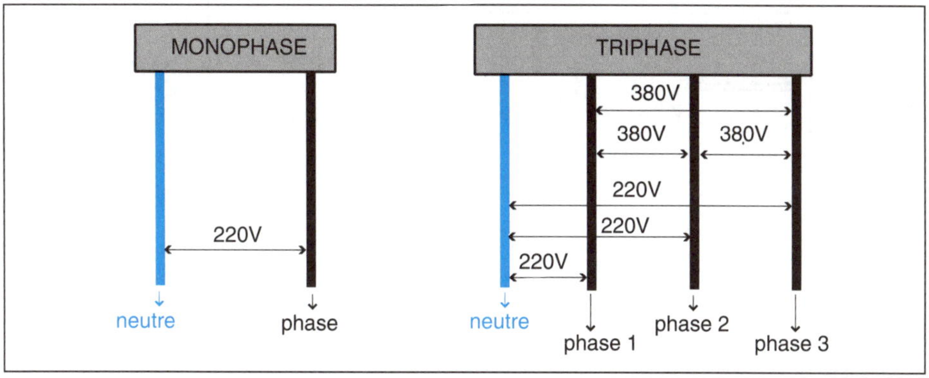

Figure 15 : Monophasé et triphasé

sance fonctionnant en triphasé. Un autre problème est que, disposant de trois circuits en 220 V, il faut que votre installation soit répartie le mieux possible entre ces trois circuits, sinon le disjoncteur risque de se déclencher intempestivement. On appelle cela l'*équilibrage des phases*.

Attention : pour une même puissance de raccordement, on ne dispose pas des mêmes possibilités d'utilisation en triphasé et en monophasé.

En effet, un abonnement de 9 kW en monophasé offre une intensité maximale de 45 A (I = P / U). En triphasé, vous pouvez disposer aussi d'un abonnement de 9 kW, mais celui-ci prend en compte les trois circuits en 220 V et offre une intensité maximale de 15 A par circuit. Vous devez donc veiller à réaliser un équilibrage parfait et ne pas surcharger les lignes. Cela complique un peu plus l'installation.

Dans la plupart des cas, votre distributeur vous proposera le monophasé, sauf en cas de contraintes liées au réseau ou si vous avez absolument besoin de cette tension pour certains appareils.

La puissance de raccordement

Quand vous aurez déterminé vos besoins, vous pourrez faire une estimation de la puissance de raccordement nécessaire à votre installation. Il suffit d'ajouter les puissances (en kW) des appareils gros consommateurs (gros électroménager, chauffe-eau, chauffage électrique) dont vous souhaitez vous équiper, en tenant compte du fait que vous ne les utiliserez pas tous en même temps. Ce calcul fait, choisissez la puissance existante supérieure à votre calcul. EDF met à votre disposition plusieurs formules d'abonnement. Il s'agit de déterminer celle qui sera le mieux adaptée à votre cas.

Mais attention ! Plus vous choisissez un niveau de puissance élevé, plus votre abonnement sera onéreux. Si vous choisissez un niveau trop bas, le fonctionnement simultané de plusieurs appareils provoquera le déclenchement du disjoncteur (appareil de protection installé par EDF). Mais ne vous inquiétez pas, sur simple demande, votre distributeur peut augmenter la puissance de votre installation.

Voici quelques exemples pour guider votre choix.

> **!**
>
> Puissance de raccordement surestimée = facture élevée ; puissance de raccordement sous-estimée = coupures intempestives.

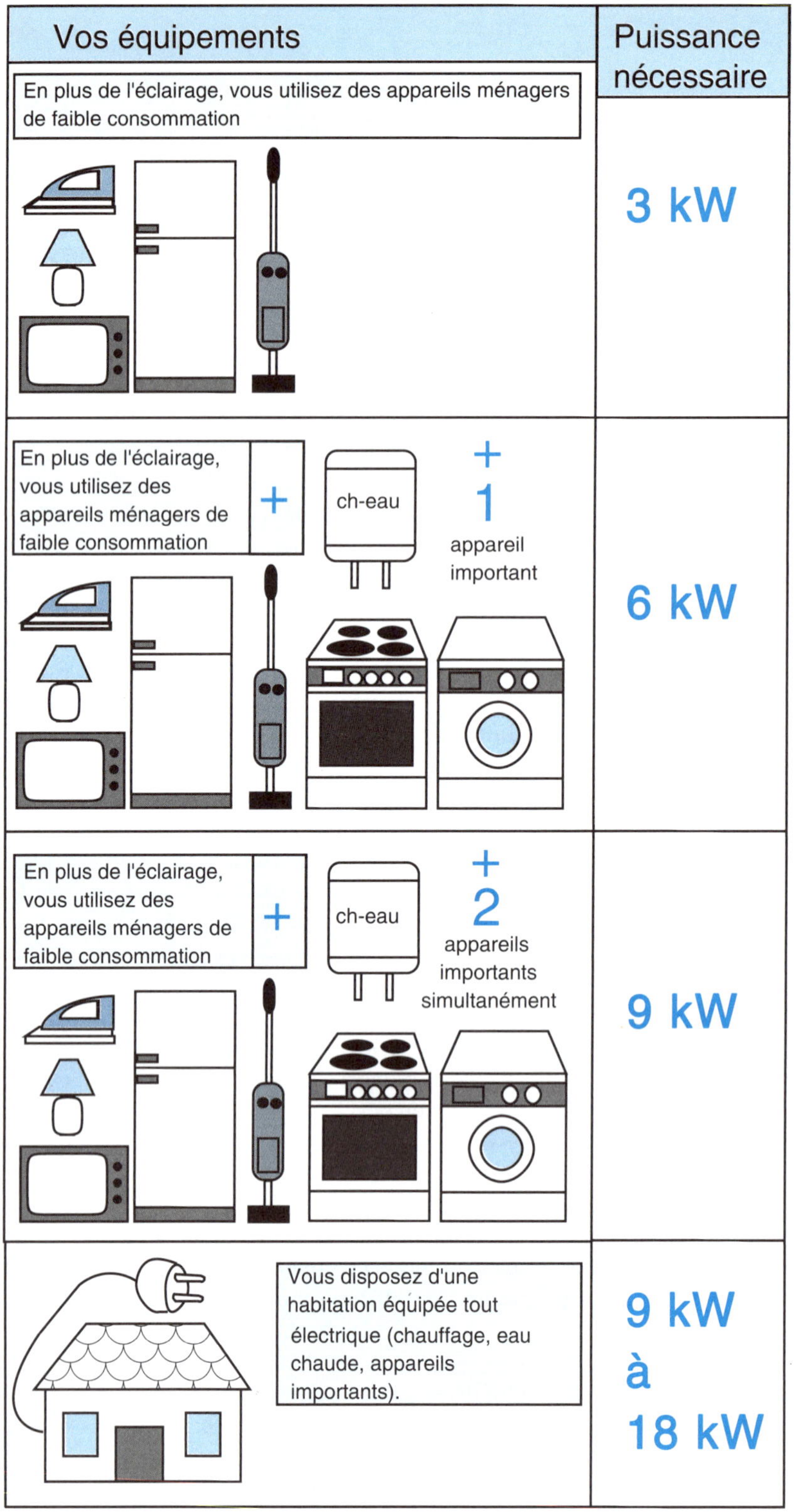

Figure 16 :
Les puissances

Si vous comptez vous équiper d'un chauffage électrique, le calcul effectué précédemment indiquera une valeur relativement importante vous obligeant à choisir une puissance importante de raccordement et donc un abonnement onéreux. Il faut tenir compte du fait que, si vous avez choisi un chauffage de type accumulation, celui-ci fonctionnera la nuit, quand vous n'utilisez pas les autres appareils. La puissance devra donc être suffisante pour permettre le fonctionnement du chauffage ou des appareils ménagers. Choisissez dans ce cas la puissance juste supérieure au total des équipements.

• Le délesteur

Dans le cas d'un chauffage direct par convecteurs, il existe un appareil qui permet de choisir une puissance inférieure à votre calcul. Cet appareil s'appelle un délesteur. Réglé sur la puissance de l'abonnement, il gère votre consommation d'électricité. Il dispose en effet d'un circuit prioritaire sur lequel est raccordée l'installation électrique (excepté le chauffage) et d'un ou plusieurs circuits non prioritaires réservés au chauffage électrique. Plus la

Idéal pour l'utilisation d'appareils gros consommateurs avec un petit abonnement.

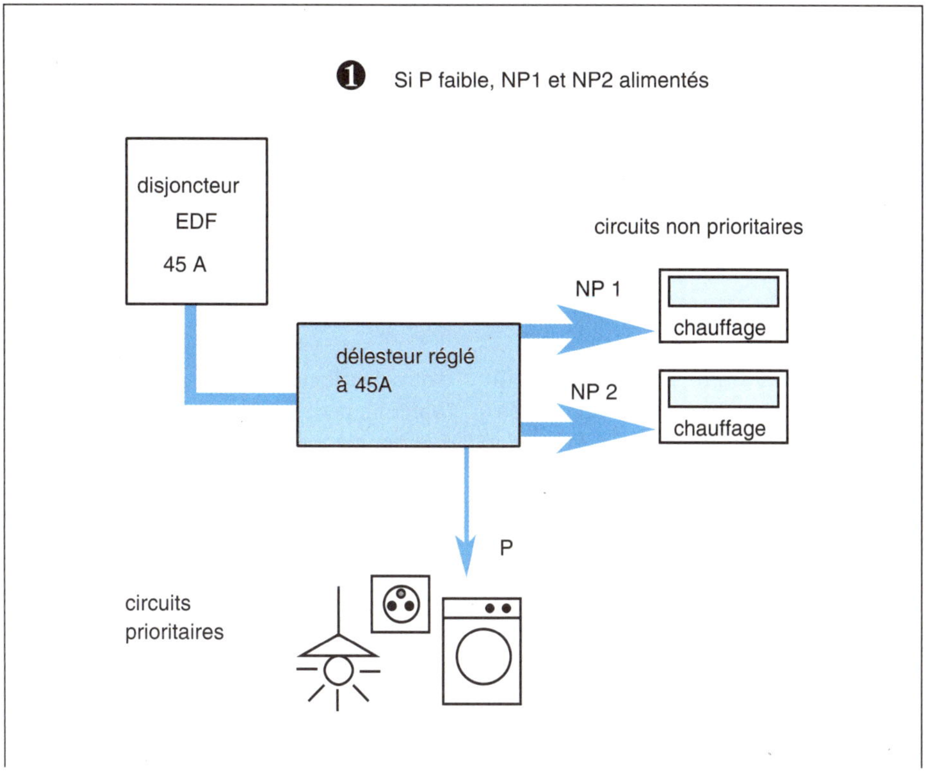

Figure 17 : Le délesteur *(suite page 40)*

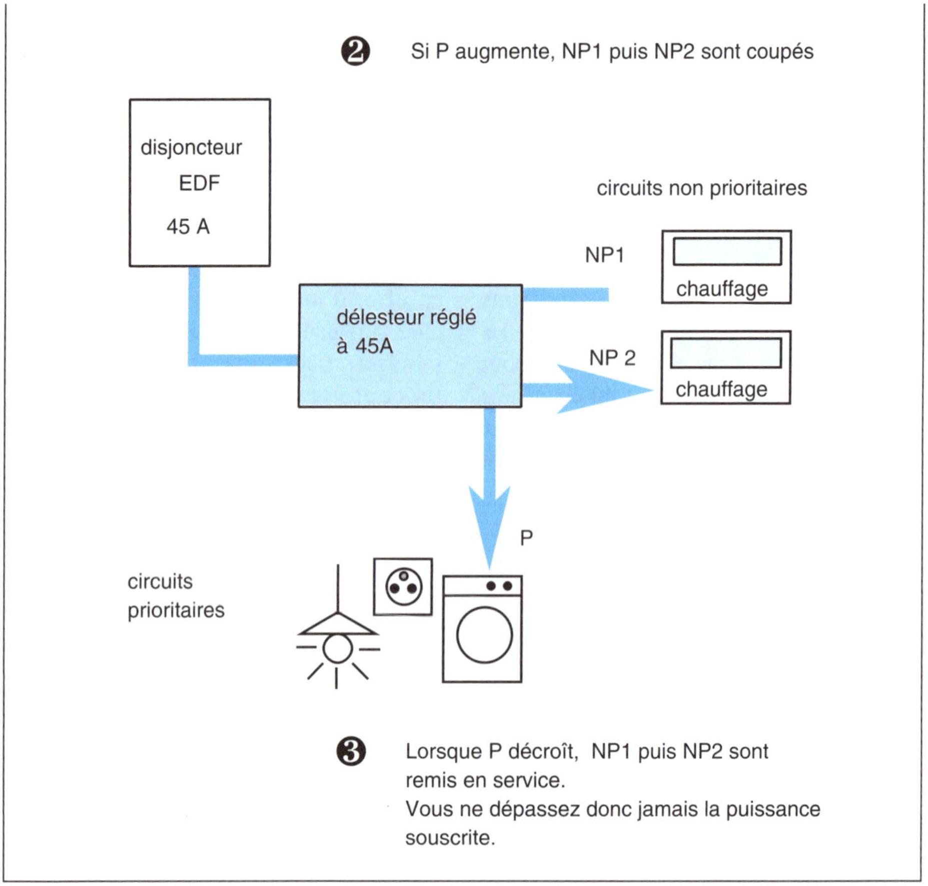

Figure 17 : Le délesteur *(suite)*

consommation augmente sur le circuit prioritaire plus le délesteur coupe les circuits de chauffage. Il les remet en service automatiquement lorsque la demande prioritaire baisse.
Cet appareil a l'avantage d'être entièrement automatique : il gère l'installation sans que vous ayez à vous en soucier.

Les options tarifaires

Les options tarifaires varient selon la puissance souscrite et la possibilité de votre distributeur.
Voici un petit tableau (page 41, figure 18) pour guider votre choix.

• Tarif option de base
Toute votre consommation sera facturée en fonction de la puissance, quelle que soit l'heure de la journée.

• Tarif option heures creuses
Le double tarif, appelé aussi communément le tarif de nuit, est un type d'abon-

Puissance	Base	HC	EJP	Temp	Raccordement	Intensité (A)	
						mono 220V	tri 380V
3 kW	●				monophasé	15	
6 kW	●	●			monophasé ou triphasé (monophasé seulement pour tempo)	30	10
9 kW	●	●		●		45	15
12 kW	●	●	●	●		60	20
15 kW	●	●	●	●		75	25
18 kW	●	●	●	●		90	30

*Figure 18 : Les abonnements**

nement qui permet de bénéficier d'un prix avantageux du kWh (environ 40 % de moins que le tarif normal) pendant certaines heures. Généralement, ce créneau horaire se situe la nuit (entre 23 h 00 et 7 h 00), période où la consommation générale baisse. Mais, selon les régions et les distributeurs, celui-ci peut être quelque peu différent.

En revanche, cette option est payante et augmente le prix de l'abonnement classique. Elle ne sera donc choisie que pour des installations comportant des appareils susceptibles de fonctionner de nuit (chauffe-eau, chauffage à accumulation, chauffage électrique important). Il faut que la différence de prix de l'abonnement soit compensée par une forte consommation pendant les heures creuses. Mais rien ne vous empêche, pour les gros appareils ménagers comme les lave-linge, sèche-linge ou lave-vaisselle, de les faire fonctionner aussi à ces heures là. À éviter si vous êtes en appartement, si vous ne voulez pas vous fâcher avec vos voisins !

Si vous disposez d'une habitation tout électrique, le double tarif est indispensable. Dans les autres cas, faites votre estimation.

• Tarif option EJP

C'est une autre possibilité d'abonnement proposée par EDF. Cet abonnement permet de bénéficier d'un prix bas du kWh (comme le double tarif) pendant toute l'année, sauf durant les 400 heures les plus chargées. Ces heures sont réparties à raison de 18 heures par jour (entre 7 heures et 1 heure du matin), 22 jours par an. Ces 22 jours ne sont pas définis d'avance mais sont situés entre le 1er novembre et le 31 mars. Vous êtes prévenu du passage aux heures chargées une demi-heure avant. Pendant ces heures le prix du kWh est très élevé (environ 9 fois plus cher que les heures normales). Il faut donc consommer le moins possible. Néanmoins, s'il y a deux jours de pointe consécutifs, on dispose de 6 heures (de 1 h à 7 h) pour faire fonctionner certains appareils au tarif normal.

Ce tarif n'est proposé qu'à partir de 12 kW. Comme vous le voyez, si cet abonnement est intéressant en termes de facturation, il reste néanmoins très contraignant.

Il ne sera choisi que si vous disposez d'un chauffage bi-énergie (pompe à chaleur,

* *Documentation Merlin Gerin.*

chaudière électro-fioul) ou pour une résidence secondaire tout électrique, peu ou pas occupée pendant les 22 jours où le prix du kWh est élevé.
L'installation d'un système automatique (délesteur) pour couper les circuits gros consommateurs pendant les heures chargées sera de préférence confiée à un professionnel.

Nouveau !
Tempo est la toute nouvelle option tarifaire proposée par EDF.

• Tarif option tempo

Depuis le début de l'année 1994, EDF met en place de nouveaux compteurs électroniques qui prennent en charge cette nouvelle option tarifaire. Cette option consiste à découper l'année en trois périodes tarifaires, elles-mêmes divisées en heures creuses et en heures pleines, ce qui donne en tout six créneaux différents de tarification.
Les jours sont répartis par couleurs de la façon suivante :
– 300 jours bleus (coût de l'électricité faible) ;
– 43 jours blancs (coût semblable à l'option heures creuses) ;
– 22 jours rouges (coût de l'électricité élevé).
La couleur du jour et celle du lendemain (après 20 h) sont signalées :
– sur le compteur ;
– sur un boîtier prêté par EDF ;
– sur le minitel code Tempo.

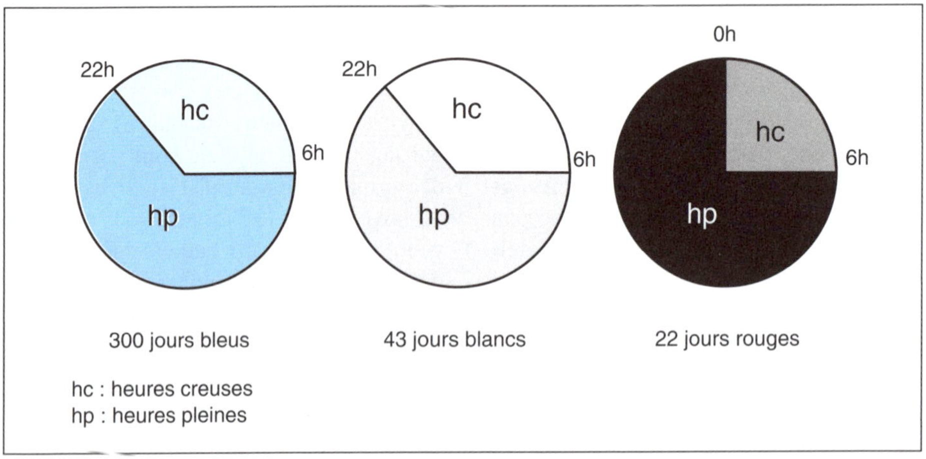

Figure 19 : L'option tempo

Ce type d'option s'adresse aux clients soucieux de maîtriser leurs dépenses d'énergie. Mais il est, lui aussi, très contraignant, et plus particulièrement destiné à la même clientèle que la formule EJP.
Les constructeurs de matériel électrique commencent néanmoins à proposer des centrales de gestion de ce tarif qui prennent directement en compte les informations transmises par le compteur et gèrent automatiquement toute l'installation. Mais pendant la période rouge, elles interdisent ou diminuent autant que possible l'usage des appareils gros consommateurs d'énergie.
Pour comparer les options tarifaires, reportez-vous à la figure 20 ci-après.

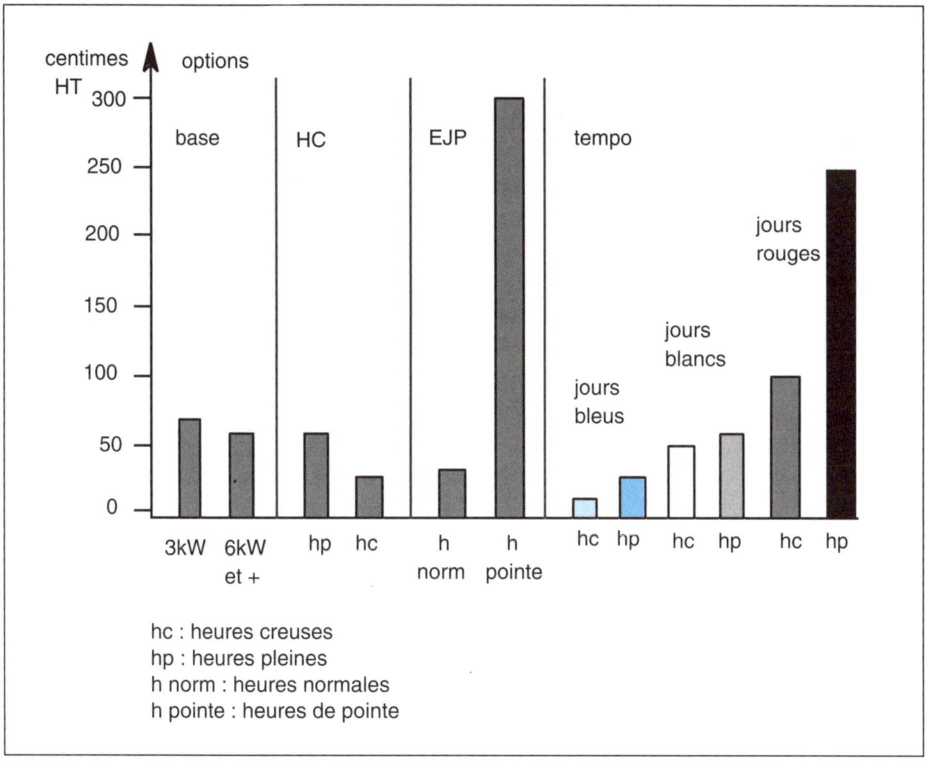

*Figure 20 : Coût des options tarifaires**

LE COMPTEUR

Nous avons vu que choisir un abonnement adapté à ses besoins méritait réflexion. Nous allons à présent évoquer les cas auxquels vous pouvez être confrontés en ce qui concerne le compteur.

Vous disposez d'un comptage

Dans le cas où vous occupez déjà les lieux, vous pouvez savoir de quel abonnement et de quelle puissance vous disposez en consultant simplement la facture de votre distributeur, où tous ces renseignements sont inscrits.

S'il s'agit d'un nouveau local, il faut examiner le panneau de comptage afin de définir ce dont vous disposez. Généralement, ce panneau est un tableau en bois sur lequel sont fixés plusieurs appareils : le compteur, le disjoncteur et autres appareils selon les cas.

Dans les constructions plus modernes, il se peut que seul le disjoncteur soit installé à l'intérieur du local.

Dans le cas d'un immeuble collectif, le compteur peut être placé dans une gaine

* *Documentation Merlin Gerin.*

technique sur le palier ou regroupé avec d'autres dans un local spécialement prévu à cet effet.
Dans le cas d'un pavillon, celui-ci peut être placé dans un coffret situé à l'extérieur, au niveau de la voie publique.

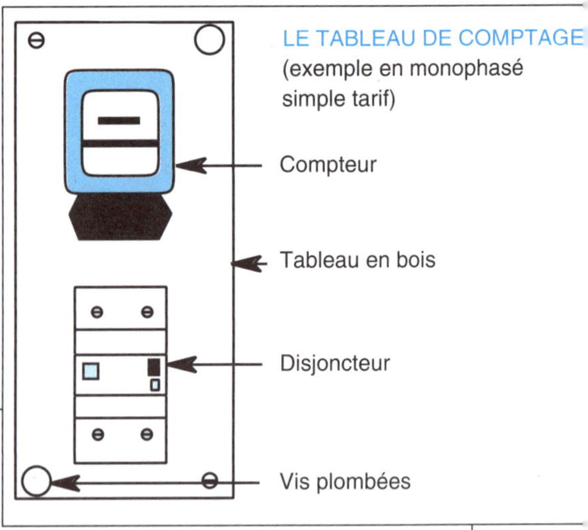

Figure 21 : Le tableau de comptage ▶

Figure 22 : Les emplacements du compteur ▼

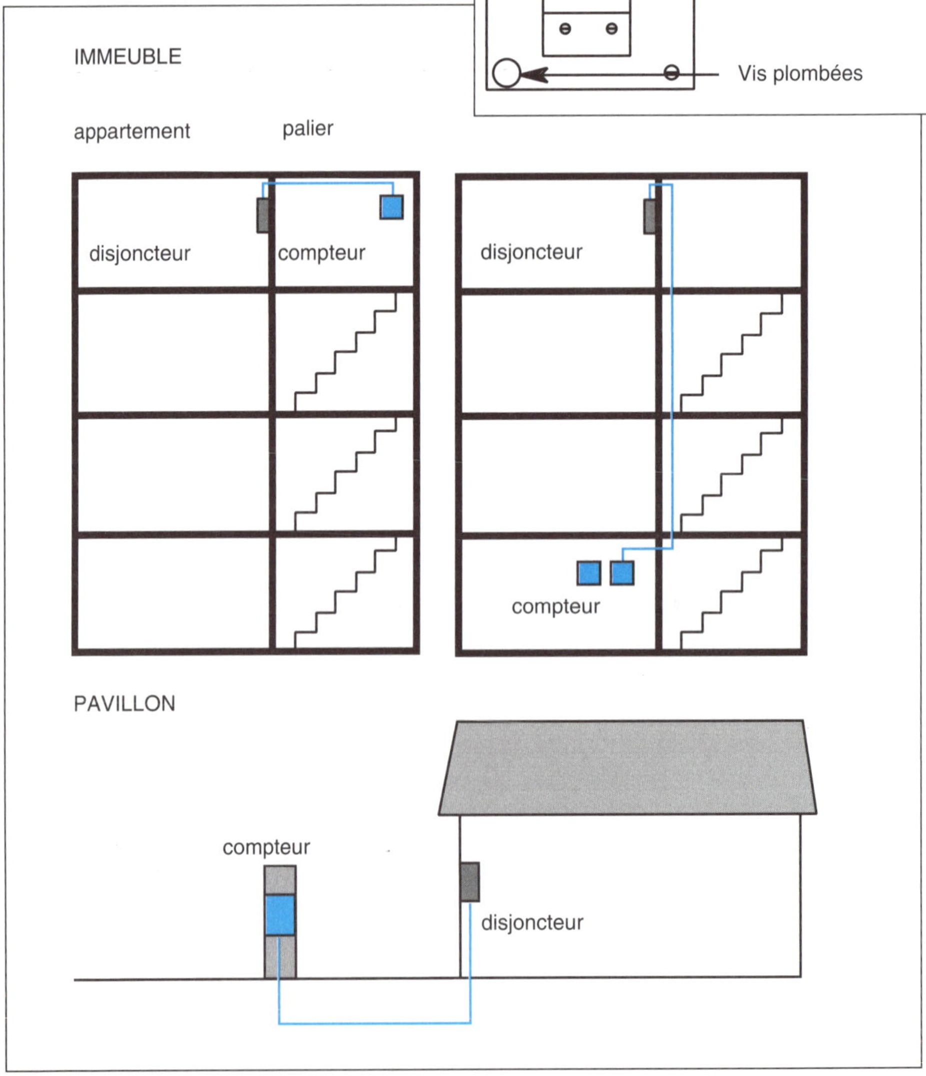

À présent, examinons le compteur et le disjoncteur pour savoir ce dont vous disposez.

Figure 23 : Le compteur ▼

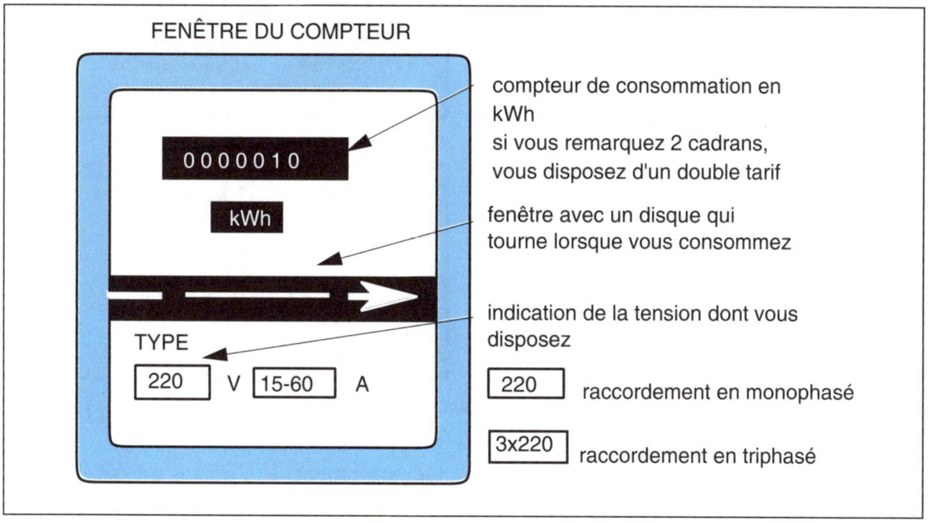

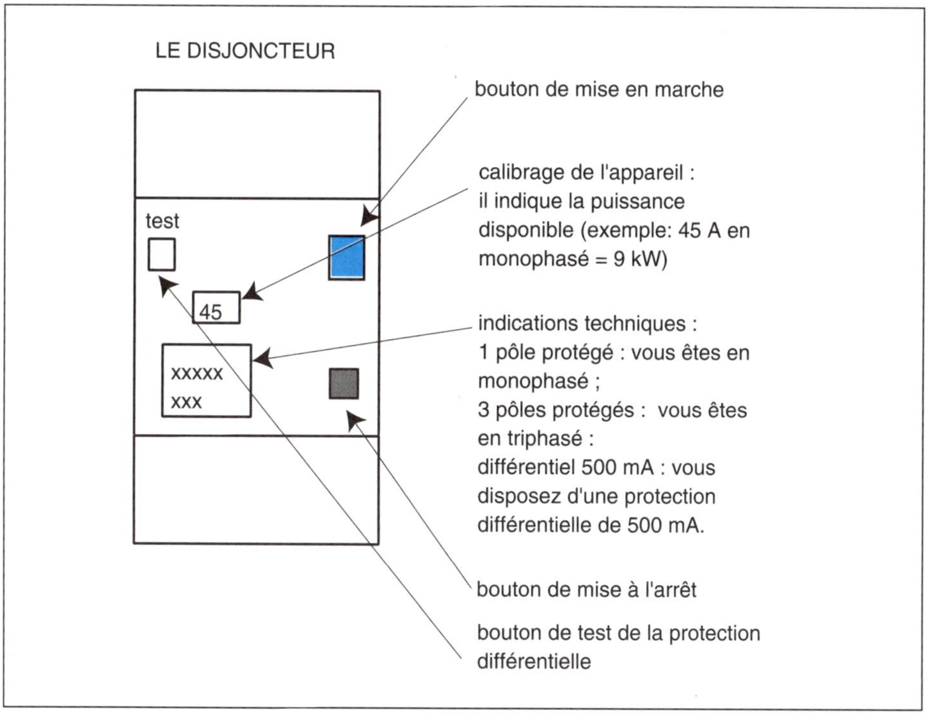

Figure 24 : Le disjoncteur

À présent, vous connaissez la tension et la puissance dont vous disposez.
Si l'une ou l'autre ne vous conviennent pas, contactez votre distributeur.
Peut-être que l'emplacement où est situé le comptage ne vous satisfait pas. Dans ce cas, il faudra également examiner le problème avec votre distributeur.
Mais attention, ne prévoyez pas de l'installer n'importe où. Des règles très strictes sont à respecter. Il est interdit de poser le disjoncteur dans un local humide (W.-C., salle de bains, trop près d'un point d'eau), dans les endroits difficilement accessibles (pièce indépendante ne communiquant pas directement avec le logement), dans un escalier, sur une cloison légère. Évitez les chambres et l'exposition à la chaleur (au-dessus d'un radiateur ou d'un appareil de cuisson). La fenêtre du compteur doit être située à 1,65 m du sol. Dans tous les cas, l'avis de votre distributeur sera primordial.

Lieux interdits pour installer le compteur :
- salles d'eau
- pièces d'accès difficile
- escaliers
- sur cloison légère
- au ras du sol

Vous ne disposez pas de comptage

Si vous n'avez pas encore déterminé l'emplacement de votre comptage ou que vous prévoyez des travaux de maçonnerie (doublage de murs, par exemple) vous empêchant de le faire installer rapidement, vous pouvez demander une installation provisoire, le temps de réaliser les gros travaux.

• Appartement
Dans ce cas, vous devez contacter votre distributeur (EDF ou autre) qui établira un devis de raccordement au réseau et qui exécutera les travaux.

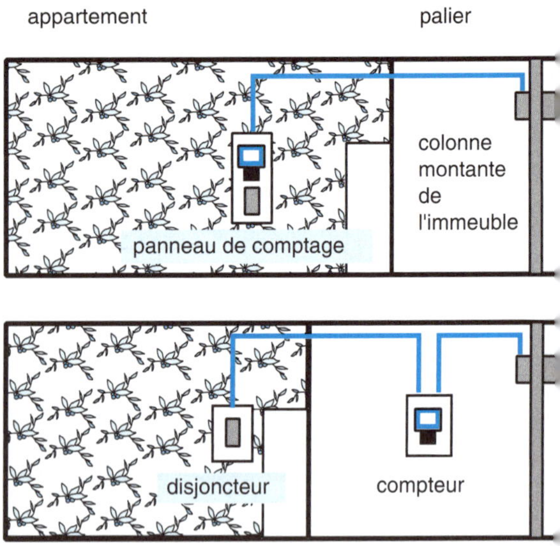

Figure 25 : Le raccordement en appartement

Généralement, il s'agit d'un câble, posé ou non sous gaine, reliant le panneau de comptage à la dérivation sur le palier.
Dans certains cas, si le palier est assez vaste, il est possible de faire poser le compteur à l'extérieur et le disjoncteur à l'intérieur. Cette solution présente l'avantage de ne pas nécessiter votre présence pour les relevés.

• Pavillon
En pavillon, le raccordement est quelque peu différent. Une partie des travaux vous incombe (celle du domaine privatif), l'autre sera réalisée par EDF (sur devis).
Le panneau de comptage sera placé à l'extérieur dans un coffret spécialement prévu à cet effet dont les références vous seront communiquées par votre distributeur.
Il doit être placé en limite de la voie publique afin que les agents du distributeur puissent y accéder sans avoir à pénétrer dans votre propriété.

Pour les règles à respecter, voir page 125

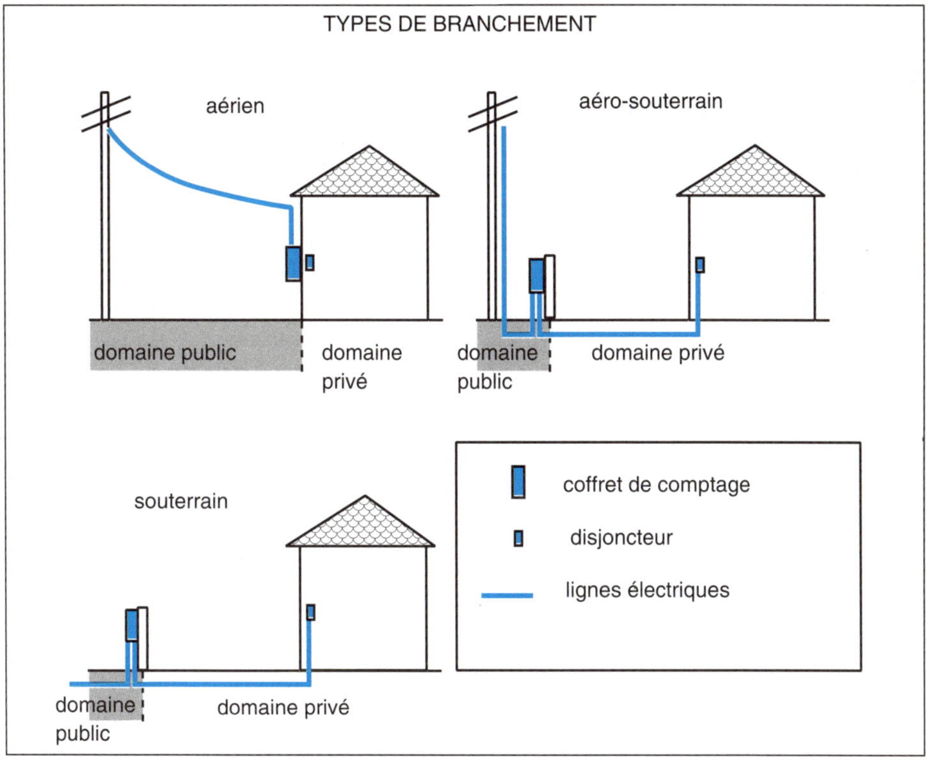

Figure 26 : Les types de branchement

Le panneau de comptage peut être encastré dans un mur de clôture ou dans le mur même de l'habitation, si celle-ci jouxte la voie publique.

Le disjoncteur sera placé à l'intérieur de l'habitation.

La liaison entre le coffret de comptage et le disjoncteur se fait sous terre (pour plus de détails sur les règles à respecter pour cette installation, voir page 125).

Si vous avez opté pour le double tarif, les fileries nécessaires devront être passées en même temps.

IMPORTANT *: depuis 1995, EDF commence à mettre en place de nouveaux compteurs électroniques qui vont remplacer peu à peu les modèles existants. L'avantage de ce nouvel appareil est qu'il pourra gérer toutes les options tarifaires (le remplacement du compteur en cas de changement d'option tarifaire deviendra donc inutile). De plus, il disposera d'un système de téléreport qui permettra le relevé à distance. En pavillon, le compteur pourra être installé dans l'habitation, le coffret extérieur comportant une prise pour le relevé.*

En appartement, on pourra faire installer cette prise de téléreport sur le palier (cette installation sera réalisée par le distributeur et payante).

Ancien compteur :

Nouveau compteur :

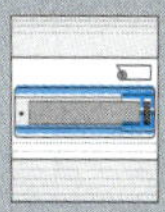

L'option de base conserve les anciens compteurs.

FAITES LE PLAN DE VOTRE INSTALLATION

Généralités

Arrivé à ce stade, il est nécessaire de traduire vos souhaits et vos besoins sur un plan. Pour ce faire, vous allez utiliser le plan architectural de votre habitation (des copies, naturellement) et y implanter les divers appareillages avec leurs liaisons d'interdépendance (schématisées par des lignes en pointillés). Vous pouvez utiliser les symboles que nous vous proposons (figure 27) ou d'autres à votre convenance, si vous ne les trouvez pas suffisamment parlants.

Cette section a pour but de mettre à votre disposition le maximum d'éléments pour établir un plan détaillé, cohérent et exploitable de votre installation.

Rappel des fonctions des appareillages
L'interrupteur : c'est un mécanisme qui permet de commander un point lumineux ou une prise.
L'inverseur (ou va-et-vient) : toujours utilisé par paire, il permet une commande à partir de deux endroits différents.
Le commutateur double (ou double allumage) : il permet deux commandes différentes à partir du même mécanisme.
Le bouton poussoir : utilisé seul, il peut commander une sonnette ou un carillon de porte d'entrée. Utilisé en association avec un télérupteur, il permet de commander un point lumineux par autant de boutons qu'on le désire. Associé à un télévariateur, il permet la commande et la variation d'un point lumineux à partir de plusieurs boutons.
Il est nécessaire d'apporter beaucoup d'attention au plan, car vous devrez le

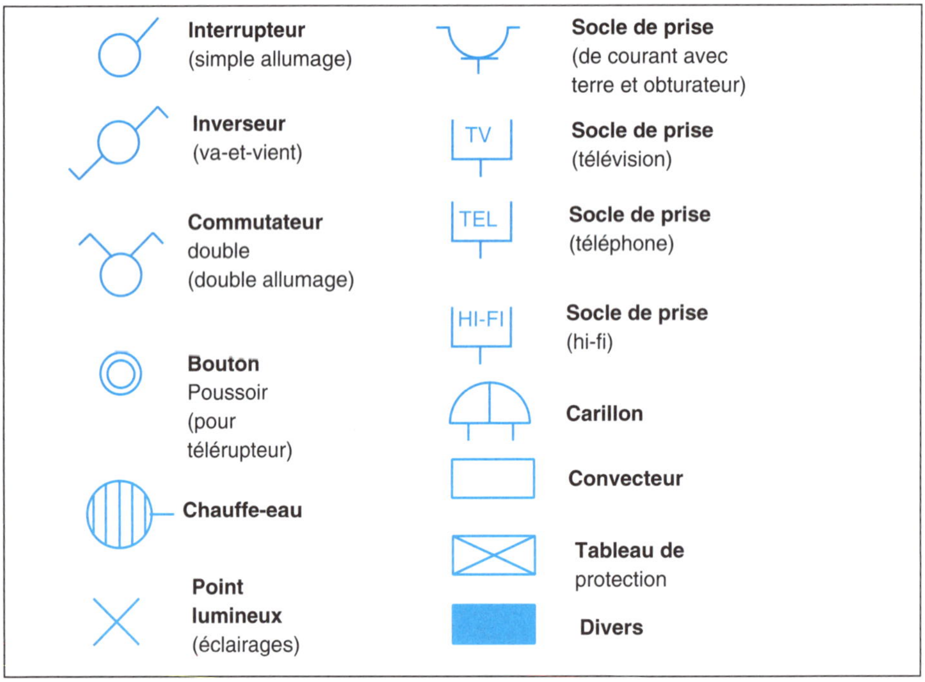

Figure 27 : Les symboles

suivre pendant toute la réalisation de l'installation. Il vous évitera d'oublier certains montages en cours de travaux.

Pour vous aider, nous effectuerons une étude pièce par pièce en vous proposant diverses solutions pour chacune. À vous de choisir et d'adapter des solutions à votre propre cas. Un aperçu des normes (pour les pièces à risques) et des équipements minimaux est indiqué pour chaque pièce.

Pour mieux vous guider sur un plan d'ensemble, nous travaillerons sur un exemple : un pavillon de plain-pied avec sous-sol (figure 28).

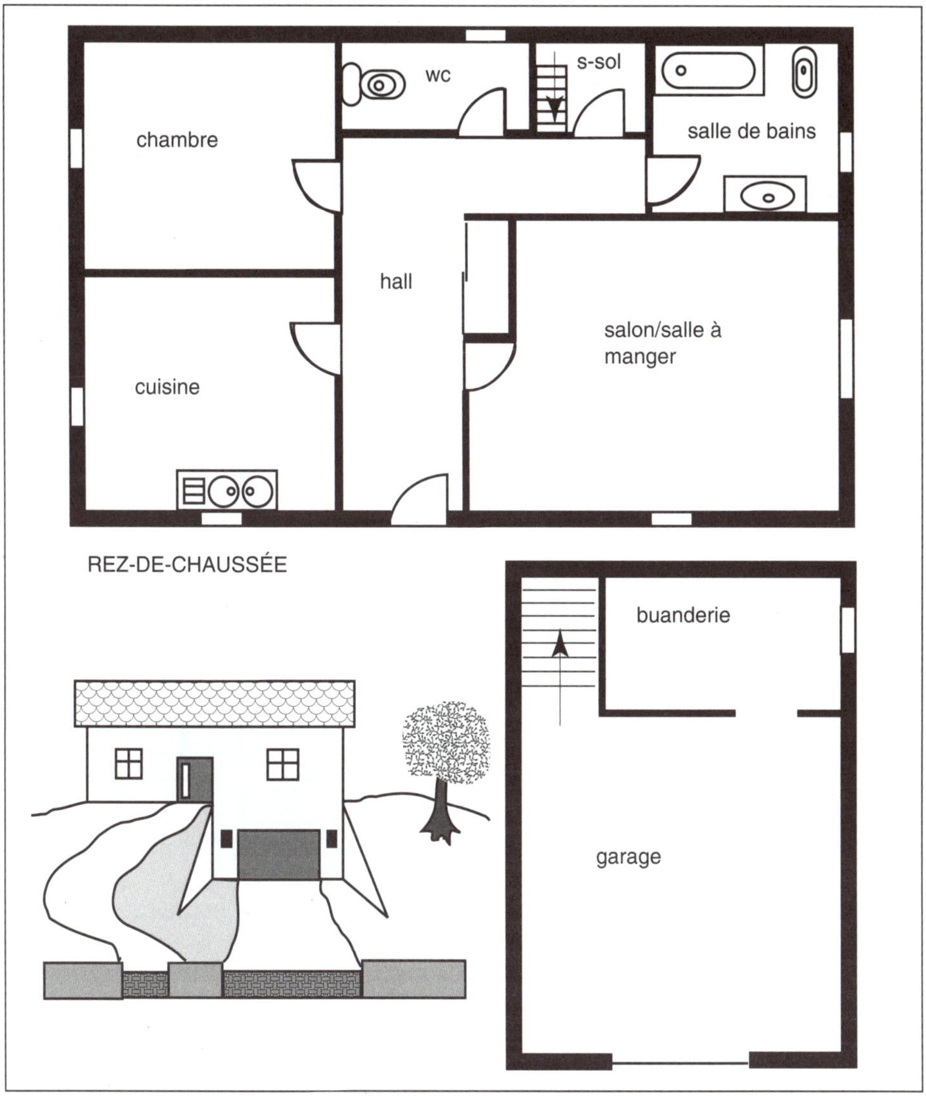

Figure 28 : Exemple de plan architectural

Les pièces

Afin de réaliser une installation en harmonie avec les recommandations de PROMOTELEC dans le cadre du **label confort sécurité** (concernant la rénovation), voici quelques règles que nous appliquerons à notre exemple.

– Un point lumineux doit pouvoir être commandé à partir de chaque issue de la pièce concernée. Au-delà de deux points de commande, l'utilisation d'un télérupteur est recommandée.

– Une prise de courant doit être installée à proximité de chaque prise de téléphone et de télévision.

– Dans une pièce au moins, un point lumineux doit être commandé par un variateur.

– Il est judicieux de prévoir une prise de courant à l'entrée de chaque pièce pour l'utilisation de l'aspirateur.

– Il faut prévoir au moins une prise commandée par interrupteur dans le séjour s'il n'existe qu'un foyer lumineux au plafond.

– Dans le cas d'un pavillon, prévoir un éclairage extérieur automatique par détection de présence et l'installation d'un portier vidéo.

– Le chauffe-eau électrique doit être raccordé à un système de mise sous tension automatique en fonction des périodes tarifaires.

– L'installation de chauffage doit être pilotée par une régulation permettant l'abaissement de température sur au moins deux zones (pour un studio ou un deux-pièces, une seule zone).

– Pour les convecteurs et panneaux radiants, la température de confort sera réglée par les thermostats incorporés aux appareils.

Dans le cas d'appareils ne possédant pas de thermostat intégré, il faut prévoir l'installation d'un thermostat d'ambiance (ou sonde de température) dans chaque pièce.

– Il est recommandé de prévoir l'installation d'un délesteur.

• L'entrée, le couloir

L'équipement **minimum** conseillé par PROMOTELEC n'est pas restrictif et l'on peut envisager d'autres solutions plus confortables.

Travaillons sur notre exemple pour illustrer plusieurs possibilités.

> Équipement minimum recommandé par Promotelec :
> • un point lumineux
> • une prise de courant

Les prises

Dans cet exemple (figure 29), on peut envisager au moins deux prises de courant, une prise téléphonique (placée à côté d'une prise de courant pour brancher un minitel, par exemple) et une alimentation pour un convecteur si l'on a opté pour ce type de chauffage.

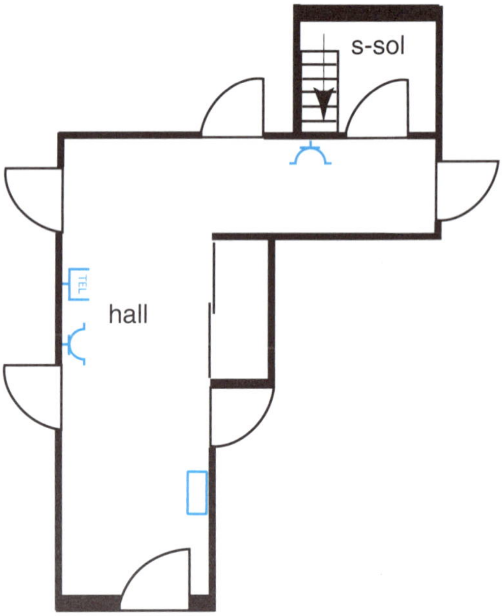

Figure 29 : Les prises dans l'entrée

L'éclairage

Exemple 1 (figure 30) : création d'un va-et-vient (deux points de commande) entre la porte d'entrée et le fond du couloir commandant deux points lumineux (l'architecture du couloir avec un retour nécessite au moins deux points d'éclairage).

Création d'un va-et-vient pour la descente vers le sous-sol qui commandera un éclairage dans l'escalier.

Création d'un éclairage extérieur au-dessus de la porte d'entrée, commandé par un interrupteur simple (un seul point d'allumage).

Exemple 2 (figure 31) : l'éclairage est cette fois réalisé par l'intermédiaire de boutons poussoirs commandant un télérupteur qui, lui-même, commande les points lumineux. Cette solution présente l'avantage de permettre l'installation de nombreux points de commande (utilisation facilitée).

Cette solution peut aussi permettre la variation de l'intensité lumineuse des éclairages par remplacement du télérupteur par un télévariateur.

Il est bien entendu que ce ne sont là que des exemples. Rien ne vous empêche de prévoir des appliques murales à la place des points en plafond.

Si vous optez pour ces exemples, à ces points lumineux peuvent être raccordés de nombreux types de luminaires au goût de chacun (lustres, hublots, rails de spots, halogènes encastrés, si vous prévoyez un faux plafond).

Il est nécessaire de prévoir tout autre appareillage qui devra être installé.

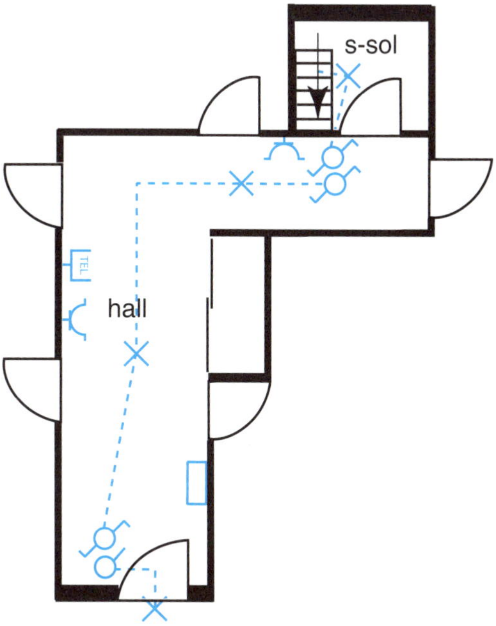

Figure 30 : L'éclairage dans l'entrée (exemple 1)

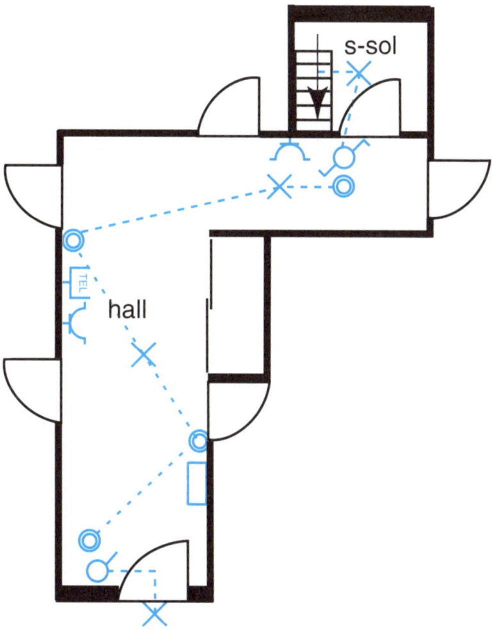

Figure 31 : L'éclairage dans l'entrée (exemple 2)

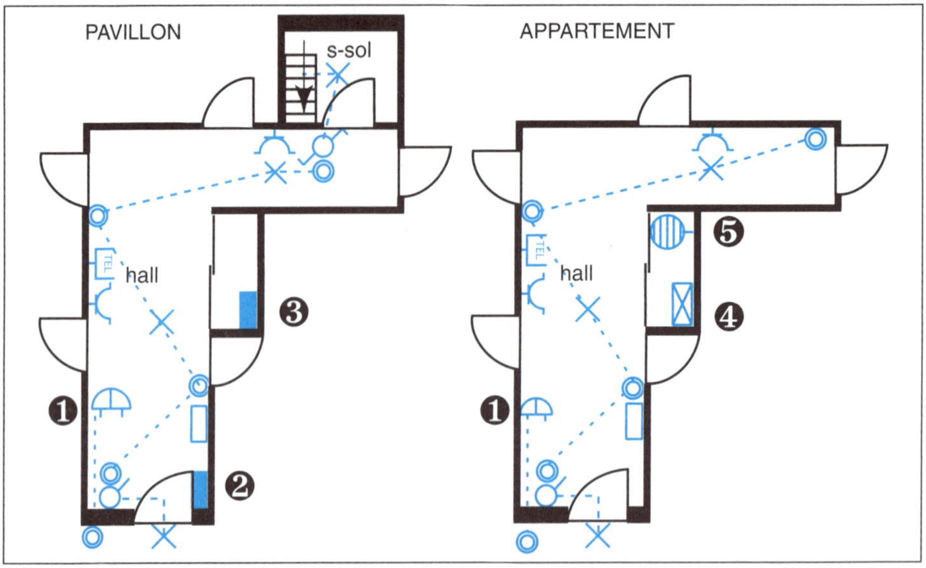

Figure 32 : Autres installations

Par exemple, pour un pavillon :

❶ sonnette pour la porte d'entrée ;

❷ combiné d'interphone ;

❸ centrale d'alarme ;

Pour un appartement :

❶ sonnette pour la porte d'entrée ;

❹ tableau électrique ;

❺ chauffe-eau (dissimulé dans le placard).

Après ces quelques conseils, à vous de jouer sur votre plan.

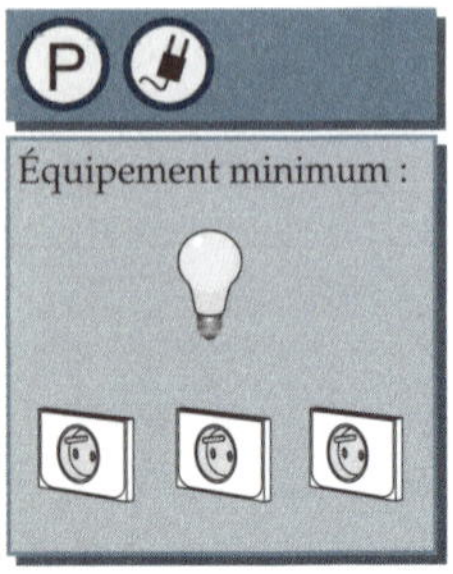

• La chambre

Dans l'équipement minimum recommandé par PROMOTELEC, le point lumineux peut être remplacé par une prise de courant commandée.

Ici, pas de règles spéciales de sécurité à respecter. Prenons la chambre de notre exemple.

Exemple 1 (figure 33) : répartition de prises de courant, sans oublier d'en prévoir une à l'entrée et une à coté des prises de téléphone et de télévision.

Une prise de chaque côté du lit (afin de pouvoir brancher une lampe de chevet ou un radio-réveil) ou plus, à votre convenance.

L'éclairage, dans cet exemple, est constitué d'un point lumineux en plafond commandé en va-et-vient entre la porte d'entrée et le lit.

On placera un convecteur sur le mur extérieur au niveau de la fenêtre.

Exemple 2 (figure 33) : dans ce deuxième exemple, seul le système d'éclairage est un peu plus élaboré. On conserve un centre lumineux commandé par un interrupteur à l'entrée qui apportera un éclairage général. En revanche, on peut prévoir l'installation de deux points lumineux de chaque côté du lit, commandés par leur propre système de va-et-vient. On pourra donc les commander indépendamment, à partir de chaque côté du lit ou à partir de la porte d'entrée.

On peut prévoir l'installation d'une sonde

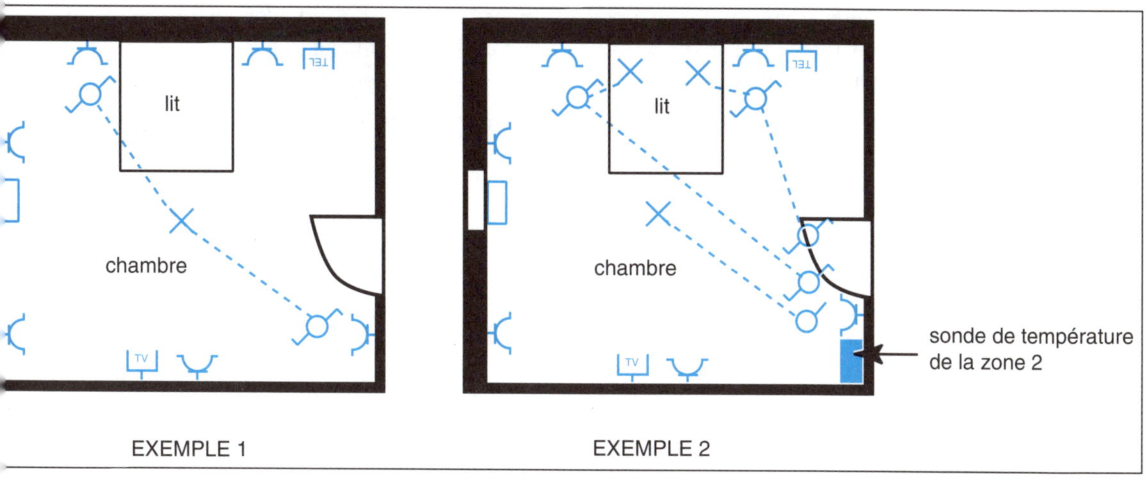

Figure 33 : La chambre

de température pour le chauffage de cette zone si l'on a opté pour ce système de régulation.

• Le salon

Dans cette pièce, il n'y a pas de règles de sécurité spécifiques à respecter. Dans cet exemple (figure 34), on remarque toujours une distribution de prises de courant en nombre suffisant. Prévoir une prise de courant tous les trois mètres et, à côté, des prises de téléphone et de télévision.

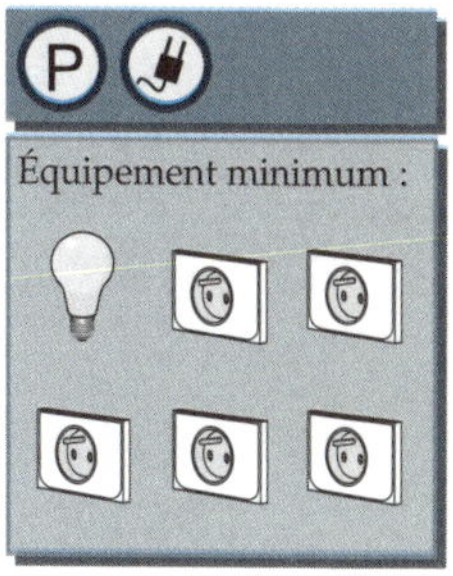

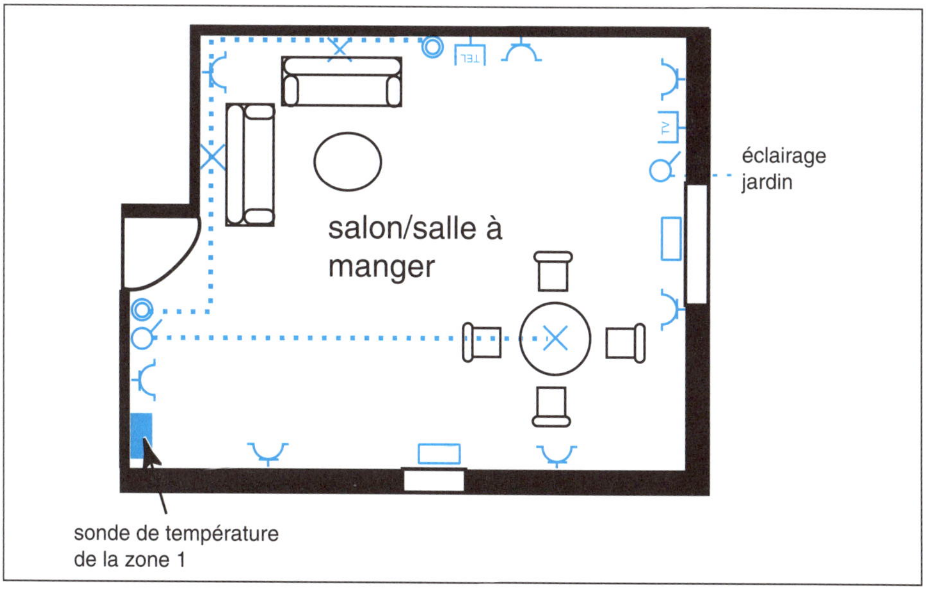

Figure 34 : Le salon

Pour le chauffage, si vous avez opté pour l'énergie électrique, on a disposé deux convecteurs (sur les murs extérieurs) et une sonde de température (dans le cas d'un programmateur deux zones). La pièce de notre exemple étant assez vaste, deux convecteurs sont nécessaires.

L'éclairage se répartit ainsi :

– un point lumineux au-dessus de la table de la partie salle à manger, commandé par un interrupteur à l'entrée ;

– deux sorties de fil pour appliques au niveau du coin salon, commandées par un système de télévariateur (un poussoir à l'entrée et un autre au niveau du canapé) ;

– une commande pour l'éclairage du jardin à partir de la porte-fenêtre.

Cela n'est toujours qu'un exemple, et vous pouvez, bien sûr, laisser libre cours à votre imagination.

• La cuisine

Du fait de la présence d'eau, la cuisine, est une pièce à risque.

Il est **fortement déconseillé** de placer des prises de courant à proximité de l'évier et de la table de cuisson.

Il est **interdit** de placer des prises téléphoniques à **moins de 1 mètre** de l'évier et de la table de cuisson.

Elles peuvent être installées au niveau du plan de travail à une hauteur minimale de 8 cm.

Dans la plupart des cas, la cuisine est une cuisine équipée. Il est donc nécessaire de faire le plan de celle-ci afin de pouvoir définir précisément l'emplacement des alimentations électriques.

Prévoyez des prises au niveau du plan de travail pour les petits appareils électroménagers.

Pour les gros appareils qui seront encastrés, il est judicieux de placer la prise non pas directement derrière l'appareil mais au niveau du meuble juste à côté. Cela vous permettra, en cas de problème, de pouvoir débrancher l'appareil sans avoir à le déplacer (une découpe dans le fond du meuble permettra d'accéder facilement à la prise).

Si vous n'avez pas encore prévu la cuisine et que vous envisagez sa réalisation pour plus tard, il est possible de tirer une ligne de grosse section (fils de 10 mm^2) depuis le tableau de protection général pour alimenter un tableau divisionnaire placé dans la cuisine et destiné à elle seule.

Dans cet exemple (figure 35), l'éclairage est composé de deux points lumineux (un au-dessus de la table et un autre au-dessus de l'évier) commandés par un commutateur double allumage.

On peut également prévoir une alimentation pour la pose d'éclairages sous les meubles hauts, ou reprendre le circuit sur l'alimentation de la hotte aspirante.

Les prises de courant sont réparties au niveau du plan de travail et à divers endroits de la pièce.

Les gros appareils ménagers (réfrigérateur, lave-vaisselle, four et plaque de cuisson) disposent tous d'une alimentation spécifique.

Équipement minimum :

• La salle de bains

Nous allons aborder ici le problème de la pièce présentant le plus de risques dans la maison. Nous savons tous que l'eau, très conductrice, ne fait pas bon ménage avec l'élec-

L'installation électrique dans la salle d'eau est très réglementée.
Ne négligez-pas cette section !

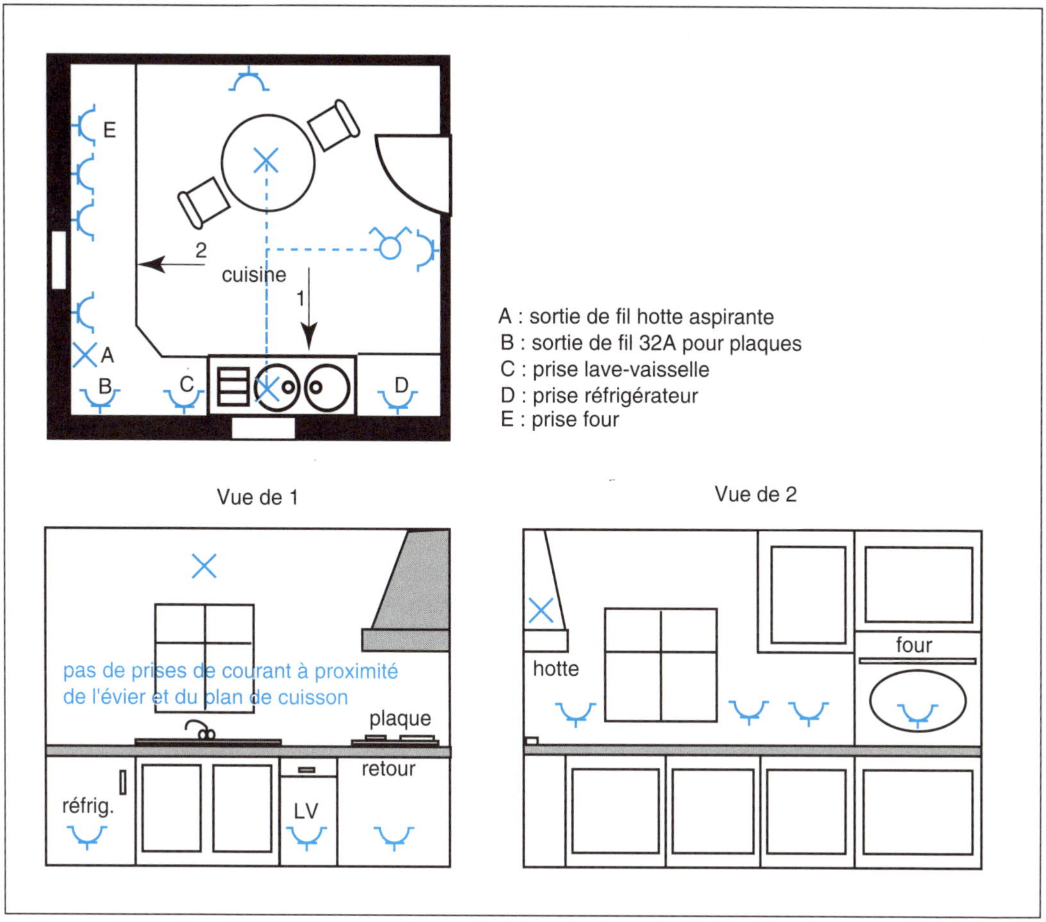

Figure 35 : La cuisine

tricité et que le corps humain immergé est lui aussi un très bon conducteur.

En conséquence, les règles et les normes établies pour cette pièce sont très strictes. Il est **indispensable de les respecter à la lettre**.

Les volumes

La norme a établi quatre volumes dans la salle de bains en fonction des risques (figure 36) afin de limiter la présence de matériels électriques à proximité de la baignoire et du bac à douche.

Ces volumes sont établis pour les douches et baignoires quel que soit le local (une chambre, par exemple), mais ils ne concernent pas les autres équipements (bidets, lavabos).

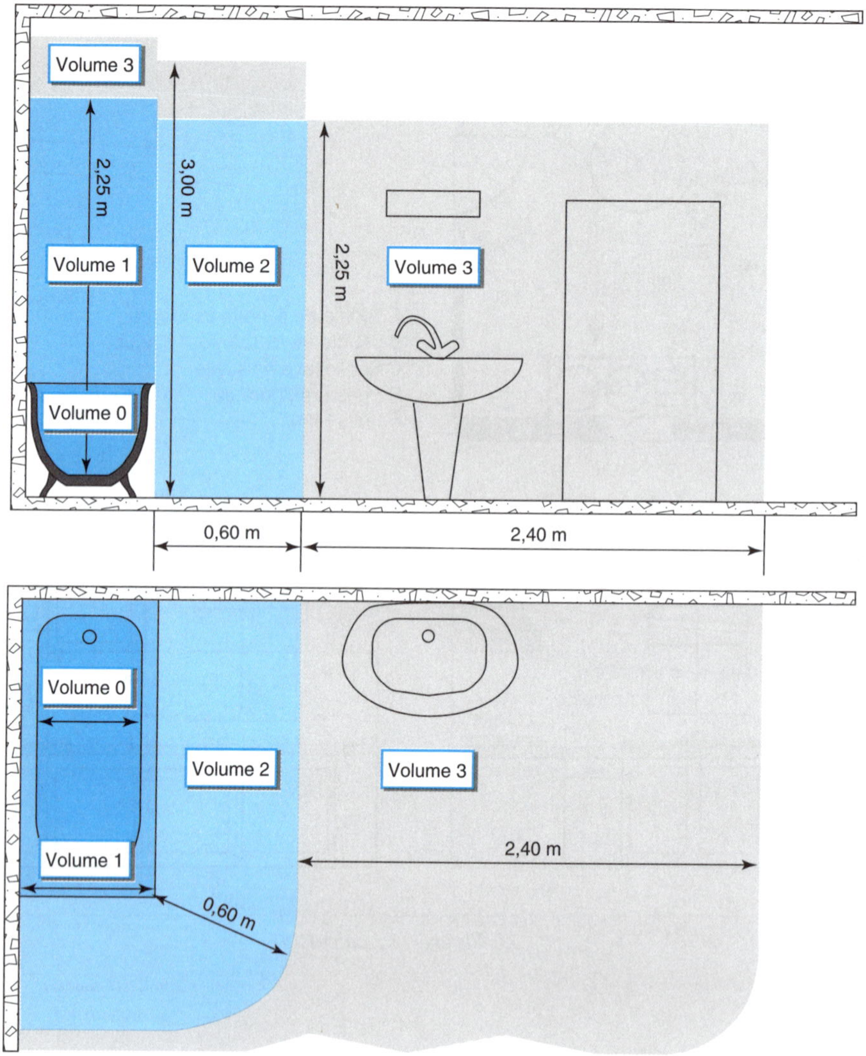

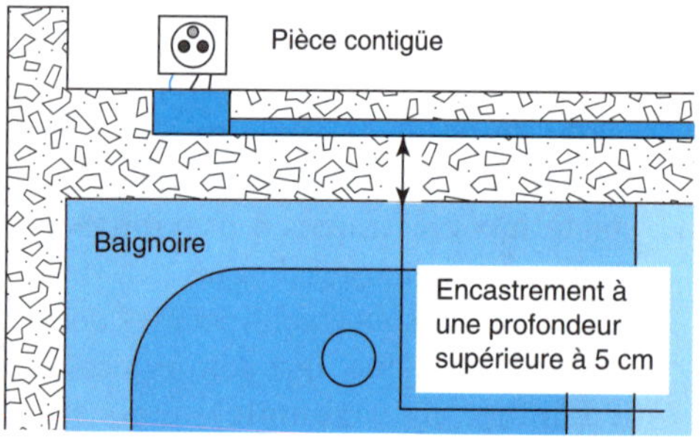

Mise à jour 2002

Nouvelles règles d'encastrement dans les volumes 1 et 2

Les canalisations encastrées dans les parois des volumes 1 et 2 et ne desservant pas un appareillage situé dans ces volumes doivent être encastrées à une profondeur supérieure à 5 cm.

Figure 36 : Les volumes de la salle de bains

La définition des volumes est la suivante :

Volume 0

C'est le volume intérieur de la baignoire ou du bac à douche.

Volume 1

Ce volume est délimité par :

– un plan vertical délimité par les bords extérieurs de la baignoire ;

– un plan horizontal situé à 2,25 m au-dessus du sol (ou du fond de la baignoire ou de la douche si celui-ci se situe à plus de 0,15 m du sol) ;

– le sol.

Volume 2

Ce volume est délimité par :

– la surface verticale extérieure du volume 1 et une surface parallèle à celle-ci et distante de 0,60 m ;

– un plan horizontal situé à 2,25 m au-dessus du sol ;

– le sol.

Volume 3

Ce volume est délimité par :

– le plan vertical extérieur du volume 2 et une surface parallèle à celle-ci et distante de 2,40 m ;

– un plan horizontal situé à 2,25 m au dessus du sol ;

– le sol.

Précisions supplémentaires :

– L'espace situé au-dessus des volumes 1, 2 et 3 est soumis aux conditions du volume 3 (dans le cas d'un faux plafond, l'espace situé au-dessus de celui-ci n'est pas soumis aux conditions des volumes concernés).

– L'espace situé sous la baignoire ne fait pas partie des volumes 0, 1, 2 ou 3 s'il est fermé et seulement accessible par une trappe démontable avec un outil.

– Dans le cas d'une baignoire ou d'un receveur de douche encastré complètement dans le sol, s'il s'agit d'appareils rapportés, la limite du volume 1 est toujours un plan vertical aux bords du sanitaire. S'il s'agit d'une douche directement créée dans le sol, le plan vertical du volume 1 sera élargi de 0,10 m par rapport au bord extérieur du bac.

Mais il existe de nombreux cas particuliers dont nous allons essayer de donner quelques exemples.

Baignoire avec paroi fixe

Douche

Figure 37 : Cas particuliers des volumes *(suite page 58)*

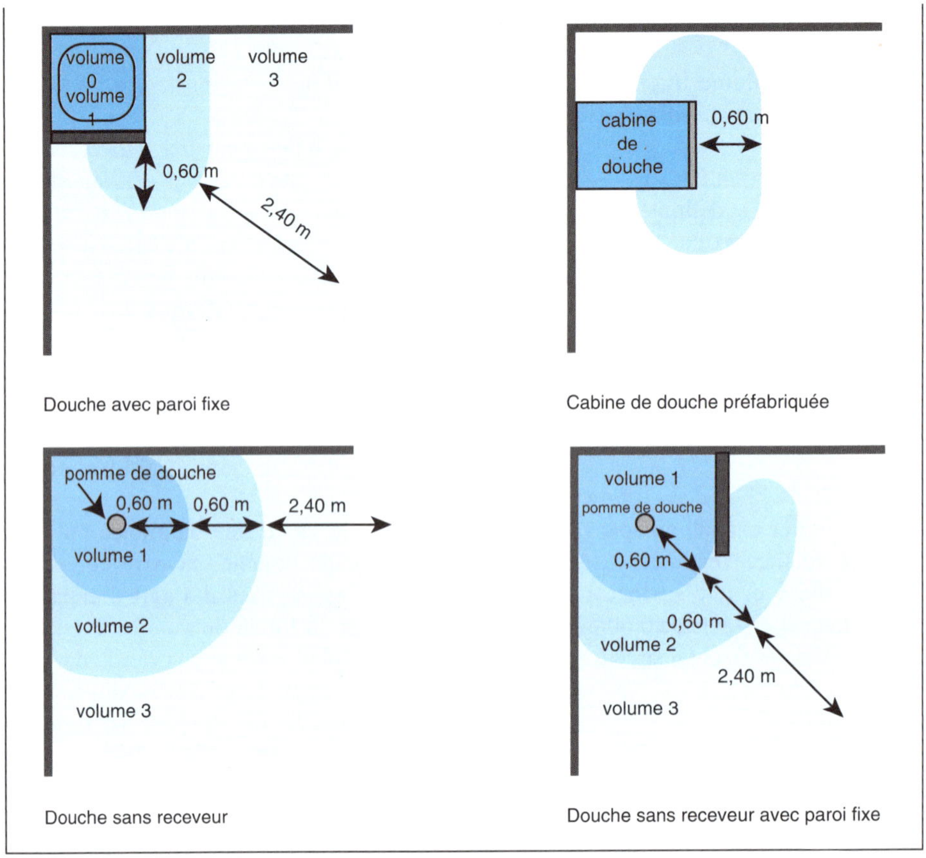

***Figure 37 : Cas particuliers des volumes** (suite)*

On peut remarquer que l'utilisation d'une paroi fixe et non démontable réduit sensiblement le volume 2 (attention : une cabine de douche n'entre pas dans ces conditions).

Dans le cas d'une douche sans receveur, le volume 1 est défini de deux manières différentes :

– si vous disposez d'une pomme de douche fixe, le volume 1 sera défini par un cylindre de 0,60 m centré sur la pomme ;

– si vous disposez d'une pomme de douche fixée au bout d'un flexible, le volume 1 sera défini par un cylindre de 1,20 m de diamètre centré sur l'origine du flexible.

La sécurité

La sécurité de la salle de bains sera assurée par l'utilisation de systèmes à haute sensibilité qui coupent les circuits électriques (dispositifs différentiels) et par l'emploi d'appareillages et de matériels construits selon des normes très strictes permettant leur emploi dans une salle de bains.

La protection différentielle

Toutes les lignes alimentant la salle de bains (éclairage, prises, chauffage) **doivent être protégées par un dispositif différentiel haute sensibilité**.

ɔ

ɪnstallation d'un
positif de protection
férentielle à haute
ısibilité est obligatoire
ır toutes les lignes de
ialle d'eau.

Nous avons déjà évoqué le nom différentiel dans la description du disjoncteur EDF. Dans cet appareil de protection, il existe deux systèmes de surveillance du bon fonctionnement de l'installation :

– un système magnéto-thermique qui provoque la coupure de l'alimentation en cas de court-circuit ou de demande trop importante de courant ;

– un système différentiel qui provoque la coupure de l'alimentation en cas de fuite de courant.

Comment cela fonctionne ? Comme nous l'avons vu au début de cet ouvrage, lors d'un contact direct ou indirect, une partie du courant passant dans le circuit transite par le corps humain pour rejoindre la terre. Si nous comparons les bornes de sortie du disjoncteur à un générateur (figure 38), il transite une certaine intensité d'une borne à l'autre par le circuit. L'intensité étant constante en tous points du circuit, nous devons (si nous la mesurons) trouver la même valeur à chacune des bornes. Or, s'il se produit une fuite de courant (par contact ou masse d'un appareil en défaut d'isolement), il y a déséquilibre entre ces deux valeurs et donc une différence d'intensité. Le dispositif différentiel mesure cette valeur et coupe le circuit quand celle-ci atteint ou dépasse son seuil de réglage.

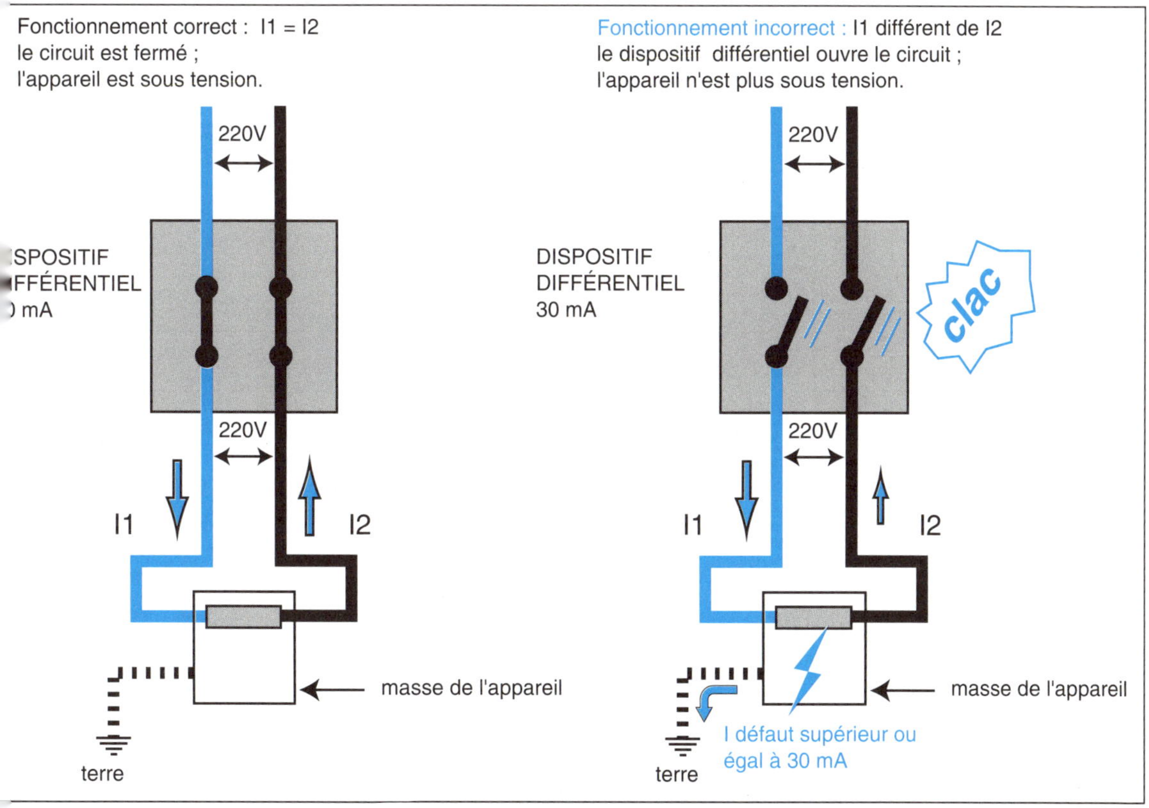

Figure 38 : Le fonctionnement du différentiel

Dans le cas de notre disjoncteur EDF, la valeur de 500 mA indique son seuil de déclenchement. Aussitôt que le défaut atteint cette valeur, le disjoncteur se déclenche et coupe l'alimentation.

Sous une tension de 220 V, l'électricité est mortelle à partir d'une intensité de 40 mA.

Pour améliorer la sécurité dans les installations, la norme (NF C 15 100) rend obligatoire l'emploi de dispositifs différentiels à haute sensibilité de 30 mA. De plus, sachant que la rapidité de déclenchement de ces appareils est de quelques millisecondes et, qu'une intensité est mortelle si elle dépasse la valeur de 40 mA (sous une tension de 220 V), on comprend aisément leur contribution à la sécurité d'une installation.

Le transformateur de séparation des circuits

C'est un transformateur alimenté en 220 V et qui restitue du 220 V. Il est constitué de deux enroulements qui n'ont aucun point commun entre eux et il se comporte comme un générateur indépendant du réseau (figure 39).

Dans le cas de l'utilisation d'un transformateur (de séparation ou TBT), il faut pas relier la mass des appareils d'éclaira à la prise de terre.

Pour mieux comprendre, il faut savoir que le neutre sur l'alimentation de courant est relié à la terre au niveau du producteur. C'est pourquoi, lorsque vous avez un contact physique (direct ou indirect) avec la phase, le courant passe par votre corps et la terre pour rejoindre le neutre et vous jouez ainsi le rôle de l'ampoule dans le circuit.

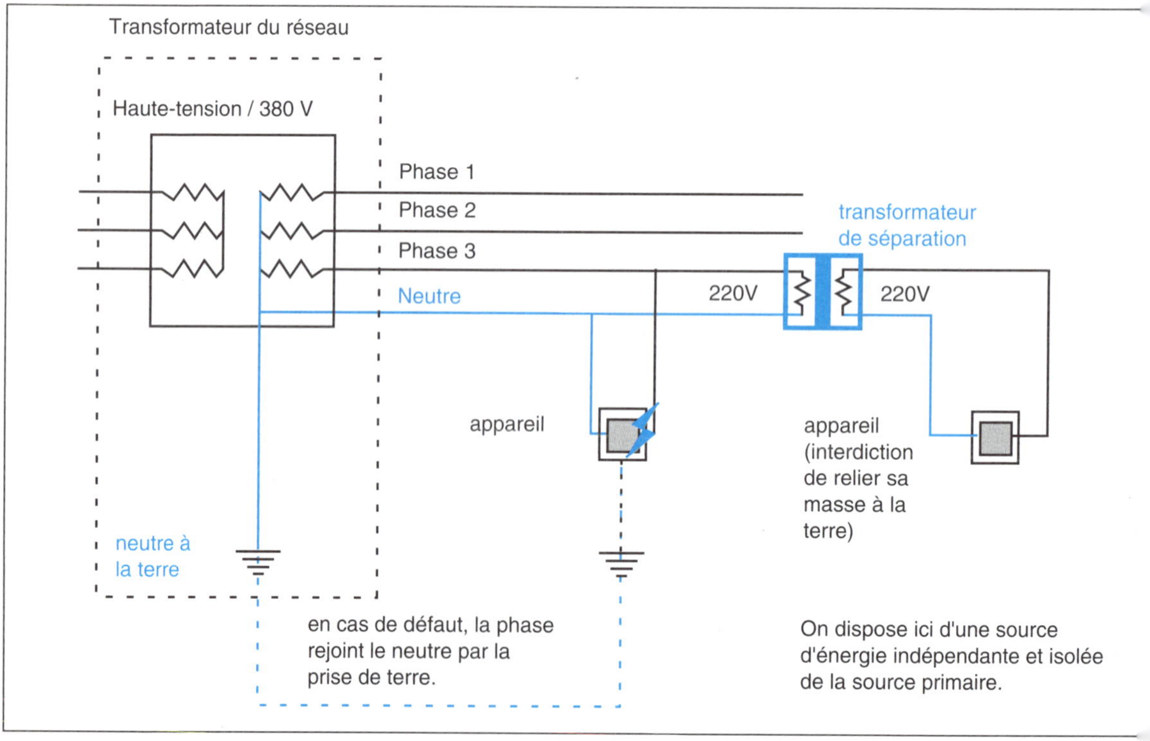

Figure 39 : Le transformateur de séparation des circuits

Avec ce type de transformateur, le neutre est isolé et il n'y a donc pas de possibilité de retour par la terre.

Dans ce cas, il ne faut surtout pas relier la masse de l'appareil à la terre. Si ce transformateur alimente plusieurs appareils, leurs masses devront en revanche être reliées entre elles mais pas à la terre.

La très basse tension de sécurité TBTS

On utilise dans ce cas une tension non dangereuse (inférieure a 50 V) qui est généralement le 12 V. Elle est produite par un transformateur de sécurité et, là encore, **les masses des appareils ne devront pas être reliées à la terre.**

La classification des appareils

Il existe une classification des matériels selon leur protection contre les chocs électriques. Cette classification est établie conformément aux procédés d'isolation des circuits électriques qui entrent dans la composition de l'appareil.

Il existe quatre types d'isolation :

– *l'isolation principale.* C'est l'isolation des parties actives (conductrices) dont la défaillance pourrait provoquer un risque de choc électrique (par exemple, l'isolant d'un fil électrique) ;

– *l'isolation supplémentaire.* C'est une isolation indépendante qui vient en complément de l'isolation principale (pour assurer la protection en cas de défaillance de l'isolation principale) ;

– *la double isolation.* C'est un principe de construction qui comprend à la fois une isolation principale et une isolation supplémentaire ;

– *l'isolation renforcée.* C'est une isolation des parties actives au moins équivalente à une double isolation.

La classification des matériels doit être indiquée par le constructeur sur leur plaque signalétique (généralement sous forme de symbole).

Il existe quatre classes de matériel (voir tableau 62).

– **Matériel de classe 0** (pas de symbole)

Ce type de matériel repose sur le principe de l'isolation principale et n'est pas prévu pour être raccordé à la terre. Il n'y a pas d'identification sur la plaque signalétique.

– **Matériel de classe I** (symbole ⏚)

Pour ce type de matériel, la protection est assurée par une isolation principale et une protection supplémentaire par le raccordement à la terre des parties conductrices. Ces appareils doivent obligatoirement être raccordés à la prise de terre de l'installation.

– **Matériel de classe II** (symbole ⧈)

Ce type de matériel dispose d'une protection par isolation principale à laquelle s'ajoute une double isolation ou une isolation renforcée. Ce type de matériel ne nécessite pas de protection par raccordement à la terre (de toutes façons, il n'est pas prévu).

– **Matériel de classe III** (indication de la tension en TBTS)

Ce type de matériel est alimenté en TBTS (très basse tension de sécurité) 12 V et évite donc les risques de chocs électriques. Il ne devra pas être raccordé à la prise de terre, comme nous l'avons vu précédemment. Sur la plaque signalétique figure la valeur de la tension d'utilisation (sans symbole particulier).

Les degrés de protection (ou indices de protection)

La normes NF C 20010 et son annexe 1 (degré de protection des enveloppes des matériels électriques) définissent les degrés de protection qui caractérisent l'aptitude d'un matériel à supporter les trois influences externes suivantes :

– présence de corps solides ;

– présence d'eau ;

– risques de chocs mécaniques.
Cette protection se définit par deux lettres et trois chiffres. Prenons un exemple : sur un appareil figure l'annotation IP 245.
Les lettres IP signifient Indice de Protection.
Le premier chiffre indique l'indice de protection contre les corps solides ;
le deuxième chiffre indique l'indice de protection contre les liquides ;
le troisième chiffre indique le degré de protection contre les chocs mécaniques.
Voici un tableau comportant les indices et les tests correspondants.
Lorsqu'il existe un symbole d'équivalence, il est indiqué à côté du chiffre.
Toutes ces indications sont utiles pour savoir quel matériel peut être installé dans la salle d'eau ou dans d'autres situations particulières (buanderie, extérieur).

1er chiffre : protection contre les corps solides		2e chiffre : protection contre les liquides		3e chiffre : protection contre les chocs mécaniques	
IP	TESTS	IP	TESTS	degré de protec.	TESTS
0	Pas de protection.	0	Pas de protection.	0	Pas de protection.
1	Protection contre les corps solides supérieurs à 50 mm (par exemple : contact avec la main).	1	Protection contre les chutes verticales de gouttes d'eau (condensation).	1	Protection contre une énergie de choc de 0,225 joule.
2	Protection contre les corps solides supérieurs à 12 mm (par exemple : un doigt).	2	Protection contre les chutes de gouttes d'eau jusqu'à 15° de la verticale.	2	Protection contre une énergie de choc de 0,375 joule.
3	Protection contre les corps solides supérieurs à 2,5 mm.	3	Protection contre l'eau en pluie jusqu'à 60° de la verticale.	3	Protection contre une énergie de choc de 0,500 joule.
4	Protection contre les corps solides supérieurs à 1 mm.	4	Protection contre les projections d'eau de toutes directions.	4	Protection contre une énergie de choc de 2,00 joules.
5	Protection contre les poussières.	5	Protection contre les jets d'eau de toutes directions à la lance.	5	Protection contre une énergie de choc de 6,00 joules.
6	Protection totale contre les poussières.	6	Protection contre les jets d'eau assimilables aux paquets de mer.	6	Protection contre une énergie de choc de 20,00 joules.
		7	Protection contre les effets de l'immersion.		
		8 ..m	Protection contre les effets prolongés de l'immersion sous pression.		

La liaison équipotentielle
Une autre mesure de protection est **obligatoire** dans la salle de bains : c'est la liaison équipotentielle (figure 40). Elle consiste à relier entre eux tous les éléments conducteurs de la salle de bains et de raccorder cette liaison à la prise de terre de votre installation. Cela a pour but de mettre au même potentiel tous les éléments conducteurs de cette pièce et d'éviter ainsi tout risque de choc électrique en cas de contact direct ou indirect. Cette liai-

La liaison équipotentielle est obligatoire dans la sall d'eau.

son équipotentielle est un raccordement supplémentaire, car il doit exister également une liaison équipotentielle principale. La liaison équipotentielle principale est réalisée au niveau de l'immeuble, s'il est récent, ou bien vous devrez la créer si vous habitez un pavillon. Il faut relier toutes les conduites métalliques (à leur pénétration dans la maison pour celles qui proviennent de l'extérieur) et les éléments métalliques de la construction à la prise de terre (voir page 191).

La liaison équipotentielle de la salle de bains sera réalisée comme suit :

– soit par un conducteur dont la section est de 2,5 mm² s'il est protégé mécaniquement (posé sous conduit ou moulure) ;

– soit par un conducteur dont la section est de 4 mm² s'il n'est pas protégé mécaniquement et fixé directement aux parois.

Les conducteurs ne doivent pas être noyés directement dans les parois.

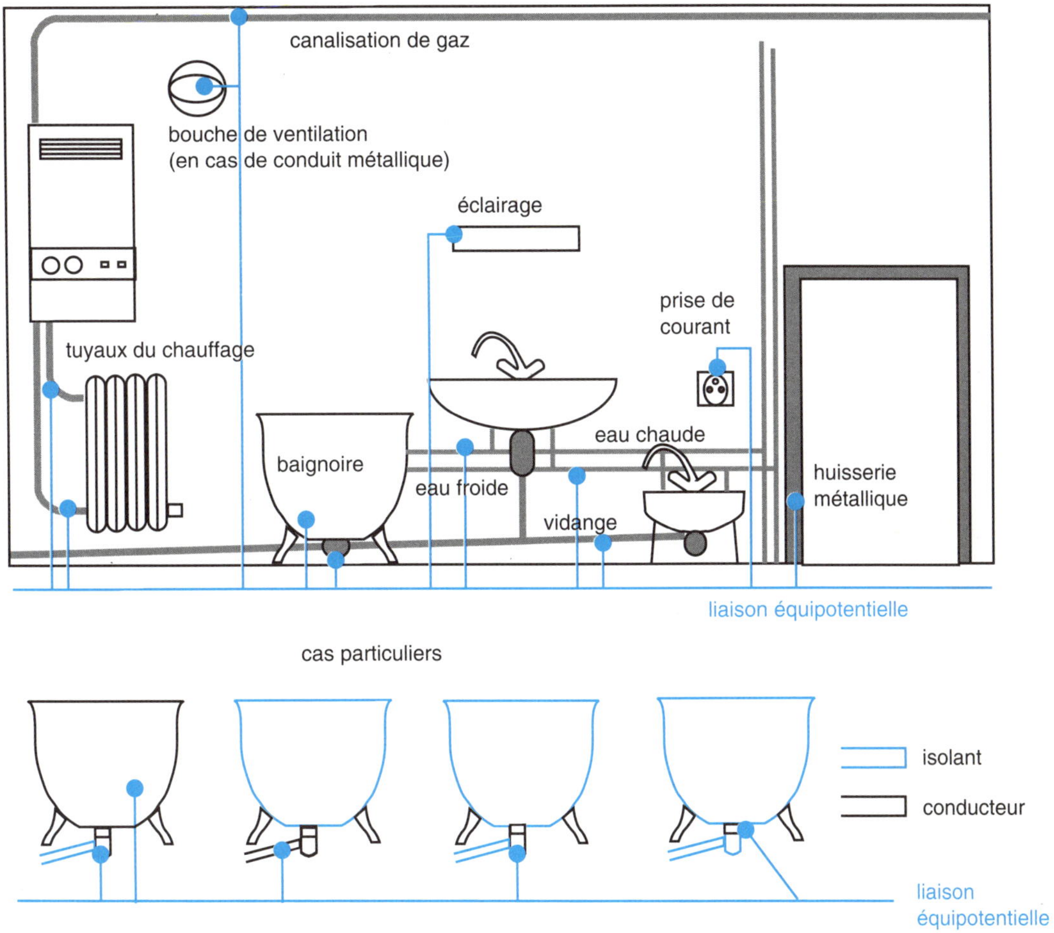

Figure 40 : Liaison équipotentielle de la salle de bains

La liaison équipotentielle doit être réalisée à l'intérieur de la salle d'eau ou dans un local contigu en cas d'impossibilité.
Si vous disposez de plusieurs salles d'eau, chacune devra posséder sa propre liaison équipotentielle.
Il est recommandé de laisser les connexions accessibles.

Doivent être reliés à la liaison équipotentielle (figure 40) :
– les canalisations métalliques d'eau froide, d'eau chaude, de vidange et de gaz ;
– les appareils sanitaires métalliques :
  - d'une part le corps métallique de la baignoire, par exemple, au niveau des boulons de fixation des pieds,
  - d'autre part la bonde de vidange métallique ou le siphon métallique ;
– les huisseries métalliques des portes, fenêtres et baies ;
– les canalisations de chauffage central ;
– les bouches de VMC si :
  - elles sont métalliques avec conduit métallique,
  - elles sont en plastique avec conduit métallique (relier à la terre le conduit métallique) ;
– et bien entendu les prises de courant, luminaires (même s'ils sont placés au plafond), chauffages (sauf classe II) et armoires de toilette.
L'emploi de papiers peints métalliques est déconseillé dans la salle de bains.

Il n'est pas nécessaire de relier :
– les grilles de ventilation naturelle ;
– les accessoires métalliques tels que porte-serviette ;
– les bouches de VMC si :
  - le conduit est en béton non armé,
  - elles sont situées en dehors du volume 2 et à une hauteur au moins égale à 2 mètres.

Ne négligez surtout pas la réalisation de cette liaison, elle est très importante pour la sécurité.

Les règles
Rappelons encore une fois que **toutes les lignes alimentant la salle d'eau doivent être protégées** par un ou plusieurs **dispositifs différentiels à haute sensibilité (30 mA).**

Les lampes en bout de fil et les douilles métalliques sont interdites dans la salle d'eau.

Après cet aperçu sur les systèmes de sécurité, nous allons passer en revue ce qu'il est permis d'installer en fonction des volumes. (Voir tableau page 65.)
En ce qui concerne la baignoire, l'installation d'un système à jets pulsés pourra être effectuée dans le volume situé en-dessous de celle-ci si le volume est fermé et accessible uniquement à l'aide d'un outil.
Les lampes suspendues en bout de fil et les douilles métalliques sont interdites.
Installation à l'extérieur des volumes :
– socles de prises de courant (2 pôles + terre avec éclipse de protection) et éclairages protégés par un dispositif différentiel de 30 mA ;
– conducteur de terre sur tous les circuits.

Canalisations
Ce qui suit s'applique aux canalisations en saillie et encastrées.
Dans le volume 0, aucune canalisation n'est admise.
Dans les volumes 1 et 2, seules sont admises les canalisations alimentant les appareils situés dans ces volumes.
Dans les volumes 2 et 3, les canalisations comportent un conducteur de terre (sauf si les conducteurs sont issus d'un transformateur de sécurité ou de séparation). Les conducteurs sont isolés et placés dans des conduits isolants. Les câbles ne doivent pas posséder de gaine métallique.

VOLUMES		0	1	2	3
Protection contre l'eau (IP)		7	4	3	1
MATÉRIELS	PROTECTIONS				
Appareillage électrique					
Interrupteur	30 mA ou TRS (1)	Interdit	Interdit	Interdit	Autorisé
Interrupteur	TBTS 12 V (2)	Interdit	Autorisé	Autorisé	Autorisé
Prise 2 pôles (rasoir)	TRS (3)	Interdit	Interdit	Autorisé	Autorisé
Prise 2 pôles + terre	30 mA	Interdit	Interdit	Interdit	Autorisé
Transformateur de séparation ou de sécurité	30 mA	Interdit	Interdit	Autorisé	Autorisé
Canalisations		Interdit	Autorisé (4)	Autorisé (4)	Autorisé
Boîtes de connexion		Interdit	Interdit	Interdit	Autorisé
Matériels d'utilisation					
Chauffe-eau instantané		Interdit	Autorisé (5)	Autorisé	Autorisé
Chauffe-eau à accumulation	Classe I + 30 mA (6)	Interdit	Autorisé	Autorisé	Autorisé
Appareil de chauffage	Classe I + 30 mA (6)	Interdit	Interdit	Interdit	Autorisé
Appareil de chauffage	Classe II + 30 mA	Interdit	Interdit	Autorisé	Autorisé
Chauffage par le sol	30 mA (9)	Autorisé	Autorisé	Autorisé	Autorisé
Éclairage	TBTS 12V	Autorisé (7)	Autorisé (7)	Autorisé (7)	Autorisé
Éclairage	Classe I + 30 mA (6)	Interdit	Interdit	Interdit	Autorisé
Éclairage	Classe II + 30 mA	Interdit	Interdit	Autorisé	Autorisé
Éclairage	TRS (8)	Interdit	Interdit	Autorisé	Autorisé
Armoire de toilette	Classe II + 30 mA + prise TRS	Interdit	Interdit	Autorisé	Autorisé
Lave-linge ou sèche-linge	Classe I + 30 mA (6)	Interdit	Interdit	Interdit	Autorisé

(1) Transformateur de séparation des circuits.
(2) Si le transformateur se situe en dehors du volume 2.
(3) De faible puissance (20 à 50 VA).
(4) Seules sont autorisées les canalisations alimentant les appareils situés dans ces volumes.
(5) Si raccordé par canalisation d'eau métallique fixe.
(6) Plus raccordement au conducteur de terre.
(7) Avec transformateur en dehors des volumes 1 et 2.
(8) Un seul éclairage par transformateur (s'il y a deux éclairages, relier leur masse entre elles mais pas au conducteur de protection).
(9) Doit être recouvert d'un grillage métallique (dans la chape) relié à la liaison équipotentielle.

Interdit

Autorisé

Règles d'installation dans la salle d'eau

Connexions

Dans les volumes 0, 1, et 2, les appareils doivent être raccordés directement sans système de boîte de raccordement ni prise de courant.

Revenons à l'exemple de la salle de bains de notre pavillon imaginaire (voir figure 28, page 49). Sur le dessin de gauche

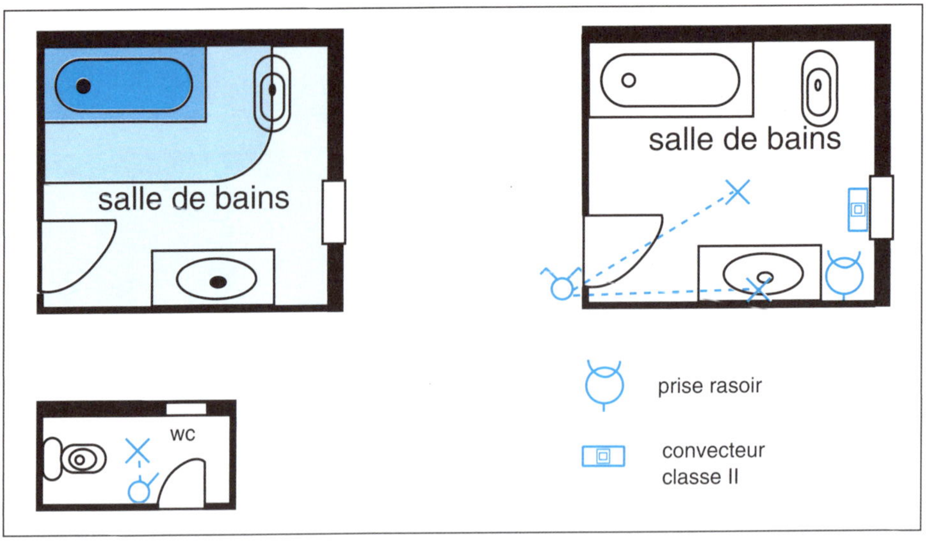

Figure 41 : La salle de bains

Équipement minimum :

(figure 41), vous pouvez remarquer les tracés des différents volumes.

L'éclairage est constitué d'un commutateur double allumage commandant un point lumineux en plafond et un point lumineux au-dessus du lavabo (vue de droite).

Nous avons prévu une prise pour rasoir (avec transformateur de séparation) et un convecteur situé sous la fenêtre (de classe II pour plus de sécurité).

Étant située dans le volume 3, la prise de courant aurait pu être prévue en 2 pôles + terre.

Attention : les **prises de téléphone** sont **interdites dans la salle de bains**.

Les prises téléphoniques sont interdites dans la salle d'eau et les W-C.

• W.-C.

L'installation électrique des W.-C. doit être limitée au minimum. Un point lumineux commandé par interrupteur est suffisant (figure 41, en bas à gauche).

Il est inutile et non recommandé de placer une prise de courant dans les W.-C.

Les prises téléphoniques y sont également interdites.

Équipement minimum :

• Le sous-sol

Sécurité : les appareils doivent avoir un indice de protection contre l'eau IP x1 ; les lampes suspendues en bout de fils et les douilles métalliques sont interdites.

Équipement minimum :

Installez de préférence les prises de courant à la hauteur des interrupteurs, soit entre 1,10 m et 1,20 m. Dans notre exemple (figure 42), sont prévus :

– une alimentation électrique pour le chauffe-eau à accumulation ;

– un système de chauffage de deux convecteurs uniquement si le sous-sol est isolé thermiquement.

Ne pas oublier une alimentation pour un

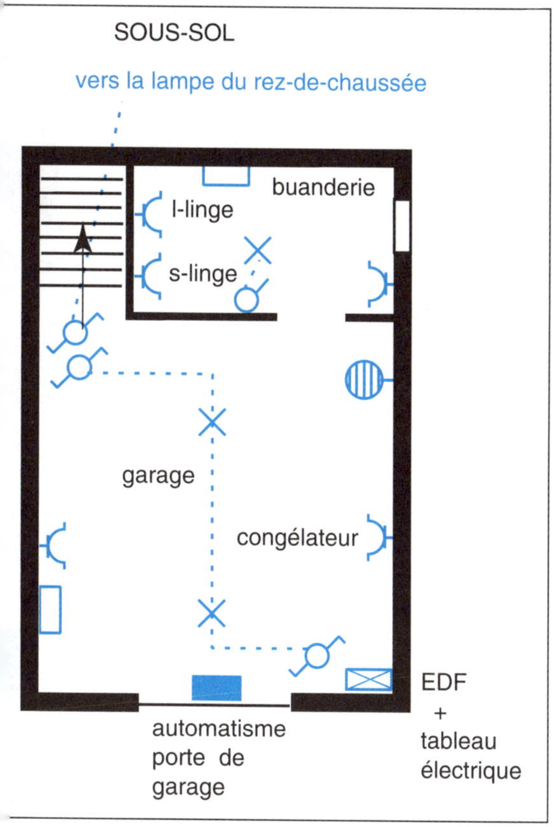

Figure 42 : Le sous-sol

automatisme d'ouverture de la porte de garage (si cette option est envisagée).

L'éclairage est constitué de :

– la commande en va-et-vient de l'accès au rez-de-chaussée ;

– deux points lumineux dans le garage commandés en va-et-vient entre l'accès au rez-de-chaussée et la porte du garage ;

– 1 point lumineux dans la buanderie commandé par un interrupteur simple.

Les prises de courant ont été réparties comme suit :

– dans le garage :

  - une prise de courant pour le coin atelier, par exemple ;

  - une prise de courant pour le congélateur, alimentée par une ligne spécifique.

– dans la buanderie :

  - une prise pour le lave-linge et une prise pour le sèche-linge avec chacune leur ligne spécifique ;

  - une prise pour divers appareils (fer à repasser).

On peut prévoir également l'emplacement du tableau de protection et du disjoncteur. Cela est autorisé en sous-sol dans notre cas, car il existe une porte de communication entre le sous-sol et l'habitation).

• Le jardin

Il ne fait pas l'objet de recommandations d'équipement minimum. Si l'on se réfère au label confort sécurité de PROMOTELEC, il est demandé de prévoir un éclairage extérieur automatique par détection de présence et l'installation d'un portier vidéo.

Pour la sécurité, toutes les lignes extérieures doivent être protégées par un dispositif 30 mA ; le matériel doit avoir un indice de protection contre l'eau IP 24 (IP 25 s'il y a risque d'arrosage au jet d'eau).

Dans le cas d'installation de prises de courant, il est recommandé de les placer à une hauteur minimum de 1 m.

Dans l'exemple ci-après (figure 43), l'éclairage est constitué de :

– trois bornes de jardin commandées par un interrupteur au niveau du salon (éclairage d'un coin terrasse, par exemple) ;

– un éclairage au-dessus de la porte d'entrée commandé par un interrupteur situé à l'intérieur ;

– deux bornes de passage dans l'allée et un éclairage au-dessus de la porte de garage commandés par un détecteur de présence (par souci pratique et dissuasif).

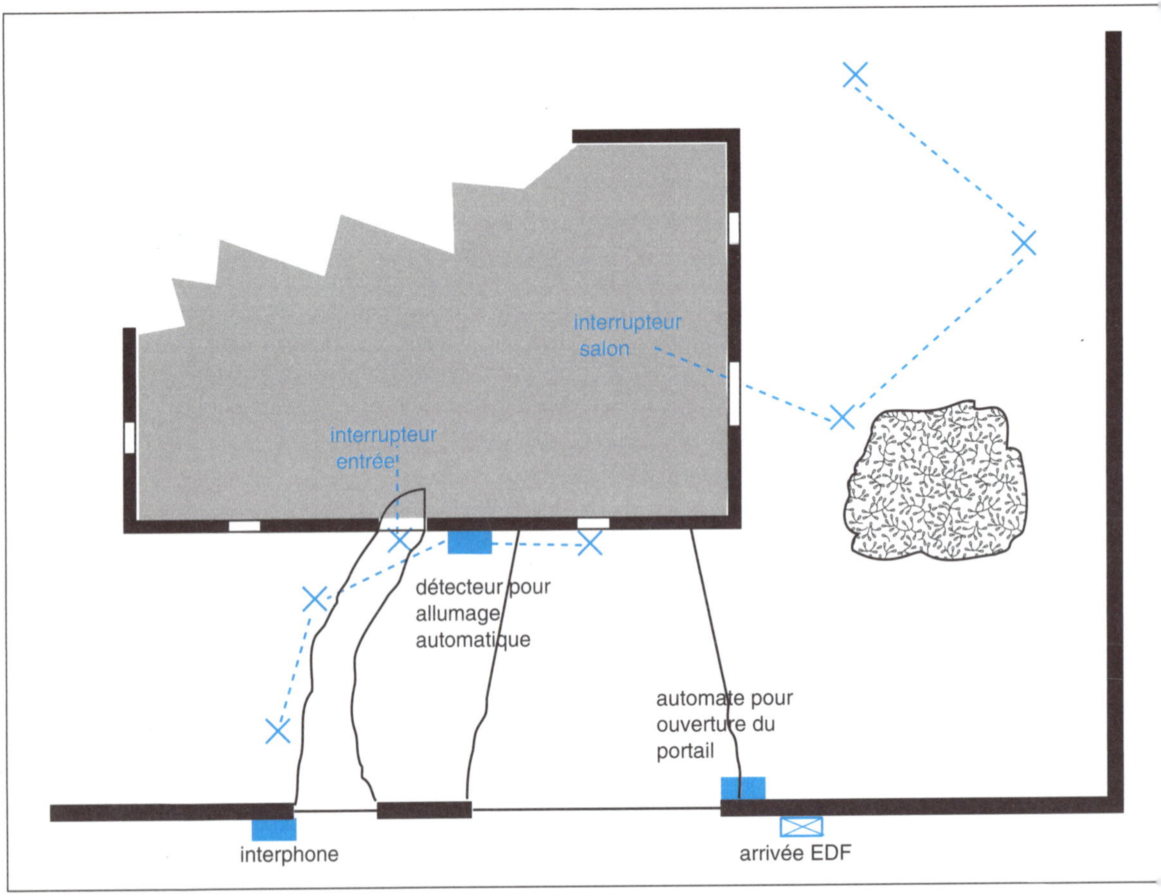

Figure 43 : Installation électrique extérieure

Une platine extérieure d'interphone ou de vidéophone est placée à l'extérieur au niveau du portail, côté rue.

On peut prévoir également l'alimentation d'un automatisme pour l'ouverture du portail côté garage.

Nous avons maintenant terminé la phase d'établissement du plan de l'installation.

N'hésitez pas à y consacrer du temps, car ce sera la ligne directrice de la phase pratique.

> N'entamez pas de travaux sans avoir étudié minutieusement le plan de votre installation. Mieux vaut gommer une erreur sur le papier que recommencer après travaux.

DÉTERMINEZ LE TYPE DE DISTRIBUTION

Les diverses possibilités

Avant toute réalisation, il est nécessaire, de prévoir de quelle façon vous allez faire passer les fileries de votre installation.

Comme nous l'avons évoqué précédemment, cela dépend en partie des autres travaux de rénovation que vous envisagez. Si, conjointement à votre rénovation

Après avoir déterminé l'emplacement des prises et appareils, il faut relier tous ces éléments entre eux et vers le compteur. Plusieurs solutions sont possibles. Prévoyez cela avant d'entamer tous travaux de maçonnerie.

d'installation électrique, vous ne comptez refaire que les peintures et papiers peints, il faudra choisir un type de distribution qui n'engage pas de gros travaux (distribution en saillie, par exemple).

Un autre critère de choix peut être l'aspect esthétique recherché en fonction de vos goûts ou de l'architecture de votre habitation. Une installation en saillie sur un mur en pierres apparentes, par exemple, ne sera pas du plus bel effet. Mais il ne faut pas non plus tomber dans l'excès inverse en prévoyant, par exemple, une distribution encastrée dans un garage ou une cave. Nous allons donc passer en revue les types d'installation les plus utilisés en rénovation (figure 44).

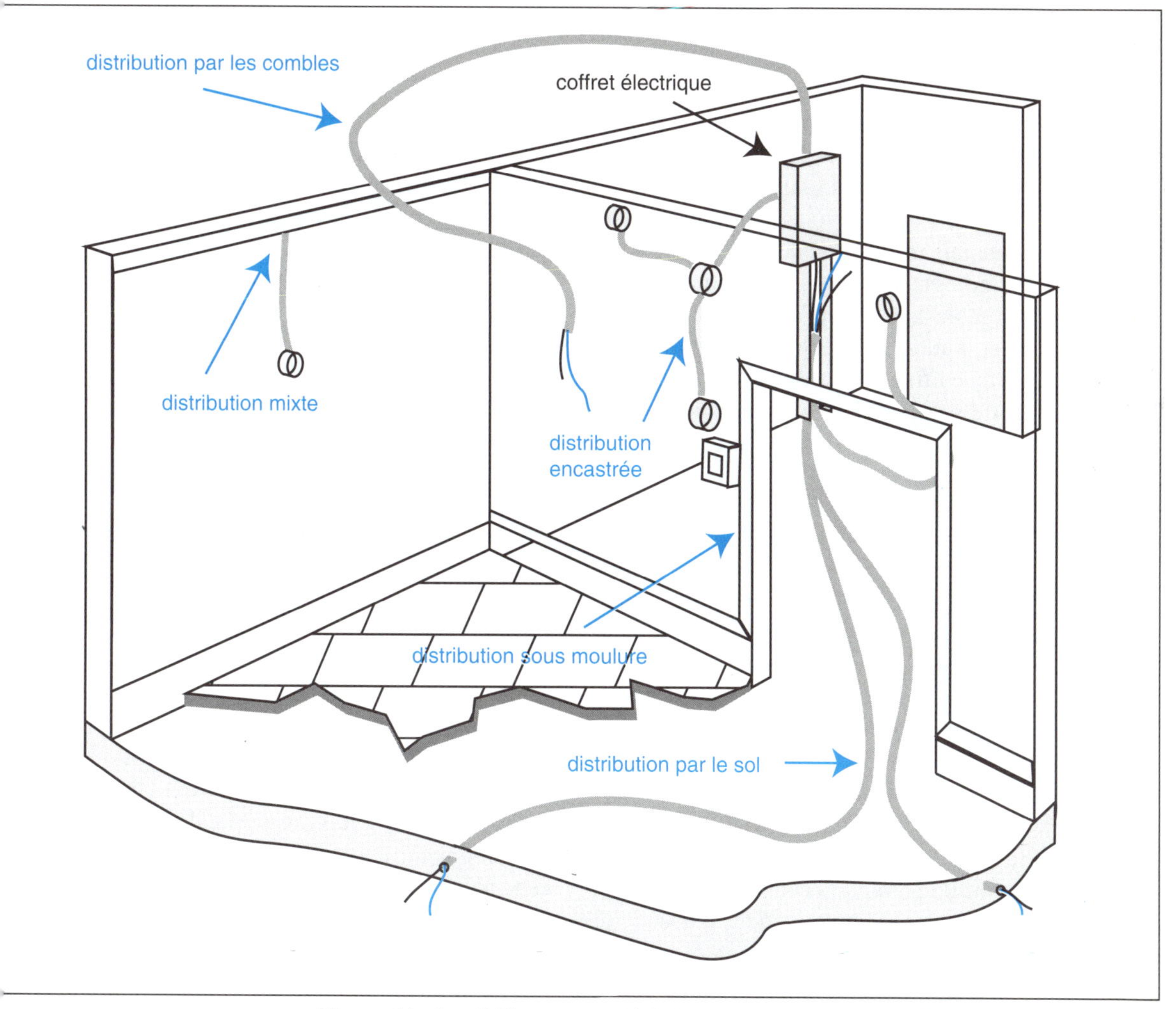

Figure 44 : Les différentes possibilités de distribution

Distribution en saillie

C'est le type de distribution le plus simple à réaliser et qui provoque le moins de dégâts. En revanche, son esthétique peut parfois être discutable.
Il existe plusieurs solutions pour réaliser une installation en saillie.

• Fixation directe sur paroi

Il s'agit, comme son nom l'indique, de fixer un câble* directement sur le mur à l'aide d'attaches en plastique à pointes acier ou de colle spéciale (colle à chaud).
Il n'est pas admis de poser de cette façon les fils isolés (conducteur simple), excepté ceux destinés à réaliser la liaison équipotentielle de la salle d'eau.
Il n'est guère envisageable de réaliser toute une installation de cette façon, car il est nécessaire de passer un grand nombre de câbles, ce qui n'est pas du plus bel effet, à moins de réaliser un faux plafond ou un coffrage pour les dissimuler.
Cette solution peut être adoptée pour de petites extensions (rajout d'une prise de courant, par exemple).

• Distribution sous tube IRO

Dans ce cas, les conducteurs électriques ou câbles sont passés sous un tube de plastique rigide appelé tube IRO.
Les tubes sont fixés aux parois à l'aide de supports appropriés. Il existe tout un ensemble d'accessoires (coudes, tés, manchons) pour en faciliter la pose.
Ce type d'installation réalisé dans les règles de l'art présente un assez bon indice de protection contre les contraintes mécaniques et les projections d'eau.

* *Un câble est un conducteur électrique comportant plusieurs fils isolés protégés par diverses enveloppes supplémentaires.*

Le domaine d'application dans les installations domestiques de ce type de distribution est surtout réservé aux sous-sols (garage, buanderie, cave, cellier) et à quelques applications en extérieur.

• Distribution sous profilés

Ce type d'installation prévoit le passage des conducteurs électriques sous moulures (plastiques ou bois), goulottes (moulures de taille importante) ou plinthes électriques.
Les moulures sont généralement fixées au-dessus des plinthes (ou en remplacement de celles-ci, dans le cas de plinthes électriques) et au droit du plafond selon les besoins de distribution.
L'aspect esthétique d'une telle solution peut être très satisfaisant s'il est soigneusement réalisé.
Il existe deux méthodes de pose :
– La pose classique : les changements de direction (angles) sont réalisés par des découpes à 45° comme la pose de baguettes de décoration. Mais attention : les découpes doivent être soigneusement réalisées et ne présenter aucun jour entre les raccords afin d'assurer une bonne protection des conducteurs électriques ;
– La pose avec accessoires : dans ce cas, les angles, tés, coudes sont réalisés à l'aide d'accessoires ajustables qui permettent de rattraper les éventuelles irrégularités du mur. La pose en est très facilitée et la contrainte mécanique plus facilement assurée. Il existe aussi des accessoires adaptés à la pose de l'appareillage (prises, interrupteurs) qui en facilitent le raccordement. PROMOTELEC recommande cette solution.
Ce genre de rénovation est relativement rapide à exécuter et ne provoque pas de gros dégâts. En revanche, l'installation est plutôt voyante.

Distribution encastrée dans les parois

Dans ce type d'installation, les conducteurs électriques sont placés sous des gaines cintrables encastrées dans les parois. L'encastrement direct sans gaine de protection est **interdit.**

Dans ce cas, la réalisation est plus difficile (exécution des tranchées), provoque plus de dégâts (gravats, plâtre) mais l'aspect final est excellent.

L'encastrement dans les murs porteurs n'est pas limité alors que dans les cloisons les règles sont plus strictes et très limitées. Des tranchées en diagonale ou sur toute la hauteur ou largeur de celles-ci sont formellement **interdites,** car elles affaibliraient la structure.

L'encastrement dans des murs ou planchers existants en béton n'est pas envisageable.

Distribution mixte en saillie + encastrée

Cette solution est la plus utilisée par les professionnels pour la rénovation. Elle combine une installation sous moulures et encastrée. Toutes les parties disgracieuses d'une installation en saillie (baguette au plafond pour alimenter un centre lumineux, remontée au milieu d'un mur pour une applique ou le passage d'une moulure en plafond à une moulure en plinthe) sont réalisées en encastré. Les moulures sont placées uniquement au-dessus des plinthes, en ceinturage des portes et au droit du plafond.

L'aspect final est très correct car, une fois peintes, les moulures se fondent dans la décoration.

De plus, cette solution cadre bien avec les règles concernant les encastrements dans les cloisons, car les parties encastrées sont limitées.

Distribution par le sol

Ce type de distribution n'est évidemment envisageable que si le sol est entièrement refait (chape ou dalle). Il doit être associé à un autre type de distribution pour les parties en élévation (plafonniers, interrupteurs, appliques). Cependant, cette solution convient très bien pour distribuer des prises de courant et pour passer facilement les diverses alimentations en provenance du tableau de protection (tableau des fusibles).

Comme dans l'installation encastrée en parois, les conducteurs sont placés sous des conduits cintrables.

L'installation se fait en deux étapes : mise en place des gaines et fixation au ferraillage de la chape puis, après le coulage du béton, suite de l'installation.

Cette solution peut même être envisagée en cas d'installation d'un chauffage par le sol. Il est nécessaire d'éloigner le plus possible les gaines électriques du câble chauffant.

On pourrait aussi qualifier de distribution par le sol une installation qui se ferait par le sous-sol avec uniquement des remontées aux endroits nécessaires mais, dans ce cas, l'installation se rapproche plus de la distribution en saillie.

Distribution derrière un doublage (panneaux isolants)

Ce type de distribution ne permet pas non plus de réaliser toute une installation car, généralement, seuls les murs porteurs en relation avec l'extérieur sont doublés.

Les conducteurs sont placés sous des gaines cintrables (comme la distribution encastrée) et fixés au mur avant la pose du doublage.
Si le diamètre des gaines n'est pas trop important, l'épaisseur des patins de colle (pour la fixation des panneaux) permet leur passage. Si ce n'est pas le cas, il cst nécessaire d'entamer légèrement l'isolant des panneaux afin de ne pas en gêner la pose (pour le polystyrène seulement, la laine minérale étant compressible).
Une autre solution, utilisée dans le cas de panneaux isolants de faible épaisseur ou pour éviter d'endommager l'isolant, est d'encastrer légèrement les gaines de façon qu'elles ne dépassent pas de plus d'un centimètre du mur.
L'aspect final d'une telle distribution est le même que celui d'une installation encastrée.

Distribution par les combles

Il s'agit également d'un type de distribution qui doit être associé à un autre.
Il est bien évidemment nécessaire de disposer de combles non aménageables, car dans le cas contraire, cette installation ne pourrait subsister.
Les conducteurs sont placés sous des gaines cintrables.
La mise en œuvre est un peu la même que celle de la distribution par le sol. Les alimentations partent du tableau de protection, aboutissent dans les combles dans des boîtes de raccordement spéciales et distribuent l'installation (plafonniers, appliques, interrupteurs) par le haut (d'où la nécessité d'un autre type de distribution pour les parties basses).

Distribution enterrée

Ce type de distribution n'est utilisé que dans certains cas bien précis.
On l'utilise surtout pour le raccordement EDF entre la limite de propriété et l'habitation (cette tâche étant à votre charge). Ou bien, dans un cas de figure similaire, pour raccorder une dépendance à l'habitation principale.

On peut également avoir recours à la distribution enterrée pour réaliser un éclairage dans le jardin.
Dans ce cas, on utilise uniquement des câbles sous conduit (ou en pleine terre pour certains câbles blindés).

> *i*
> Les modes de distributic sont étudiés plus en détail dans la partie pratique « Réalisez vot installation ».
> Voir page 87.

Conclusion

Il existe de nombreuses solutions pour distribuer une installation électrique et l'on peut, bien sûr, avoir recours à plusieurs d'entre elles pour faciliter la réalisation.

Le choix dépendra donc de plusieurs facteurs :
– des travaux annexes de rénovation que vous avez prévus (sols, doublages) ;
– du type de logement (pavillon, appartement) ;
– des matériaux de construction existants (avec du béton, pas d'encastrement possible) ;
– du temps dont vous disposez ;
– de vos capacités en travaux manuels ;
– de l'esthétique recherchée (une installation invisible respecte le décor du logement).

Réalisez votre installation

Nous abordons maintenant la partie pratique et technique de cet ouvrage. Cette première section indique l'outillage nécessaire, le matériel à utiliser et les petits tours de main qui vous seront indispensables pour la réalisation d'une installation électrique. Ne la négligez pas !

AVANT DE COMMENCER

L'outillage

L'outillage nécessaire pour réaliser une installation électrique n'est pas très important et tout bon bricoleur en possède déjà une bonne partie.

L'outillage de base, propre aux travaux d'électricité, devra se composer comme suit :

- un jeu de tournevis plats (en bon état) de différentes tailles à manche isolé (impérativement) ;
- au moins deux tournevis Pozidriv ou Phillips de différentes tailles (ni trop petits ni trop gros) ;
- un tournevis testeur ;
- une pince universelle (à manche isolé) ;
- une pince coupante diagonale (à manche isolé) ;
- une pince à dénuder à vis (à manche isolé). Inutile d'investir dans des modèles sophistiqués ;
- une pince à bec étroit (à manche isolé) ;
- un couteau d'électricien ;
- un marteau de menuisier (le marteau d'électricien était très bien au temps de la moulure en bois mais un peu trop léger) ;
- au moins un ciseau à bois de taille moyenne ;
- un mètre ;
- un crayon à papier ;
- un niveau à bulle ;
- une lime et une râpe à bois ;
- une scie à métaux ;
- un traceur à cordeau (qui pourra servir de fil à plomb) ;

- un petit testeur électrique universel (on en trouve maintenant à des prix très abordables).

Cela constitue la base de l'outillage mais, selon le type d'installation que vous désirez réaliser, d'autres outils sont nécessaires.

Pour une installation en saillie (moulure), il est nécessaire de se munir du matériel suivant :

- une boîte à onglets avec scie à dos plat ou un modèle réglable avec scie incorporée (très pratique lorsque les coupes ne sont pas à 45°) ;
- matériel de fixation pour la moulure, à savoir :
  - clous 30 × 1 (pour fixation dans un mur en plâtre),
  - colle spécifique ou vis et chevilles pour fixation sur des matériaux durs (béton, briques pleines, pierres) ;
- matériel de fixation pour appareillage (vis et chevilles). N'utilisez pas de vis trop grosses ; des vis de taille 4 × 20 et 4 × 30 permettent de fixer bon nombre d'appareillages (des vis de taille trop importante pourraient endommager l'appareillage et des vis trop petites n'assureraient pas une bonne fixation). Vous pouvez utiliser des vis VBA (vis bois aggloméré) qui sont très performantes. Pour de telles vis, des chevilles de diamètre 6 mm ou 8 mm suffisent.

Pour une installation encastrée, il est nécessaire de s'équiper de :

- divers ciseaux et pointerolles de maçon ;
- un ciseau à briques ;
- une massette ;
- un vieux ciseau à bois qui sera très utile pour les encastrements dans les cloisons ;
- des clous pour maintenir les gaines.

Pour faire du plâtre, il faut posséder au minimum :

- une truelle de plâtrier ;
- une langue de chat ;
- une truelle Berthelet.

Il est également indispensable de se munir d'une perceuse à percussion ou d'un marteau-perforateur (si vous envisagez des percements dans le béton).

Vous devrez posséder des forets à matériaux de taille adaptée aux chevilles et peut-être aussi d'autres plus gros adaptés au diamètre des gaines que vous aurez à passer (pour les traversées de murs, par exemple).

Si vous envisagez une pose derrière un doublage, une scie-cloche ou trépan sera nécessaire pour le percement des trous de boîtiers (diamètre 60 mm ou 65 mm en fonction du type de boîtiers utilisés).

D'autres appareils électroportatifs peuvent se révéler utiles. Une visseuse électrique, par exemple, facilite le travail, une agrafeuse électrique peut être utilisée pour la fixation de profilés.

Si vous possédez déjà ce matériel, utilisez-le ; dans le cas contraire, à vous de juger si l'investissement est rentable.

Si la réalisation de tranchées à la main vous paraît trop fastidieuse, vous pouvez louer une rainureuse professionnelle chez un spécialiste (ces appareils sont très chers et ne peuvent être amortis par une seule utilisation) ; mais choisissez de préférence un modèle avec aspirateur sinon, attention à la poussière !

Cette liste paraît peut-être importante pour un néophyte mais elle représente le minimum nécessaire pour réaliser une installation dans les meilleures conditions.

Le matériel

Afin d'offrir une bonne qualité et de présenter de bonnes performances en toute sécurité, le matériel devra être conforme aux normes françaises et être estampillé du logo NF ou NF USE.

Figure 1 : Les logos NF

• Les conducteurs

Le rôle des conducteurs est de transporter l'énergie électrique vers les divers points d'utilisation. Leur choix se fera donc en fonction de nombreux critères :

• quantité d'énergie à transporter ;
• longueur utilisée ;
• influences externes ;
• modes de pose ;
• etc.

La norme a bien évidemment pris en compte toutes ces conditions et le domaine d'emploi de chaque conducteur est très bien défini.

On rencontre deux types de conducteurs : les fils et les câbles.

Les fils

Ils sont constitués d'une âme conductrice et d'une enveloppe isolante.

L'âme conductrice est généralement en cuivre. Elle peut être massive (pour les petites sections jusqu'à 4 mm^2), multibrins (ensemble de brins massifs de petite section) pour les fils à partir de 6 mm^2, souple pour toutes les sections.

L'enveloppe isolante (généralement en PVC pour les fils d'installation) est de différentes couleurs pour faciliter le repérage des fils.

Les sections les plus utilisées dans une installation domestique sont :

• 1,5 mm^2 (pour les circuits lumière) ;
• 2,5 mm^2 (pour les prises de courant) ;
• 4 et 6 mm^2 (pour les circuits de puissance).

> Selon les circuits, la taille des conducteurs est normalisée.

Les câbles

Les câbles sont constitués de plusieurs fils isolés (de même section) réunis sous une ou plusieurs enveloppes isolantes supplémentaires en fonction de leur domaine d'utilisation.

On a donc un vaste choix selon la section, le nombre de conducteurs, la rigidité et les diverses protections extérieures.

Il existe également des câbles plus spécifiques destinés, par exemple, à l'antenne de télévision ou au téléphone.

La dénomination

La dénomination sert, grâce à un code établi, à préciser les caractéristiques d'un conducteur électrique.

Ici, le problème se complique quelque peu, car il existe actuellement deux codes :

• le code UTE (Union Technique de l'Électricité) qui est le plus ancien et de moins en moins utilisé ;
• le code CENELEC (Comité Européen de Normalisation de l'Électrotechnique) qui, comme son nom l'indique, vise à une harmonisation européenne des conducteurs.

À l'heure actuelle, les deux dénominations existent toujours et certains conducteurs apparaissent sous l'une ou l'autre des dénominations.

Exemples :

Un fil simple de section 1,5 mm² rigide était dénommé (en UTE) U 500 V 1,5 mm².
U indique la normalisation UTE,
500 indique la tension nominale (500 Volts),
V indique la nature de l'isolant (V = PVC),
1,5 mm² indique la section de l'âme conductrice.
Maintenant ce fil n'apparaît plus que sous la dénomination CENELEC sous le code : H 07 V-U. 1,5 mm².
H indique que le conducteur est harmonisé (il est indiqué également A pour un câble dérivé du type national, et FRN pour un câble d'un type national) ;
07 indique la tension nominale (700 volts maximum),
V indique la nature de l'isolant (PVC),
U indique une âme rigide massive (il est noté aussi R pour une âme rigide multibrins et K pour une âme souple).
Pour un câble multiconducteurs on trouvera les indications sur les conducteurs à la fin du code, par exemple : 3 G 1,5 où :
3 indique le nombre de fils ;
G indique que l'un des conducteurs est de couleur vert et jaune (pour la terre).
Pour un câble sans conducteur de terre, on trouverait 3 × 1,5,
1,5 indiquant la section des âmes des conducteurs.

On trouve dans le commerce des câbles A 05 VV-U 3 G 1,5 mm² (CENELEC) et des câbles U 1000 RVFV 2 × 10 mm² (UTE).

La figure 2 représente les conducteurs les plus couramment utilisés dans les installations.

• Les profilés

Le passage des conducteurs et câbles s'effectue souvent en apparent sous des profilés en bois ou en plastique appelés moulures, goulottes ou plinthes électriques. Ils contribuent à assurer la protection des conducteurs dans les montages en apparent.

Les profilés les plus courants sont :

- les moulures en bois. De moins en moins utilisées, leur mise en œuvre est difficile, et contraignante : autorisation de ne passer qu'un fil par rainure, domaine d'utilisation très réduit). De plus leur protection est désuète. Elles doivent répondre à la norme NF C 68-091 (plinthes, moulures et chambranles en bois : règles et dimensions) ;
- les chambranles rainurés en bois sont destinés à remplacer les chambranles* pleins en bois afin de permettre le passage de fils électriques. Leur domaine d'utilisation est aussi réduit que celui des moulures en bois ;
- les moulures en plastique (profilés de petite taille) sont les plus couramment utilisées. Elles permettent le passage des câbles. Les fils ne sont admis que si les moulures répondent à la norme NF C 68-104 (systèmes de profilés utilisés pour le cheminement des conducteurs et câbles : règles), qui

> (!) Les conducteurs isolés ne sont admis que dans les moulures répondant à la norme NF C 68-104.

* *Les chambranles sont les baguettes en entourage des portes qui masquent le raccord entre le bâti de la porte et la maçonnerie.*

Figure 2 : Les fils et câbles d'installation

FILS ET CABLES DOMESTIQUES

H 07V-U H 07V-R H 07V-K		❶ isolant PVC ❷ U : âme rigide cuivre R : âme rigide câblée cuivre K : âme souple cuivre	U : de 1,5 à 4 mm^2 R : de 6 à 300 mm^2 K : de 0,75 à 95 mm^2
A 05VV-U A 05VV-R (FRN 05 VV-U) (FRN 05 VV-R)	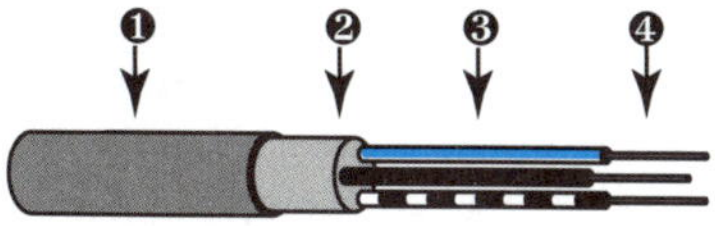	❶ enveloppe PVC ❷ gaine de bourrage ❸ isolant PVC ❹ U : âme rigide cuivre R : âme rigide câblée cuivre	U: de 1,5 à 4 mm^2 R : de 6 à 16 mm^2 de2 à 5 conducteurs
H 05VV-F A 05VV-F	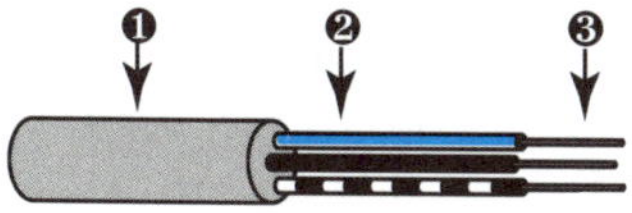	❶ gaine PVC ❷ isolant PVC ❸ âme souple cuivre	de 0,5 à 6 mm^2 de 2 à 5 conducteurs
U 1000 R 2V	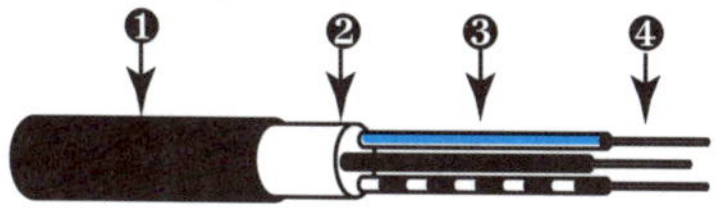	❶ gaine PVC ❷ gaine de bourrage élastoplastique ❸ isolant PRC ❹ âme rigide cuivre	de 1,5 à 240 mm^2 de 1 à 5 conducteurs
U 1000 RVFV	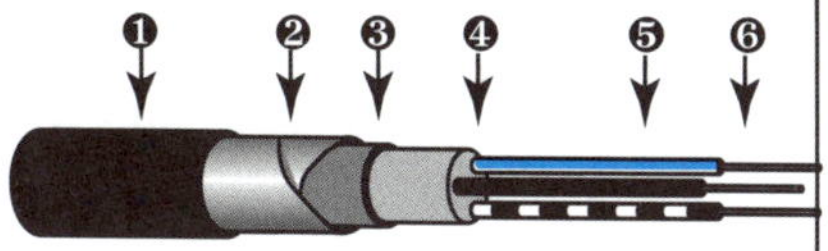	❶ gaine PVC ❷ armure (deux feuillards d'acier) ❸ gaine d'étanchéité PVC ❹ bourrage élastoplastique ❺ isolant PVC ❻ âme cuivre	de 1,5 à 120 mm^2 de 2 à 5 conducteurs
COAXIAL	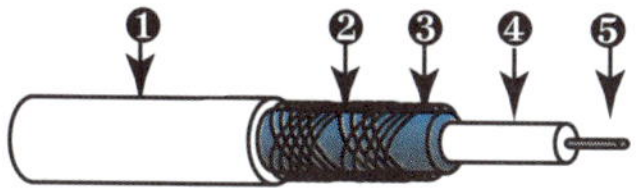	❶ gaine PVC ❷ tresses cuivre ❸ feuillard cuivre ❹ isolant ❺ âme cuivre	
CABLE PTT 278 SYS SYT	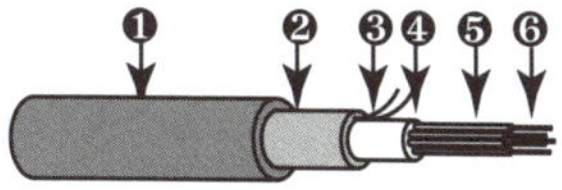	❶ gaine PVC ❷ étanchéité ❸ fils de continuité et de déchirement ❹ rubans hydrofuges ❺ isolant polyéthylène ❻ âme cuivre	0,6 mm^2 de 1 à 56 paires

garantit une protection mécanique suffisante et l'impossibilité de démonter le couvercle sans l'aide d'un outil. Si une moulure répond à cette norme, la référence de celle-ci doit figurer sur le profilé. Pour en faciliter la pose, il existe toute une gamme d'accessoires (tés, angles, etc.) ;

- les goulottes en plastique (moulures de taille plus importante) sont soumises aux mêmes exigences que les moulures en plastique et doivent répondre à la norme NF C 68-102 (profilés utilisés pour le cheminement des conducteurs et câbles et leurs accessoires).
- les plinthes en plastique qui viennent en remplacement des plinthes traditionnelles et permettent le passage des conducteurs électriques ;
- les plinthes en bois.

La figure 3 donne un aperçu des divers profilés et de leur domaine d'application.

• Les conduits

Selon leur type, ils sont destinés à assurer la protection des conducteurs dans les montages en saillie ou encastrés. Ils doivent être conformes aux nouvelles publications internationales (C.E.I.) 423 et 423 A (n'utilisez pas d'anciens conduits).

Ils sont caractérisés par un marquage à même le conduit qui se décompose de la manière suivante :

- NF-USE indique la conformité aux normes françaises ;
- 2 chiffres donnent le diamètre (16, 20, 25, 32, 40, 50 ou 63) ;
- 3 lettres caractérisent le type de conduit :
  – la 1re lettre précise l'isolement (I = isolant, M = métallique),
  – la 2e lettre précise la mise en œuvre (C = cintrable, R = rigide, S = souple),
  – la 3e lettre indique la résistance à l'écrasement (B = blindé, D = déformable, O = ordinaire, T = transversalement élastique) ;
- 3 chiffres caractérisent la résistance mécanique et aux températures :
  – le 1er chiffre précise la contrainte mécanique (3 = moyenne, 5 = très forte),
  – les 2e et 3e chiffres indiquent la tenue aux températures (00 = pas d'exigence particulière ; 05 = utilisation de -5°C à + 60°C ; 90 = comme 05 mais avec une tenue temporaire allant jusqu'à 90°C) ;
- la norme à laquelle ils correspondent ;
- les références du fabricant.

Exemple :

NF-USE 25 (ICT) 390 NFC 68-105 puis les références du fabricant.

- *NF-USE = conformité,*
- *25 = diamètre de 25,*
- *(ICT) = isolant, cintrable, transversalement élastique,*
- *390 = contrainte mécanique moyenne et tenue en température,*
- *NFC 68-105 = le produit répond à cette norme.*

La figure 4 (page 80) illustre les conduits les plus fréquemment utilisés.

Les conduits ICT orange et ICD orange sont propagateurs de la flamme et doivent être noyés dans des matériaux incombustibles. Ils sont donc formellement interdits en montage apparent.

Le conduit ICO peut être utilisé en montage apparent et encastré dans les parois verticales.

Le conduit ICT gris est d'une utilisation universelle. On peut le trouver sous d'autres couleurs (excepté l'orange, comme nous l'avons vu précédemment).

Figure 3 : Moulures et plinthes

MOULURES ET PLINTHES				
TYPE		locaux secs (1)	locaux temporairement humides (2)	locaux humides (3)
		INSTALLATION		
MOULURE BOIS	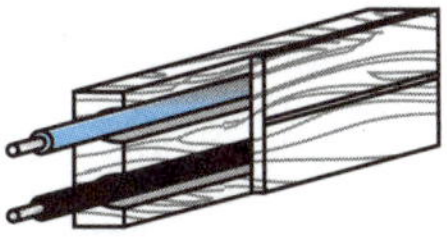	autorisée (a)	interdite (b)	interdite (b)
CHAMBRANLE RAINURÉ BOIS	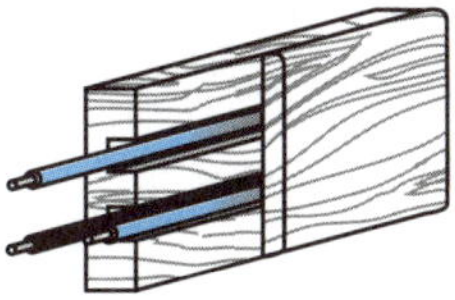	autorisée (a)	interdite (b)	interdite (b)
MOULURE PLASTIQUE	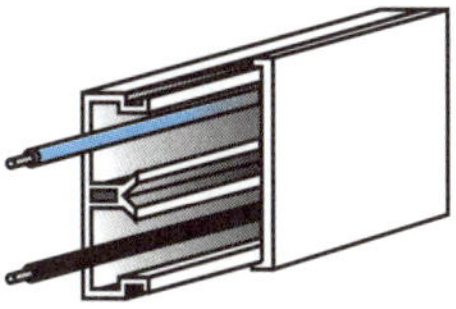	autorisée	autorisée	interdite (b)
GOULOTTE PLASTIQUE	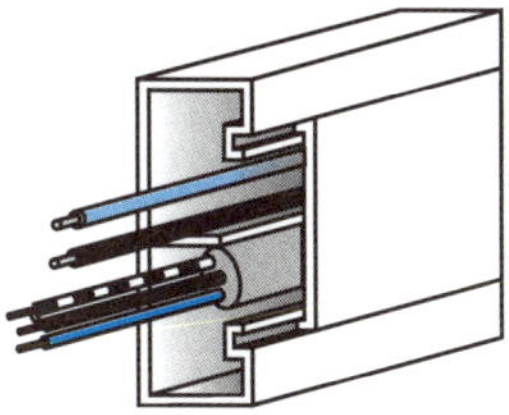	autorisée	autorisée	interdite (b)
PLINTHE PLASTIQUE	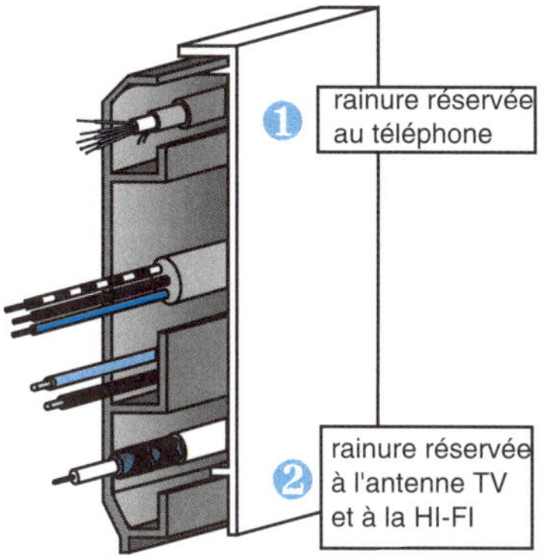	autorisée	autorisée	interdite (b)
PLINTHES BOIS	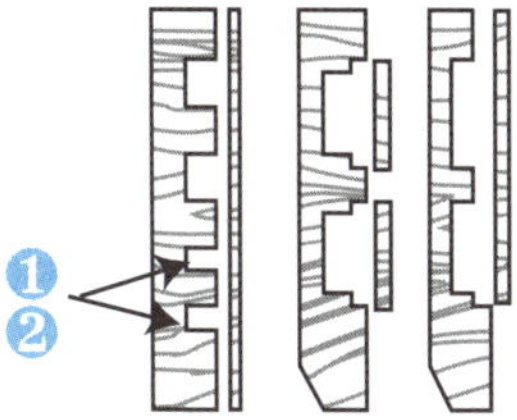	autorisée (a)	interdite (b)	interdite (b)

(a) interdit dans les chalets en bois. (b) autorisé comme protection d'un conducteur de terre ou de liaison équipotentielle.

(1) Séjour, chambre, entrée, grenier.
(2) Cuisine, salle d'eau (en dehors des 4 volumes), caves, cellier, garage.
(3) Buanderie, volumes 0 et 1 de la salle d'eau.

TUBES ET GAINES

type		caractéristiques	diamètre	installation
I C O (ICA)*		Isolant flexible Cintrable Ordinaire non propagateur de la flamme	16 20 25 32 40 50 63	en apparent encastrée dans une saignée
I C T (ICTA)*		Isolant Cintrable Transversalement élastique non propagateur de la flamme	idem	universelle en apparent encastrée dans une saignée noyée dans le béton
I C T ORANGE (ICTA)*	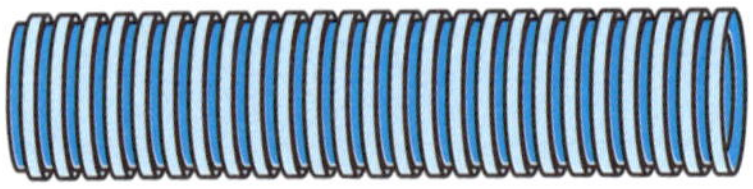	Isolant Cintrable Transversalement élastique propagateur de la flamme	idem	interdite en apparent noyée dans le béton peu utilisée
I C D (ICTL)*		Isolant Cintrable Déformable non propagateur de la flamme	idem	en apparent encastrée dans une saignée peu utilisée
I C D ORANGE (ICTL)*		Isolant Cintrable Déformable propagateur de la flamme	idem	interdite en apparent noyée dans le béton peu utilisée
I R O (IRL)*		Isolant Rigide Ordinaire non propagateur de la flamme	idem	généralement en apparent
T PC	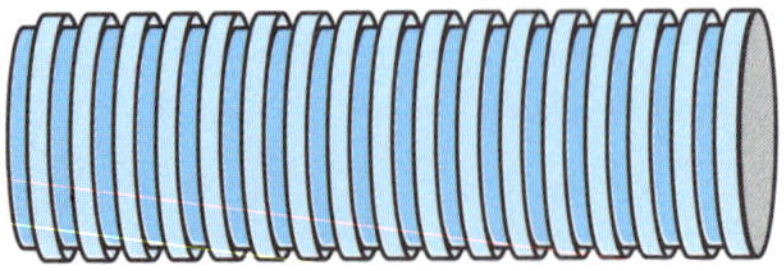	Rouge : EDF Verte : PTT Bleue : télédistribution	40 50 63 75 90	pose enterrée

* Nouvelle dénomination, norme NF-USE n° 603 (1997).

Figure 4 : Les conduits

Le conduit ICD gris n'est plus très utilisé. Le tube IRO est surtout utilisé pour les installations apparentes. Sa rigidité permet une mise en œuvre plus esthétique que les conduits souples.
Le conduit TPC est réservé à la pose enterrée pour l'acheminement de la ligne EDF. Il se présente en couronne ou en barre.

• L'appareillage

Qu'il soit encastré ou en saillie, l'appareillage choisi devra être, lui aussi, conforme aux normes. Il existe un vaste choix de couleurs et de formes différentes au goût de chacun.
L'appareillage encastré dispose de deux moyens de fixation.
La fixation à griffes dans des boîtiers ronds de diamètre 60 mm est très utilisée et permet le remplacement des appareillages tout en conservant le même boîtier. En revanche, pour les prises de courant, la résistance à l'arrachement est parfois discutable.
La fixation à vis dans des boîtiers carrés pour la maçonnerie et ronds pour les cloisons creuses. Ne présentant pas l'inconvénient du précédent système, ce principe est recommandé par PROMOTELEC. De plus, les prises de téléphone ne sont autorisées que dans des boîtiers à vis. En revanche, tous les appareillages ne se montent pas dans ces boîtiers.
Vous aurez donc à choisir l'appareillage avec les boîtiers adéquats.

Les petits trucs

Nous allons aborder dans cette section les petits tours de main qui seront utiles au cours de la réalisation de votre installation. Ces conseils vous sont présentés sous forme d'illustrations afin d'en faciliter la compréhension.

• Faire du plâtre

Les indications préconisées correspondent à l'emploi de plâtre de Paris. Les temps peuvent légèrement varier selon que vous utilisez des plâtres à prise rapide ou à retardateur.

❶

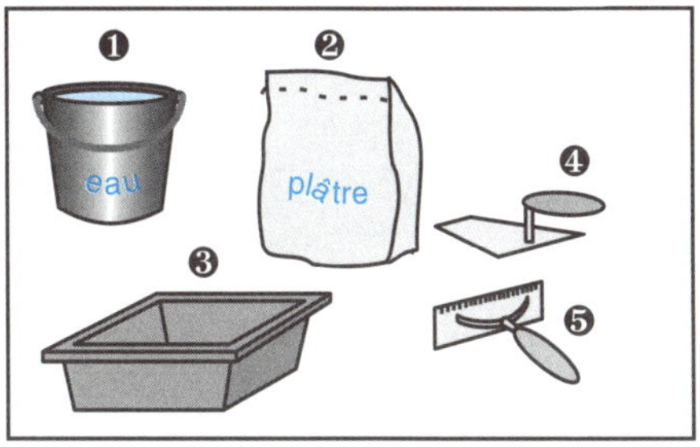

Matériel nécessaire : 1- de l'eau, 2- du plâtre, 3- une auge de maçon, 4- une truelle de plâtrier, 5- une truelle Berthelet.

❷

Versez de l'eau dans l'auge en fonction de la quantité de plâtre désirée.

Figure 5 : Faire du plâtre *(suite page 82)*

❸

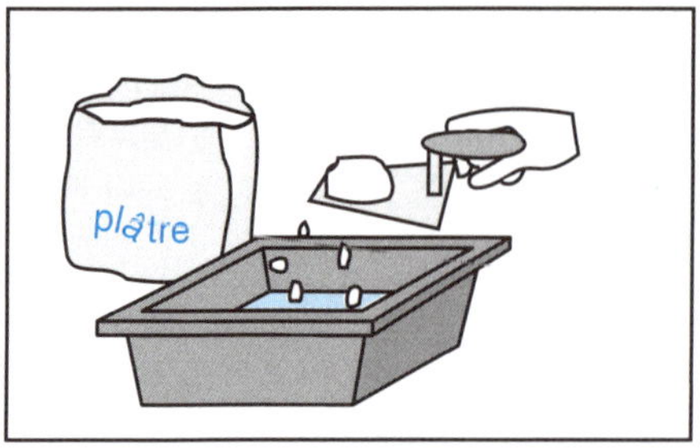

Saupoudrez le plâtre dans l'eau jusqu'à la formation de petits îlots que l'eau ne semble plus pouvoir absorber.

❹

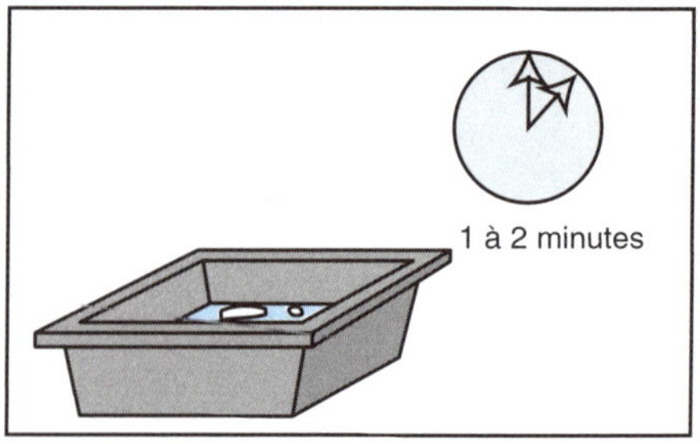

Attendez une à deux minutes que le plâtre s'imbibe.

❺

Mélangez en effectuant un mouvement circulaire du poignet jusqu'à l'obtention d'un mélange crémeux.

❻

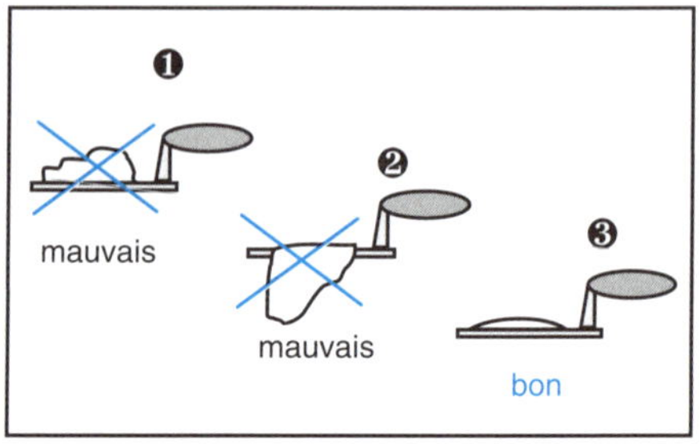

Vous pouvez vérifier si vous avez obtenu la bonne consistance en plongeant la truelle dans le plâtre. La consistance 3 doit être obtenue.

❼

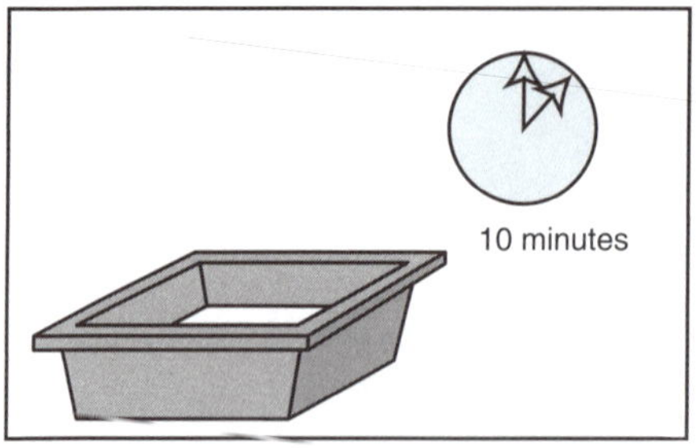

Laissez reposer le mélange pendant une dizaine de minutes.

❽

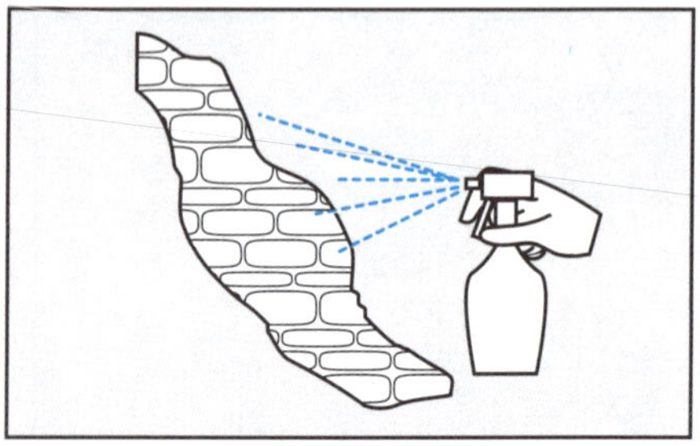

Pendant ce temps, humidifiez l'endroit où vous allez effectuer le raccord.

Figure 5 : Faire du plâtre *(suite page 83)*

⑨

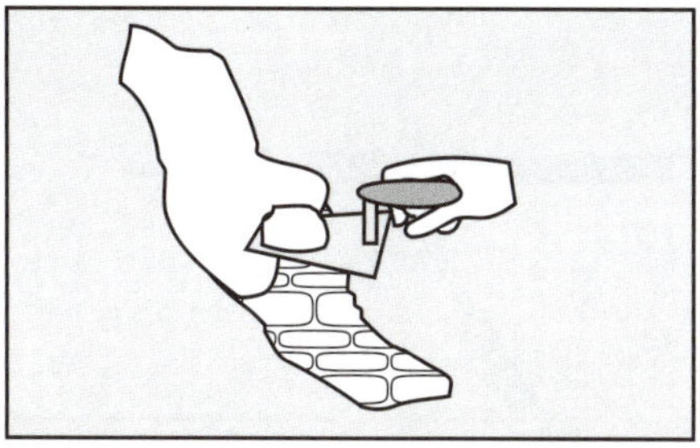

Appliquez le plâtre sur le raccord sans hésiter à déborder .

⑩

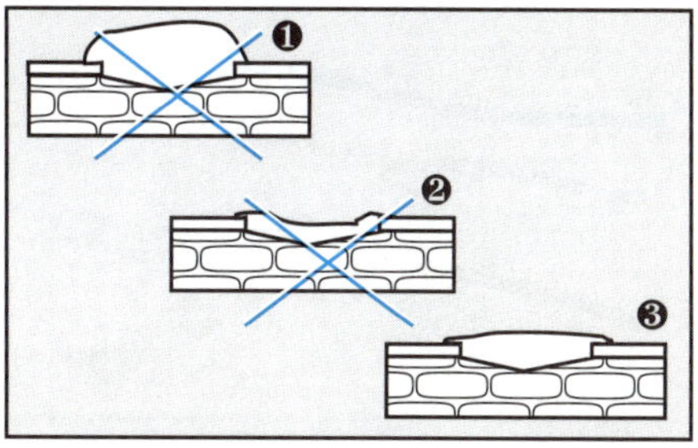

Lors de l'application, le résultat obtenu devra correspondre à l'exemple 3.

⑪

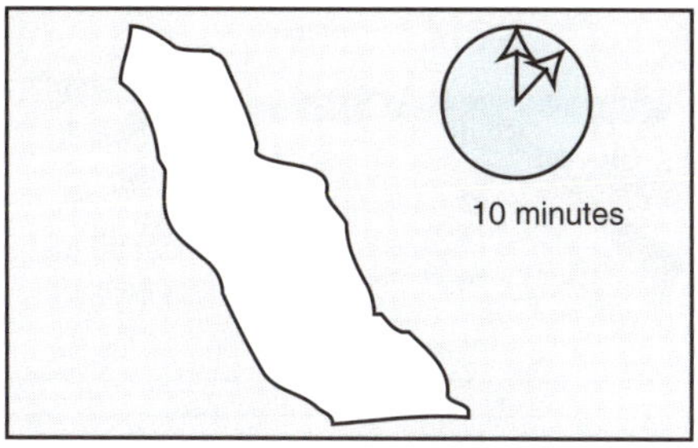

Attendez 10 minutes que le plâtre prenne.

⑫

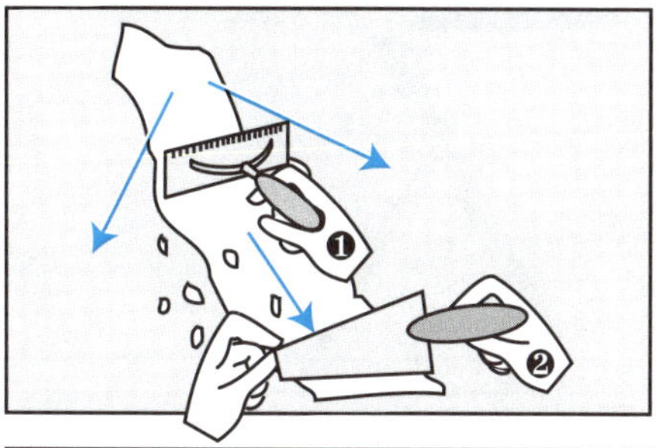

Dégrossissez le raccord avec la Berthelet. Vous pourrez ensuite le peaufiner avec la tranche de la truelle ou un couteau à enduire.

Figure 5 : Faire du plâtre *(suite)*

Il est impératif de savoir maîtriser la réalisation du plâtre, car cela est utile pour toute installation encastrée.

Au début, n'hésitez pas à en faire de petites quantités pour vous entraîner.

Une fois les raccords de plâtre réalisés, sachez qu'il sera nécessaire d'attendre un séchage complet (une quinzaine de jours à température normale) avant de procéder à la réalisation d'un enduit de lissage.

- **Le passage dans les gaines (figure 6)**

Le passage des fileries dans les gaines peut se révéler très pénible si l'on s'y prend mal. Le nombre de conducteurs dans une gaine est limité ; on doit laisser une marge de 30% de la capacité du tube. Le tableau de la page 94 propose un aperçu du nombre maximal de fileries qu'il est autorisé de placer dans un tube en fonction de son diamètre.

❶

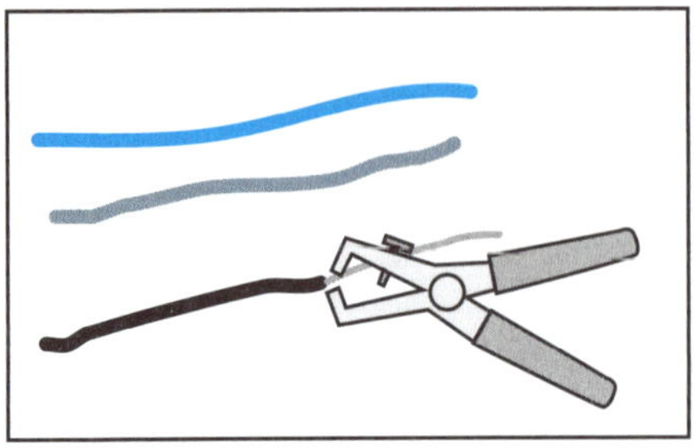

Dénudez les fils sur une quinzaine de centimètres.

❷

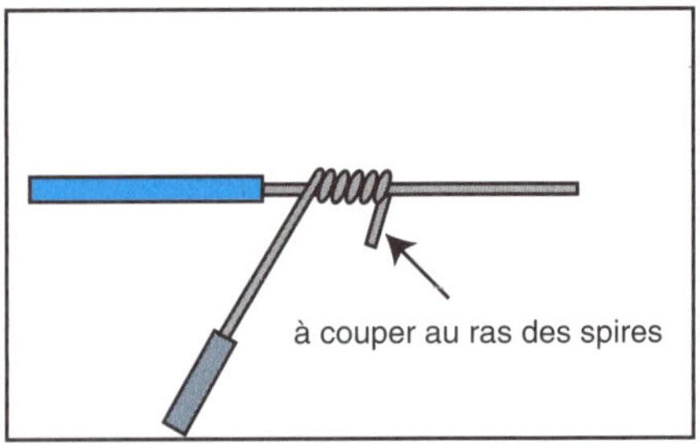

Prenez un premier fil et enroulez-le en spirale sur un autre à l'aide d'une pince universelle puis coupez la partie finale qui dépasse.

❸

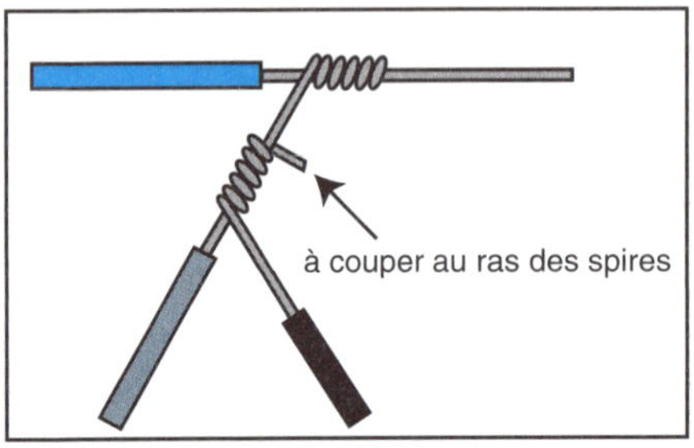

Enroulez un deuxième fil sur la partie dénudée de celui précédemment enroulé et ainsi de suite avec tous les fils.

❹

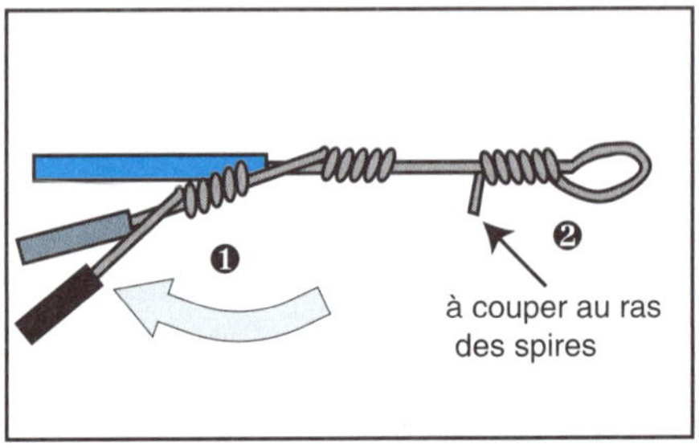

1 : repliez les fils de manière à faire un faisceau.
2 : réalisez une boucle à l'origine.

❺

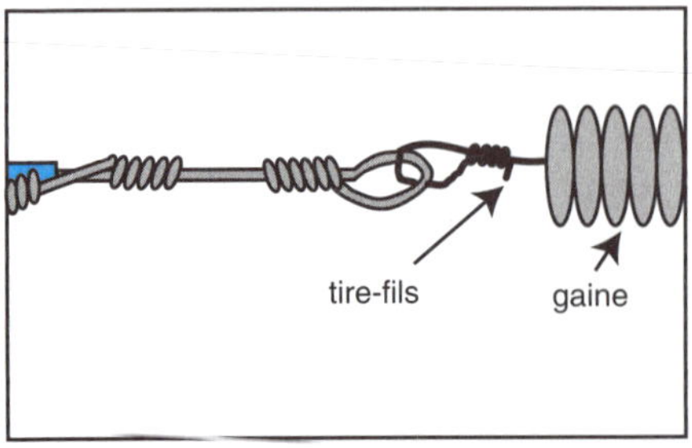

Réalisez une boucle avec le tire-fils métallique du tube (ICT) ou, si elle n'existe pas, passez un fil H 07 V-U.

❻

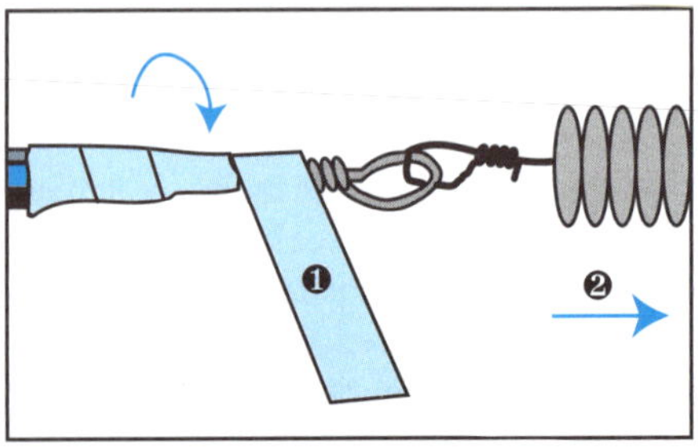

1 : entourez le tout de ruban adhésif électrique.
2 : tirez l'ensemble du faisceau par l'aiguille à l'autre extrémité du tube.

Figure 6 : Le passage dans les gaines

Lors du tirage du faisceau de fils dans le tube, il est préférable d'opérer avec une autre personne. L'une tirera sur l'aiguille en maintenant le tube le plus droit possible, l'autre guidera le passage des fils à l'entrée du tube.

Maintenez le tube tendu et le plus droit possible.

Si vous procédez seul, il sera nécessaire de fixer l'extrémité de la gaine afin de pouvoir tirer de l'autre côté.

• Les connexions (figure 7)

Il faut savoir qu'une ligne peut alimenter plusieurs points d'utilisation. Une ligne d'alimentation de prises, par exemple, peut alimenter jusqu'à cinq prises. Il est donc nécessaire de procéder à des connexions à partir de cette première ligne afin d'alimenter les autres prises.

Les connexions seront assurées à l'aide de barrettes de connexion (dominos) ou de divers connecteurs.

pissures sont
dites.

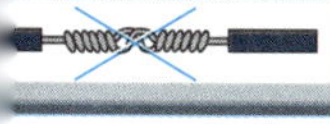

Les épissures, très utilisées dans les anciennes installations, qui consistaient à torsader les fils l'un sur l'autre sont maintenant formellement **interdites**.

Les connexions devront rester accessibles : c'est pourquoi elles ne sont pas autorisées n'importe où.

La figure 7 (page suivante) illustre les différentes solutions autorisées actuellement.

Ces solutions doivent néanmoins satisfaire à quelques règles :

- les couvercles des boîtes de connexion doivent rester accessibles (ne pas les recouvrir de plâtre, d'enduit, de papier ou de tissus mural) et leur démontage ne doit être possible qu'à l'aide d'un outil ou sous une forte action manuelle (cette règle est généralement respectée par les constructeurs) ;
- l'axe des boîtes de connexion doit être situé au minimum à 5 cm au-dessus du sol pour les puissances inférieures à 20 A et à 12 cm pour les circuits de puissance supérieure ;
- ces solutions ne sont pas autorisées dans les volumes 0, 1 et 2 de la salle de bains ;
- toute canalisation encastrée doit se terminer dans une boîte de connexion (alimentation des luminaires, des convecteurs, certains appareils ménagers) ;
- le repiquage n'est autorisé que sur les prises de courant et à l'intérieur des luminaires à fluorescence.

• Repérage des lignes (figure 8)

Les lignes d'alimentation de votre installation vont toutes partir du tableau électrique.

Une fois toutes les lignes passées, il en résulte un nombre impressionnant de fileries à raccorder sur les protections. Si aucune ligne n'est repérée, la tâche est difficile.

Il existe un repérage de couleur des fils défini par les normes :

- rayé vert et jaune pour le conducteur de terre ;
- bleu clair pour le neutre ;
- rouge ou noir pour la phase ou toute autre couleur excepté celles déjà utilisées pour le neutre et la terre ainsi que le jaune et le vert.

Un autre repérage est constitué grâce à la section des conducteurs :

- 1,5 mm^2 pour les circuits lumière ;
- 2,5 mm^2 pour les circuits prises de courant et appareils ménagers (lave-linge, lave-vaisselle) ;
- 4 ou 6 mm^2 pour les circuits de grosse puissance (cuisinière électrique, par exemple).

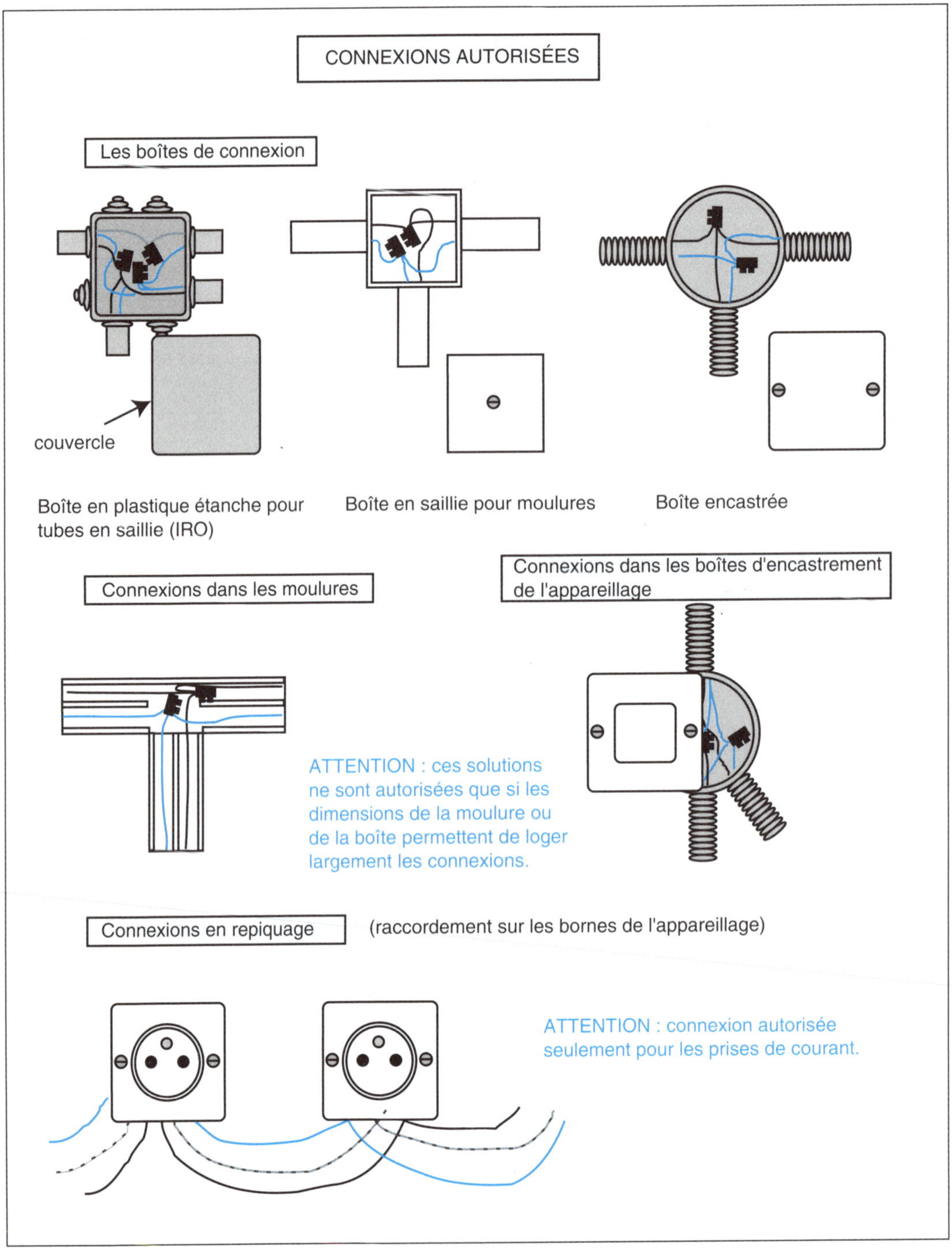

Figure 7 : Les connexions

Mais, malheureusement, vous aurez certainement plusieurs lignes de chaque section. Il est donc nécessaire, chaque fois que vous passez une ligne, de la repérer au niveau du tableau de protection.

La façon la plus simple est d'enrober chaque ligne avec du ruban adhésif isolant que vous laissez dépasser de 4 ou 5 centimètres, et sur lequel vous inscrirez la destination de la ligne (voir figure 8).

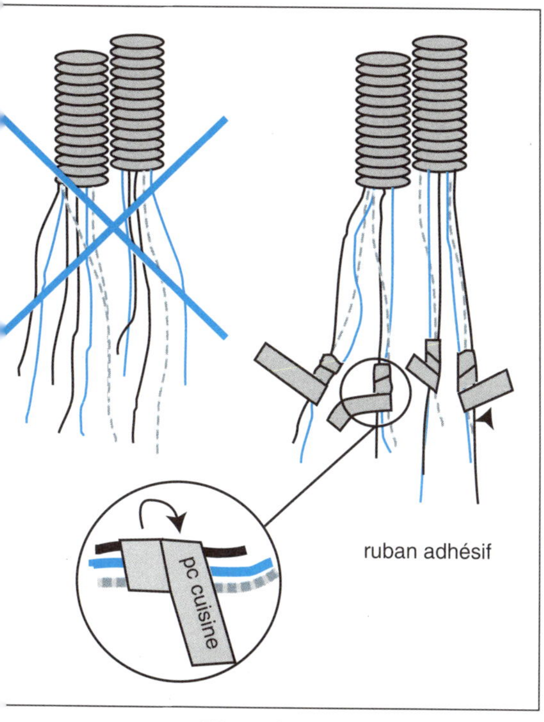

Figure 8 : Les repérages

LA DISTRIBUTION

La distribution des lignes électriques ne consiste pas forcément à emprunter le chemin le plus court. Certaines règles de bon sens et de sécurité ainsi qu'un souci d'esthétique doivent être pris en compte afin de réaliser la meilleure distribution possible. Nous allons passer en revue les modes de pose les plus couramment utilisés ainsi que les règles à respecter.

Traversée de murs et de planchers

Dans tous les cas de figure, la traversée d'un mur (ou d'un plancher) doit être réalisée sous un fourreau d'un degré de protection au moins égal à 5 (ICO5, ICT6, ICD6).

La pose en saillie

La pose en saillie est la plus simple à réaliser. On distingue trois grands types de pose en saillie que nous traiterons indépendamment.

• Pose à l'air libre (figure 10)

Règles à respecter :

- utiliser uniquement des câbles (souples, rigides ou blindés) ;
- pour tout croisement (ou cheminement) avec une autre canalisation non électrique, on devra respecter constamment une distance de trois centimètres (voir figure 9) ;
- les connexions se font exclusivement dans des boîtes prévues à cet effet ;
- les câbles doivent conserver leur gaine de protection jusqu'à la pénétration dans l'appareillage ;
- réaliser la fixation de préférence avec des cavaliers en plastique à pointe acier adaptés au diamètre du câble ;
- lors de la traversée d'un mur ou d'une cloison, le câble doit être protégé (sur tout le passage) par un morceau de gaine ;
- l'espacement des attaches et les rayons de courbure doivent respecter les valeurs du tableau ci-après.

	Distance maximale entre points de fixation	Rayon de courbure minimal
Câbles non armés	0,40 m	6 ∅
Câbles armés	0,75 m	8 ∅

Figure 9 : Croisement de canalisations

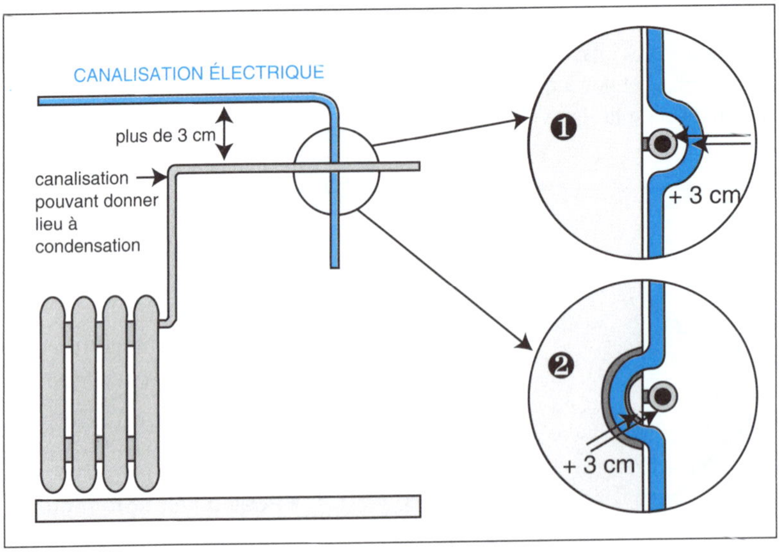

Figure 10 : La pose à l'air libre

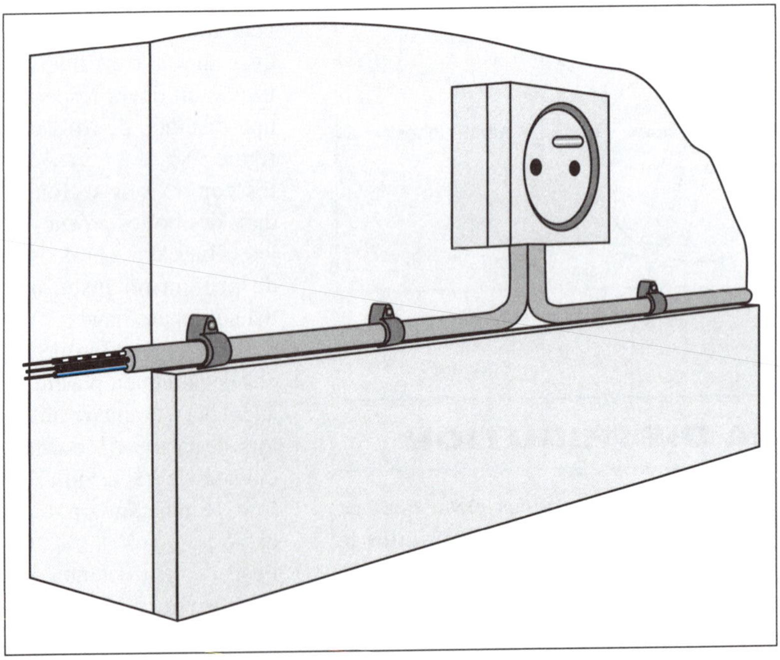

MATÉRIEL			
	Câbles A 05 VV-U (R) A 05 VV-F U 1000 R2V.		Appareillage en saillie ; fixation par vis et chevilles.
	Cavaliers en plastique à pointe acier adaptés au diamètre du câble.		

Figure 10 : La pose à l'air libre (suite)

• Pose sous tube IRO (figure 11)

Ce type de pose en saillie est très utilisé pour les installations dans les locaux humides ou temporairement humides (cave, sous-sol, buanderie et certaines installations à l'extérieur).

On utilise généralement du tube IRO, car sa rigidité donne un meilleur aspect esthétique. Mais on peut également utiliser du tube ICT, ICO ou ICD, excepté ceux de couleur orange.

Il existe toute une gamme d'accessoires (figure 11) qu'il est impératif d'utiliser (coudes, manchons, tés de dérivation).

La fixation sera assurée :

- soit par des chevilles en plastique automatiques (il suffit de percer un trou d'un diamètre de 8 mm et de les enfoncer avec un marteau) avec une attache en plastique d'un diamètre adapté à celui du tube ou avec un collier en plastique réglable.
  Cette solution de fixation est très rapide mais le matériau du mur ne doit pas être friable.
- soit par des chevilles classiques avec pattes à vis et colliers métalliques (comme pour les tubes de plomberie). Le type de cheville dépend de la nature du support.

La technique de pose du tube IRO est illustrée par la figure 12.

Règles à respecter :

- tout croisement ou cheminement le long d'une autre canalisation non électrique doit se faire à une distance minimale de trois centimètres (voir figure 9). De façon générale, placer le tube de sorte que toute intervention sur la canalisation non électrique (soudure, par exemple) ne risque pas d'endommager la canalisation électrique ;
- les connexions se feront exclusivement à l'intérieur des boîtes prévues à cet effet ou sur les bornes de l'appareillage ;
- l'emploi de conduits ICT et ICD orange est interdit ;
- les fixations seront placées à une distance maximale de :
  – 0,80 m pour les conduits rigides (R),
  – 0,60 m pour les conduits cintrables (C) ;
- la continuité de la protection mécanique doit être assurée sur tout le cheminement du tube (figure 13) et l'emploi des accessoires est obligatoire (pour les conducteurs H 07 V).

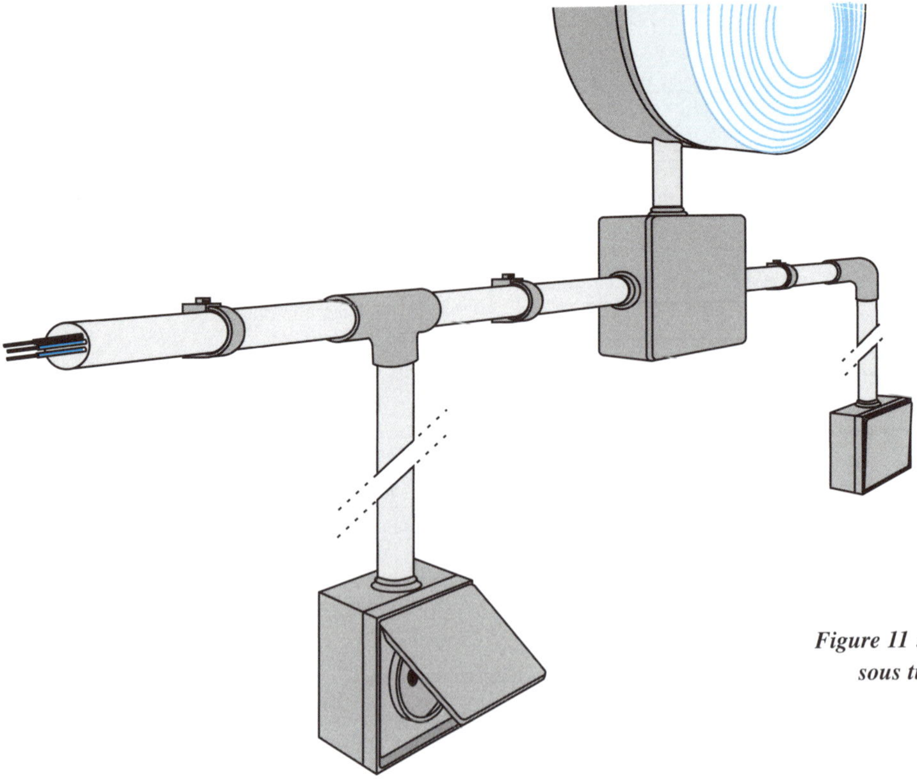

Figure 11 : Installation sous tube IRO

MATÉRIEL			
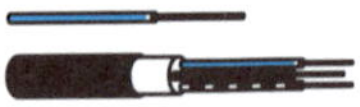	Conducteurs H 07V-U-R-K Câbles U 1000 RO2V		Appareillage IP 55-5 fixation par vis et chevilles.
	Tube IRO ou ICO ou ICT.		
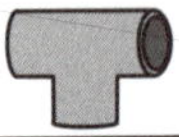	Té de dérivation.		
	Manchon de raccord.	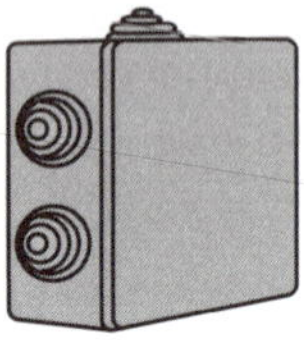	Boîte de dérivation IP 55-5 fixation par vis et chevilles.
	Coude court à 90°.		
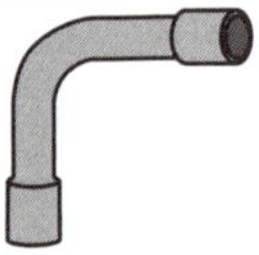	Coude long à 90° (pour câbles).		
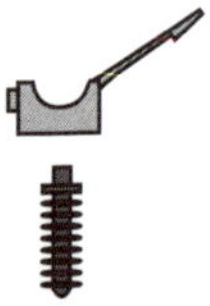 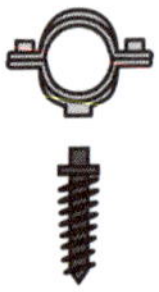	Attache en plastique + cheville automatique Colier en acier + patte à vis + cheville.		Luminaires classe II ▢ IP 44

❶

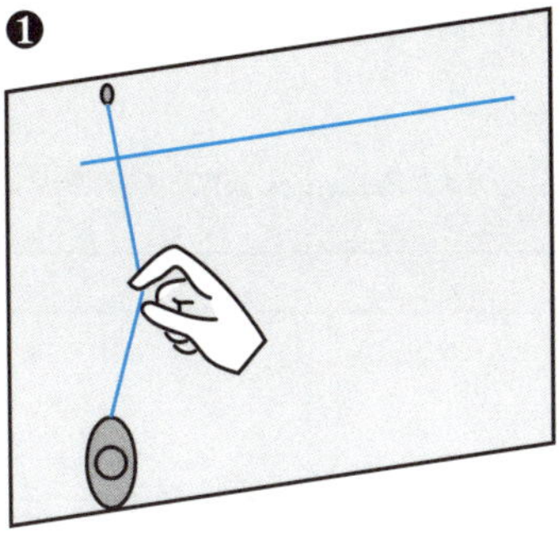

Tracez à l'aide d'un cordeau l'axe du passage des tubes.

❷

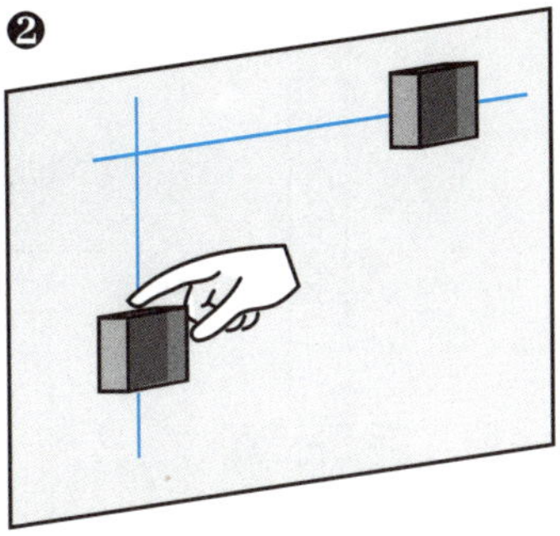

Posez l'appareillage à l'aide de vis et de chevilles.

❸

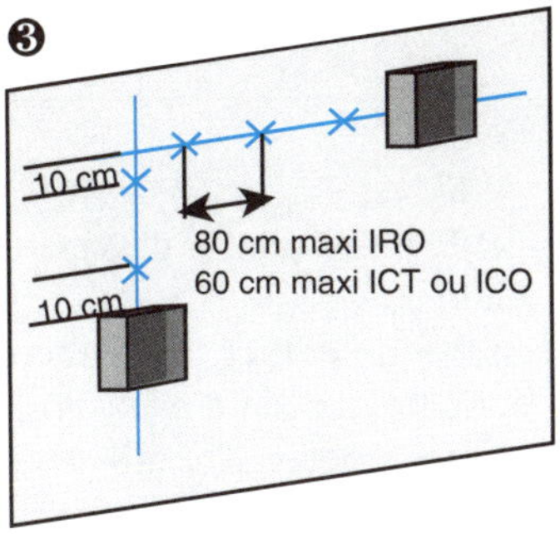

Tracez l'emplacement des colliers de fixation du tube en respectant les écarts indiqués ci-dessus.

❹

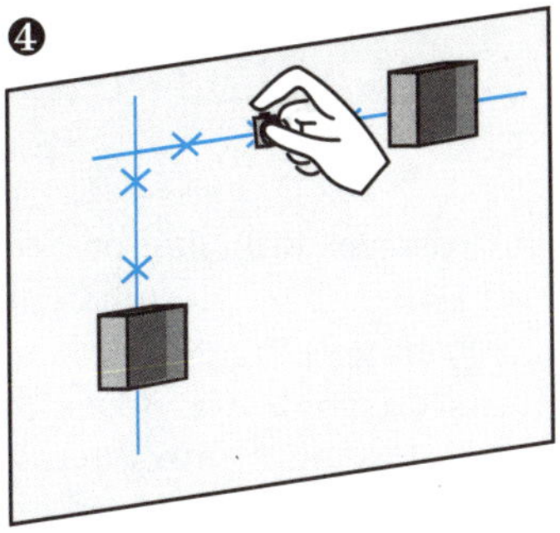

Percez et fixez les colliers aux endroits prévus.

❺

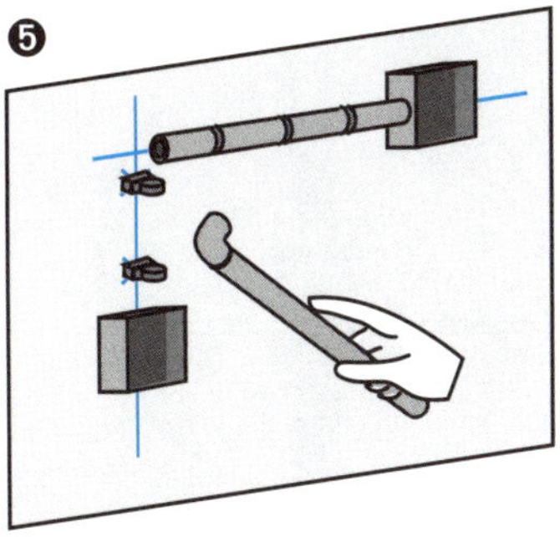

Présentez les tubes et découpez-les aux longueurs nécessaires.
Ne les fixez pas définitivement.

❻

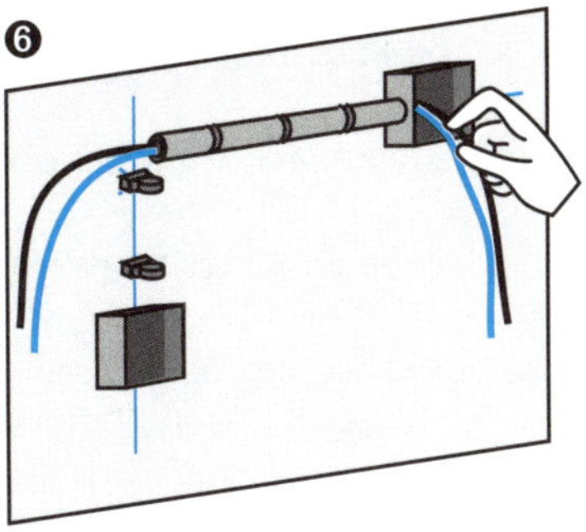

Démontez les coudes et raccords et passez les conducteurs.
Refixez les tubes au fur et à mesure.

Figure 12 : Pose du tube IRO

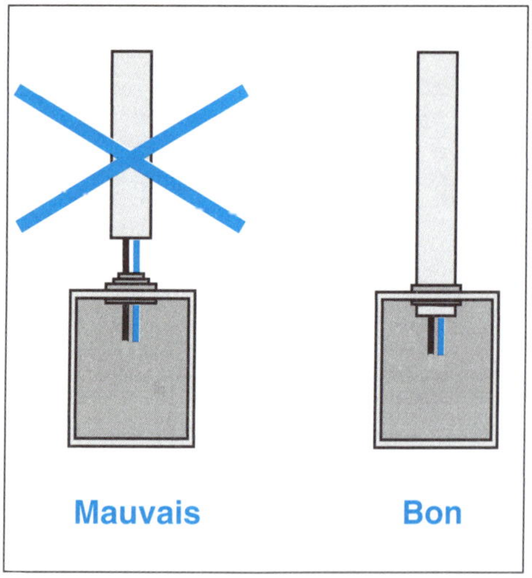

◀ *Figure 13 : La protection mécanique*

Figure 14 : Passages difficiles ▼

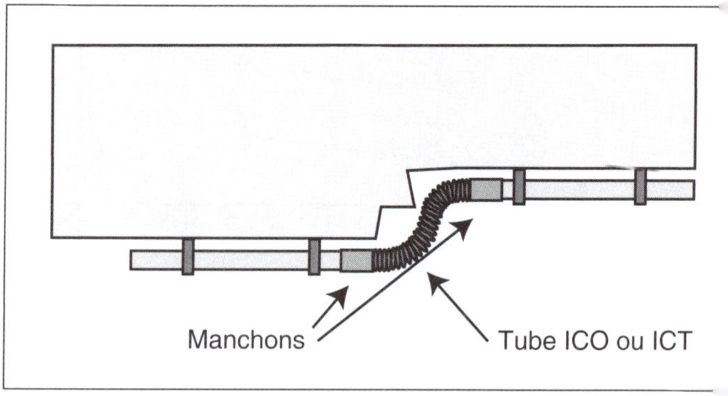

Dans certains passages difficiles, on peut effectuer une liaison avec du tube cintrable et deux manchons (figure 14).

- les conduits doivent être posés de manière à éviter toute introduction d'eau ou accumulation d'eau en quelque point que ce soit. Il est donc indispensable de soigner la découpe des presse-étoupes* de l'appareillage et prévoir des points bas afin d'éviter autant que possible la pénétration d'eau ;
- le rayon de courbure minimal à respecter est :
  – 6 fois le diamètre pour les tubes IRO et ICD,
  – 3 fois le diamètre pour les tubes ICO et ICT.

Il existe une autre méthode de réalisation sous tube IRO, la méthode "métro" (figure 15), qui se situe entre le montage à l'air libre et le passage sous tube.

* *Le presse-étoupe est la partie en plastique mou que l'on découpe au diamètre du tube pour qu'il pénètre un peu dans l'appareillage ou un système plus complet avec un écrou de serrage et joint d'étanchéité.*

Pour ce type de pose, seul le passage de câbles est autorisé.

Il est nécessaire de veiller particulièrement à la non-introduction d'eau, surtout en installation extérieure. On utilise des

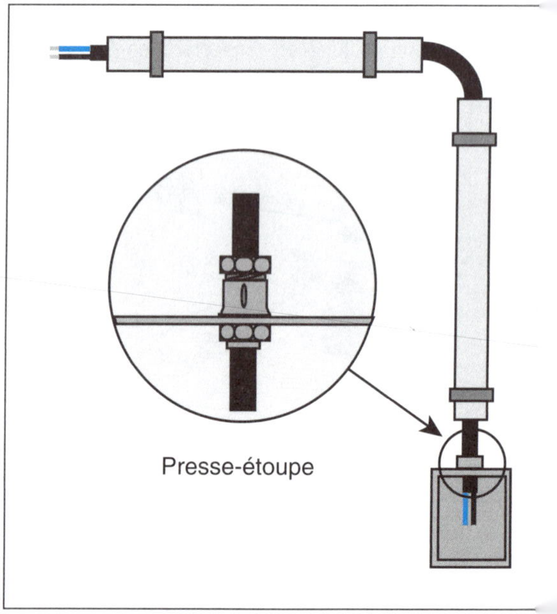

Figure 15 : La pose façon "métro"

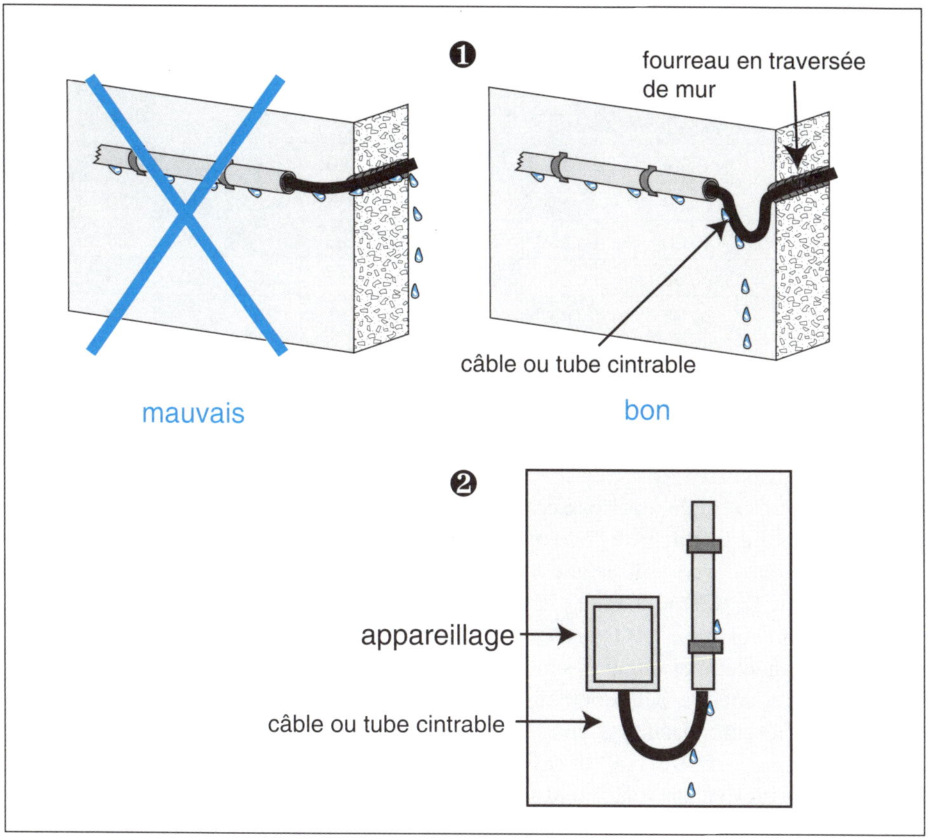

Figure 16 : La pose façon "métro"

presse-étoupes serrables (figure 15) pour pénétrer dans l'appareillage et les luminaires. La pénétration dans un mur se fait selon le principe dit de "la goutte d'eau" (figure 16.1) afin d'éviter que l'eau ne pénètre dans le mur en suivant le câble.
Si l'on ne possède pas de presse-étoupe pour la pénétration dans l'appareillage ou si les conditions d'exposition aux projections d'eau sont importantes, il peut être judicieux de pénétrer dans l'appareillage par le dessous (figure 16.2).

Passage des conducteurs
Le passage des conducteurs dans les tubes ne se fait pas de n'importe quelle façon. Leur nombre et leur section dépend du diamètre du tube. Si vous avez un grand nombre de conducteurs à passer, choisissez un tube de diamètre important ou utilisez plusieurs tubes.
La règle de remplissage prévoit de ne pas utiliser plus d'un tiers de la section des conduits.
Le tableau suivant* indique le diamètre des conduits à utiliser en fonction du nombre et de la section des conducteurs utilisés (pour des conducteurs H 07 V-U/R).

* *Documentation Arnould.*

Section nominale des âmes en mm²	Section d'occupation des conducteurs	ICD . ICT . ICO nombre de conducteurs				IRO nombre de conducteurs			
		2	**3**	**4**	**5**	**2**	**3**	**4**	**5**
1,5	8,55	16	16	20	20	16	16	16	16
2,5	11,90	16	20	20	25	16	16	20	20
4	15,20	20	20	25	25	16	20	20	25
6	22,90	20	25	32	32	20	20	25	25
10	36,32	25	32	32	40	20	25	32	32
16	50,30	32	32	40	40	25	32	32	40
25	75,40	32	40	50	50	32	40	40	50

Il est interdit de passer dans une même gaine des lignes électriques et des câbles téléphoniques ou d'antenne télévision.

Par exemple, pour passer trois conducteurs de 2,5 mm², vous devez utiliser une gaine (ICD, ICT ou ICO) de 20 mm ou un tube IRO de 16 mm (diamètre extérieur des tubes). Un conduit peut contenir des lignes de différents circuits à condition que :

- toutes les lignes soient issues du même disjoncteur de branchement ;
- toutes les lignes soient protégées individuellement contre les surintensités ;
- tous les conducteurs soient isolés pour la même tension.

• Pose sous moulure

Ce type d'installation est très couramment utilisé en rénovation. Il existe, comme nous l'avons vu précédemment, des moulures en bois ou en plastique, des goulottes (moulures de grande taille) et des plinthes électriques.

Deux méthodes de pose sont possibles :

- la pose classique (voir figures 17-18), facile à réaliser et économique (pas d'emploi d'accessoires) mais qui doit être très soigneusement réalisée afin que la protection mécanique soit correctement assurée (aucune filerie ne doit être visible, les coupes doivent être parfaites). Cette méthode peut être utilisée pour la moulure en bois ou en plastique ainsi que pour les chambranles bois et les plinthes.
- la pose avec accessoires (voir figures 19-20) est également facile à réaliser et donne une meilleure finition grâce à l'emploi d'accessoires (angles, tés, dérivations, finitions). Cette solution ne peut pas être utilisée pour les profilés en bois, car il n'existe pas d'accessoires de finition.

Dans ce type d'installation (avec accessoires), la protection mécanique est parfaitement respectée. Cette solution est recommandée par PROMOTELEC.

Les plinthes électriques sont posées en remplacement des plinthes classiques en bois.

Les chambranles électriques servent pour l'entourage des portes en remplacement des chambranles en bois classiques.

Les moulures sont posées au droit du plafond, en astragale, au-dessus des plinthes selon les nécessités.

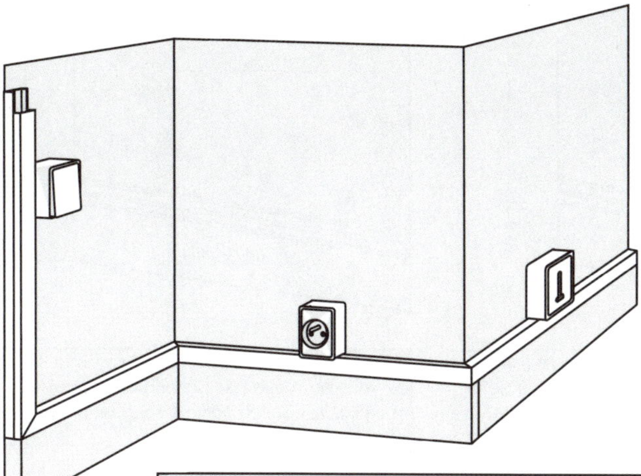

MATÉRIEL			
	Conducteurs H 07V-U-R ou câbles.		Appareillage en saillie. Fixation par vis et chevilles.
	Moulure en plastique.		
	FIXATIONS avec clous avec vis et chevilles avec agrapheuse électrique avec une colle		Boîte de dérivation en saillie. Fixation par vis et chevilles.

Figure 17 : Installation de moulure "classique"

❶

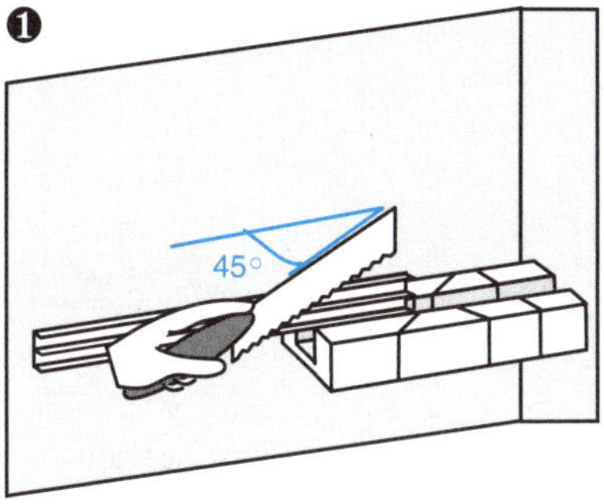

Prenez un socle de moulure et découpez-le à 45° dans le sens de la hauteur.

❷

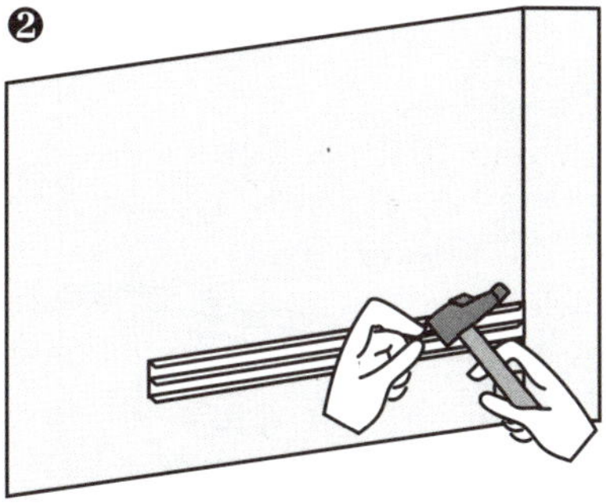

Il est préférable de partir d'un angle. Placez le socle découpé au niveau de l'angle et fixez-le.

Figure 18 : Pose de moulure "classique" (suite page 96)

3

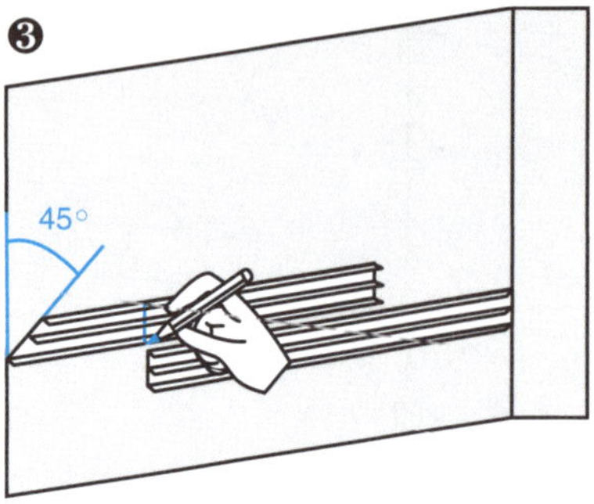

Pour une remontée, prenez un autre socle, réalisez une coupe à 45° dans le sens de la largeur. Placez-le sur la partie précédemment posée et tracez l'intersection.

4

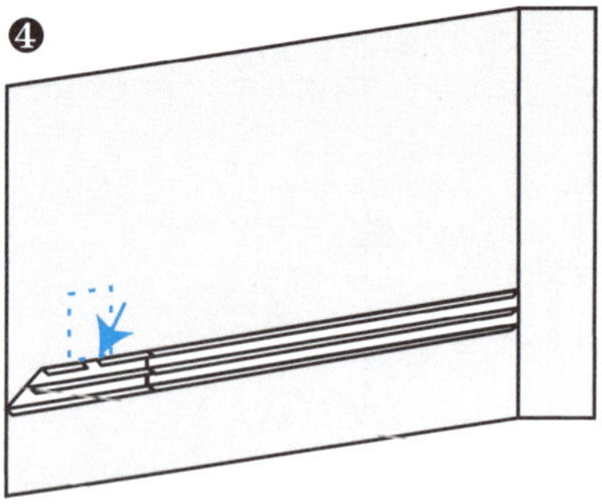

Découpez le raccord aux dimensions et fixez-le. Si vous envisagez de poser des appareillages, entaillez le côté du socle à l'endroit prévu (flèche bleue).

5

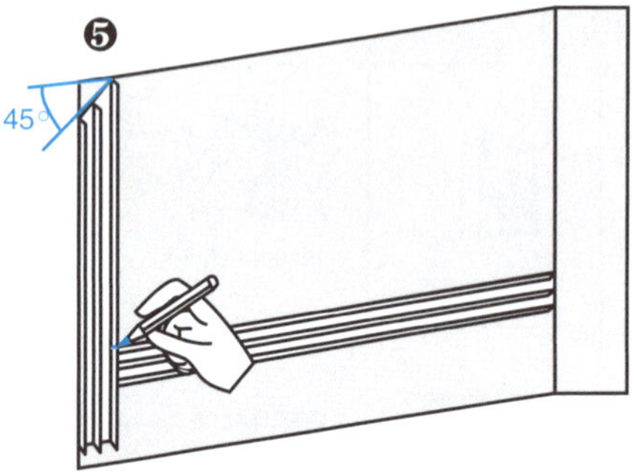

Pour continuer la remontée, réalisez une coupe pour la partie haute (à 45° ou droite) présentez le socle préparé et tracez l'intersection avec la partie déjà en place.

6

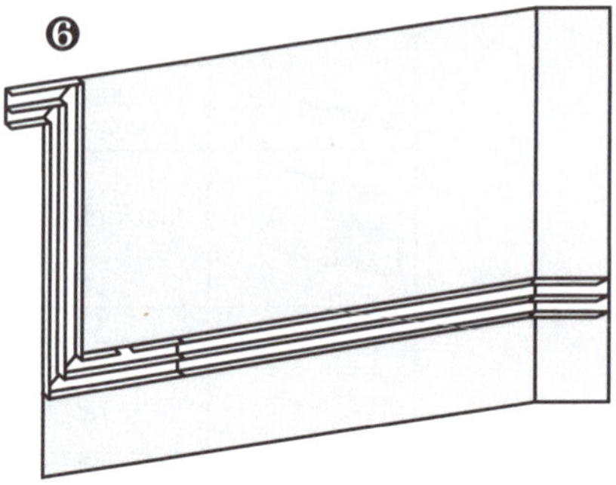

Posez la partie ainsi découpée et continuez la pose de la même façon.

7

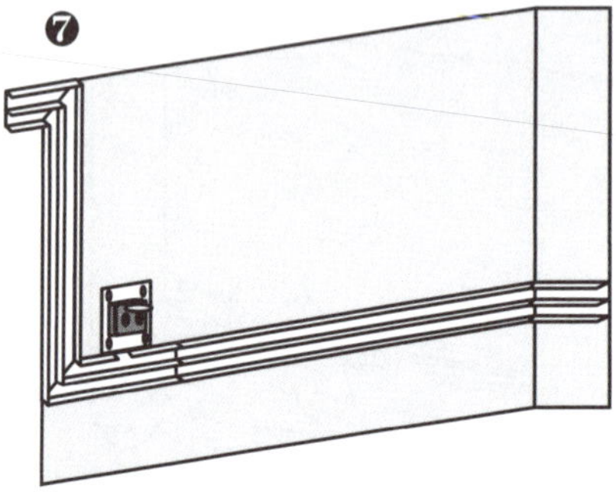

Posez les socles de l'appareillage à l'aide de vis et chevilles.

8

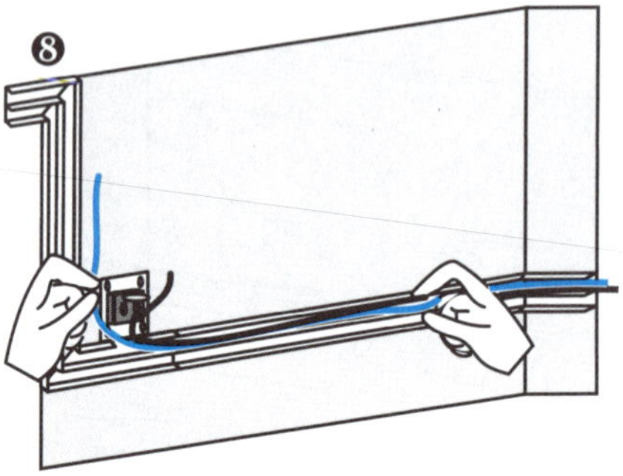

Installez les conducteurs dans les rainures.

Figure 18 : Pose de moulure "classique" *(suite page 97)*

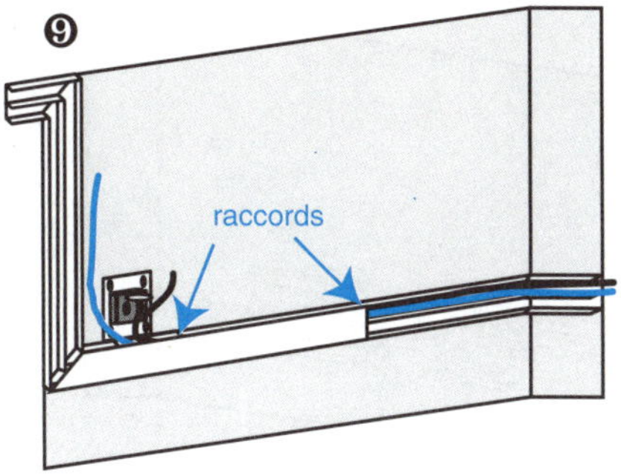

Procédez à la découpe des couvercles et commencez la pose à l'inverse des socles de façon que les raccords ne se chevauchent pas.

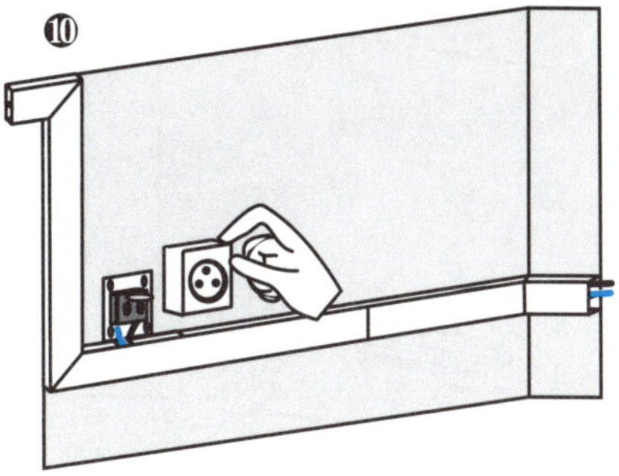

Raccordez l'appareillage et placez les capots de fermeture.

▲ *Figure 18 : Pose de moulure "classique" (suite)*

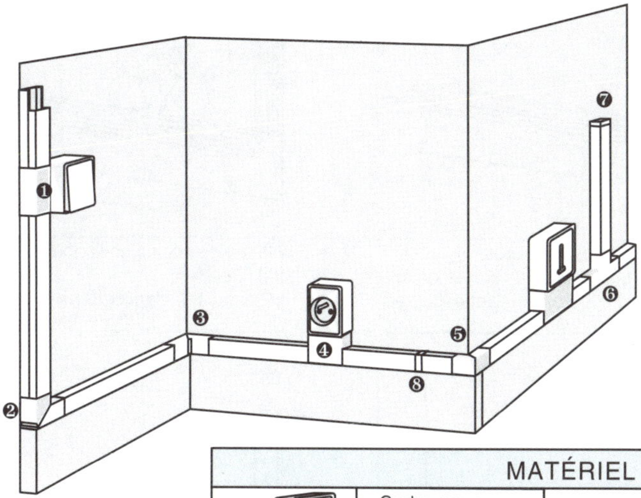

Figure 19 : Installation de moulure avec accessoires

MATÉRIEL					
1		Cadre pour montage vertical de l'appareillage.	5		Angle extérieur variable.
2		Angle plat variable.	6	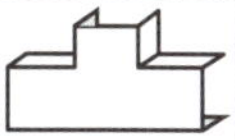	Dérivation en té.
3		Angle intérieur variable.	7		Embout terminal.
			8		Joint de couvercle.
4		Cadre pour montage horizontal de l'appareillage.		Divers	Moulures et conducteurs comme précédemment.

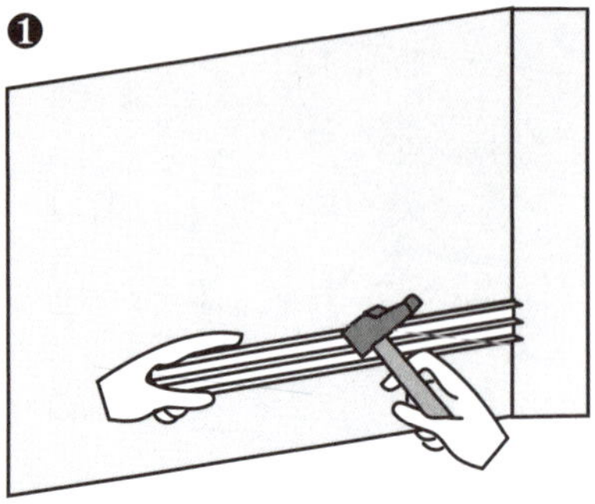

Prenez un socle de moulure avec une coupe droite de chaque côté et fixez-le en partant de l'angle.

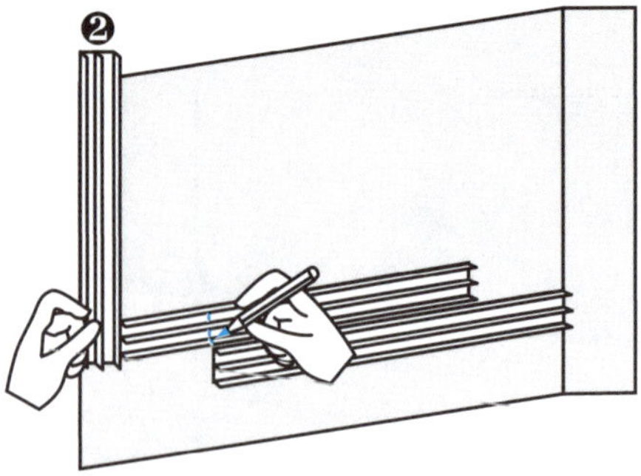

Pour une remontée, présentez un socle le long de la remontée, placez le socle à découper au-dessus de la partie précédemment fixée et tracez l'intersection.

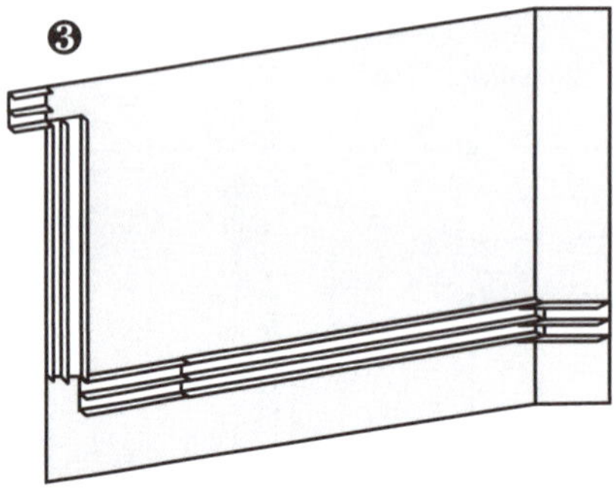

Placez et fixez la partie tracée.
Continuez la pose avec des socles en coupe droite ou à 45° selon les accessoires.

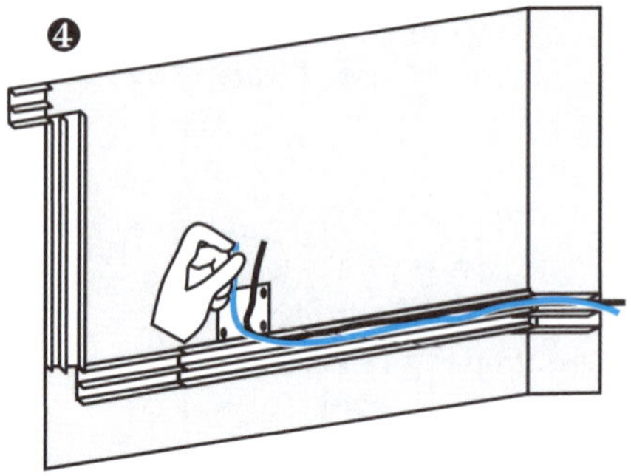

Fixez les socles de l'appareillage à l'aide de vis et chevilles.
Placez les conducteurs dans les rainures.

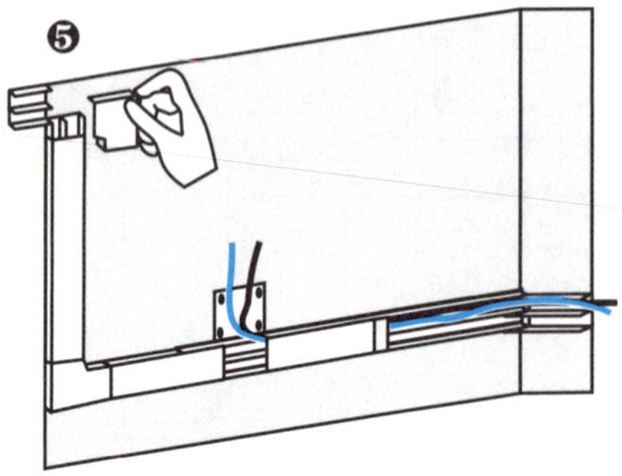

Placez les couvercles (en coupe droite) en intercalant les accessoires (angles plats, angles intérieurs et extérieurs, joints de couvercle)

Posez l'appareillage, procédez au raccordement et placez les boîtiers de protection.

Figure 20 : Pose de moulure avec accessoires

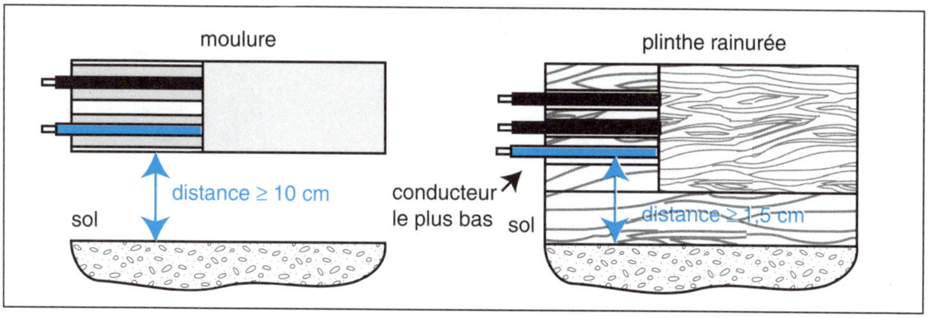

Figure 21 : Conditions de pose

Règles à respecter :

- posée en plinthe, la partie inférieure de la moulure doit être à une distance minimum de 10 cm du sol fini. Pour une plinthe rainurée, le conducteur le plus bas doit être au minimum à 1,5 cm du sol fini (figure 21).
- dans le cas d'un croisement avec une canalisation non électrique, on respectera un intervalle de 1 cm minimum ;
- les moulures doivent rester accessibles pour une dépose éventuelle du couvercle. Il est donc interdit de les noyer dans la maçonnerie ou de les recouvrir de papier ou de tissus mural ;
- ce type de conduit est interdit dans les locaux humides, à l'extérieur et dans les locaux présentant des risques d'incendie ou d'explosion ;
- les profilés en bois sont interdits dans les chalets en bois ;
- il est interdit de poser des profilés à moins de 6,5 cm de l'intérieur d'un conduit de fumée ;
- les profilés en bois n'acceptent que des conducteurs H07V-U, R ou K à raison d'un seul conducteur par rainure. Il est toutefois admis de placer plusieurs conducteurs dans une même rainure s'ils appartiennent au même circuit ;
- les profilés en plastique admettent les câbles U100R2V et A05U-V, R ou K.

Les conducteurs sont admis si le profilé répond à la norme NF C 68-104 ;

- les fileries doivent pouvoir se loger librement dans les rainures (ne pas les surcharger) ;
- plusieurs lignes peuvent passer dans une même rainure, à condition que tous les conducteurs soient isolés pour la même tension, que les lignes soient protégées indépendamment contre les surintensités, et que les lignes soient toutes issues d'un même disjoncteur de branchement ;
- le passage de lignes de téléphone, d'antenne de télévision, de hi-fi ou de circuits de très basse tension se fera dans des rainures différentes de celles utilisées pour les lignes de l'installation (voir figure 3, page 79). Dans le cas de plinthes électriques, la rainure supérieure est réservée aux lignes téléphoniques, la rainure inférieure aux lignes d'antenne de télévision et à la hi-fi (fileries des haut-parleurs) ;
- les connexions sont autorisées si la place le permet.

> Il est interdit de passer dans une même rainure des lignes électriques et des câbles téléphoniques ou d'antenne télévision.

Dans certains cas, la pose de moulure paraît difficile (mur arrondi, par exemple). La figure 22 vous donne quelques astuces.

Figure 22 : Les coupes de la moulure

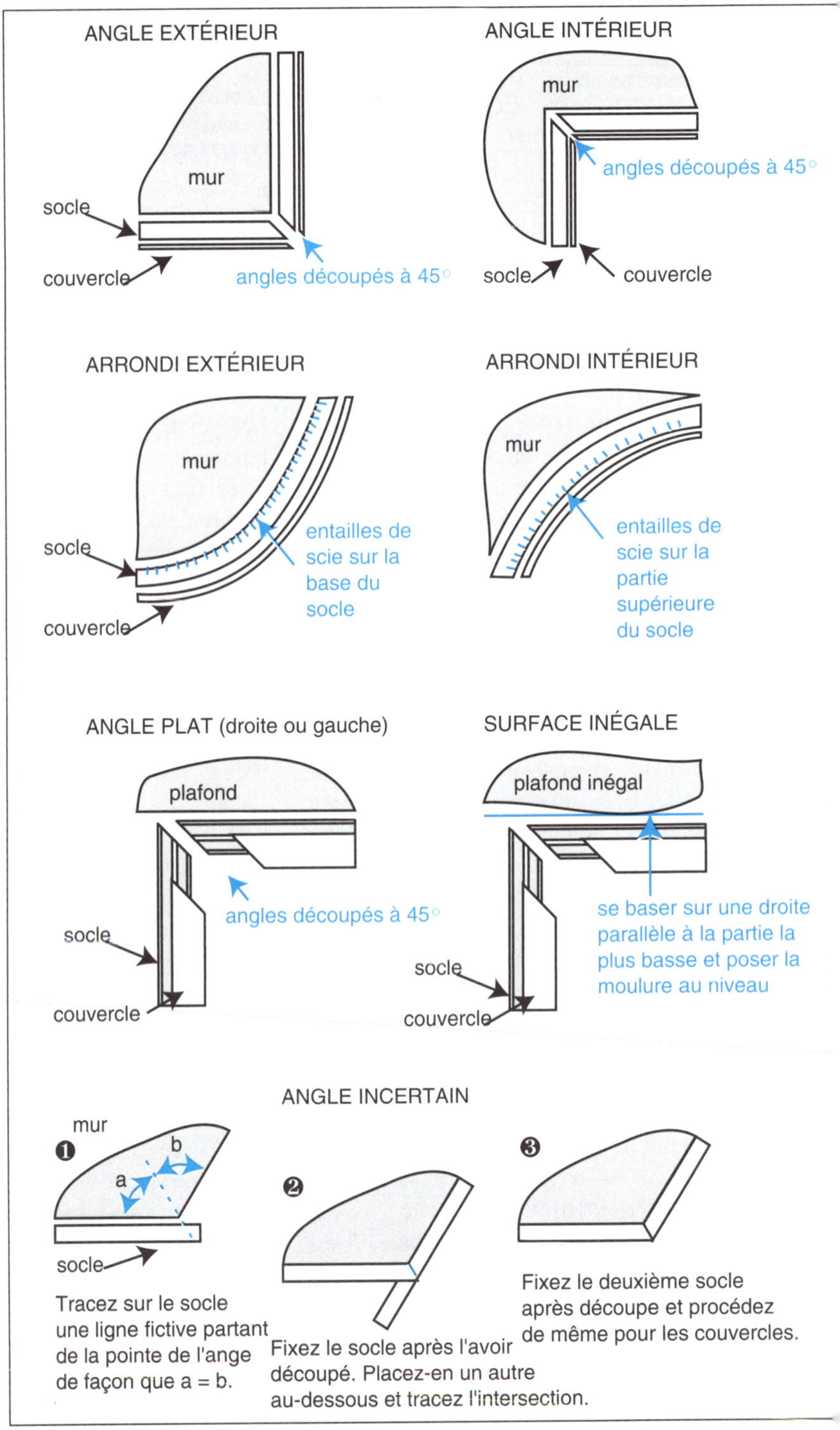

La pose encastrée

L'installation encastrée est l'une des plus pénibles à réaliser, mais l'effet esthétique est parfait. Elle est constituée de conducteurs isolés ou de câbles passés sous conduits et noyés dans la maçonnerie.
L'encastrement peut être réalisé avant, pendant la construction ou même après. Les possibilités d'encastrement sont différentes selon la nature de la paroi (mur porteur ou cloison non porteuse). Le tableau de la page 103 indique le type de tube à utiliser selon le matériau et la nature du mur où doit s'effectuer l'encastrement.

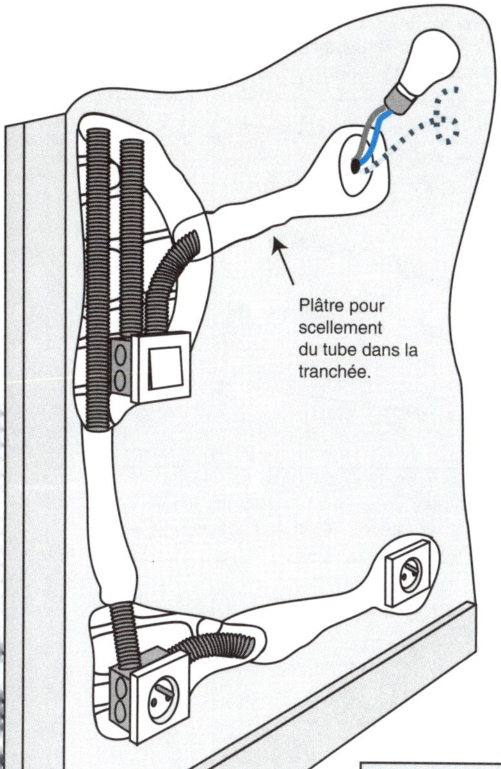

MATÉRIEL			
	Fils H07 V-U (R, K) ou câbles.		Appareillage encastrable à vis ou à griffes.
	Gaine ICO ou ICT.	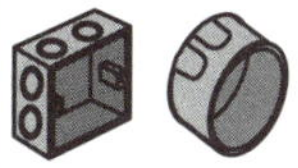	Boîtiers d'encastrement : - carré (à vis) ; - rond (à griffes).

Figure 23 : L'installation encastrée

❶

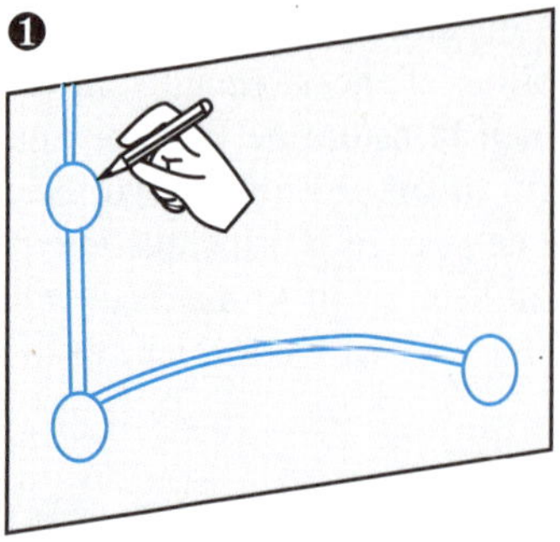

Tracez sur le mur l'emplacement des boîtiers pour l'appareillage et les tranchées pour le passage des gaines.

❷

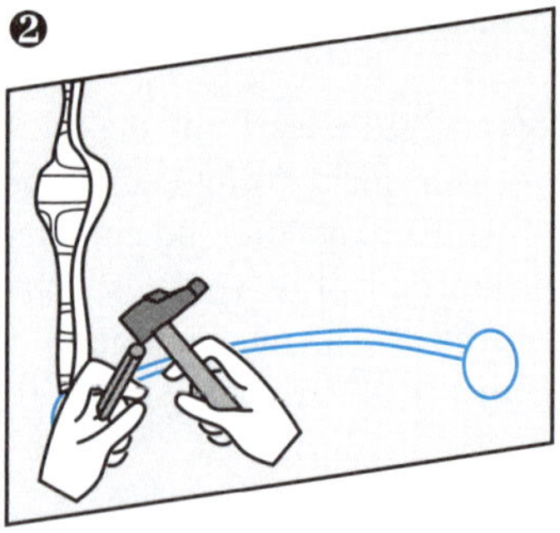

Réalisez les trous pour les boîtiers d'encastrement et les tranchées à l'aide d'un marteau (ou massette) et d'un burin.

❸

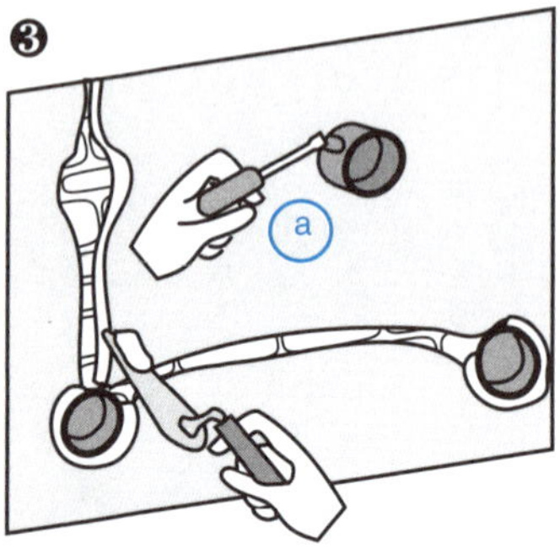

Scellez les boîtiers à l'aide de plâtre après avoir défoncé les opercules d'entrée des gaines correspondant aux passages nécessaires (a).

❹

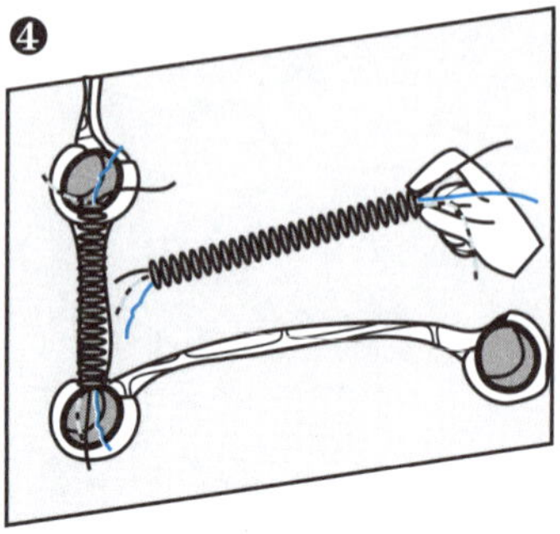

Prenez la mesure des gaines en les présentant dans les tranchées. Passez les fileries et replacez les gaines ainsi équipées dans les tranchées.

❺

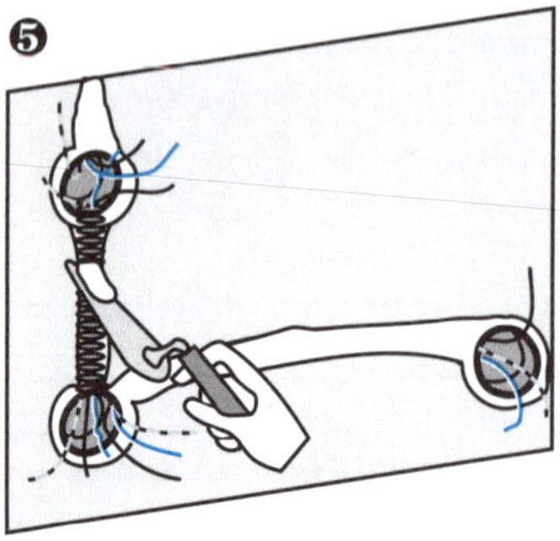

Procédez au rebouchage des tranchées à l'aide de plâtre (vous pouvez maintenir les gaines avec de petits clous plantés en biais en prenant soin de ne pas blesser la gaine).

❻

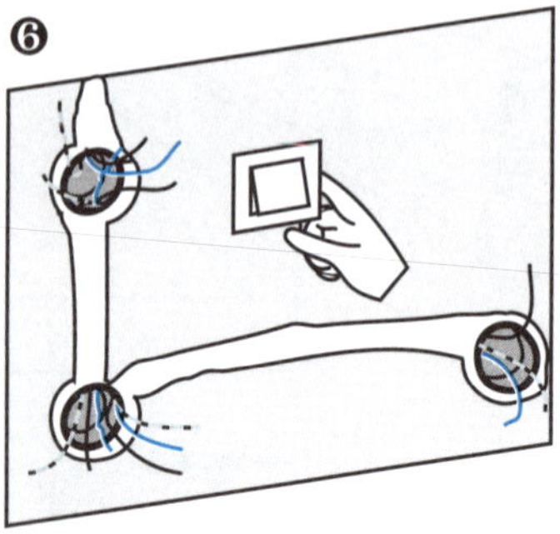

Procédez à la pose de l'appareillage.

Figure 24 : La pose en encastré

NATURE DES MATÉRIAUX	POSE AVANT OU PENDANT LA CONSTRUCTION			POSE APRÈS LA CONSTRUCTION		
	ICD gris	ICD ICT orange	IRO ICO ICT gris	ICD gris	ICD ICT orange	IRO ICO ICT gris
Murs porteurs						
Pierres, moellons	oui	non	non	oui	oui	oui
Briques, parpaings pleins	oui	non	non	oui	oui	oui
Briques, parpaings creux	oui	non	non	oui	non	oui
Béton armé, banché plein	oui	oui	oui	oui	oui	oui
Béton banché caverneux	oui	non	oui	non	non	non
Cloisons non porteuses						
Briques pleines	oui	non	sr	non	non	non
Briques creuses d'une épaisseur supérieure à 5 cm	oui	non	sr	oui	non	oui
Briques creuses d'une épaisseur inférieure ou égale à 5 cm	oui	non	non	sr	non	sr
Parpaings creux	oui	non	oui	oui	non	oui
Parpaings pleins	non	non	non	oui	oui	oui
Carreaux de plâtre	non	non	oui	oui	non	oui
Cloisons composites	oui	non	oui	oui	non	oui
Planchers						
Dalles pleines, chapes en béton	oui	oui	oui	oui	oui	oui
Béton nervuré, hourdis, planchers chauffants	oui	non	oui	non	non	non

sr : sous réserves.

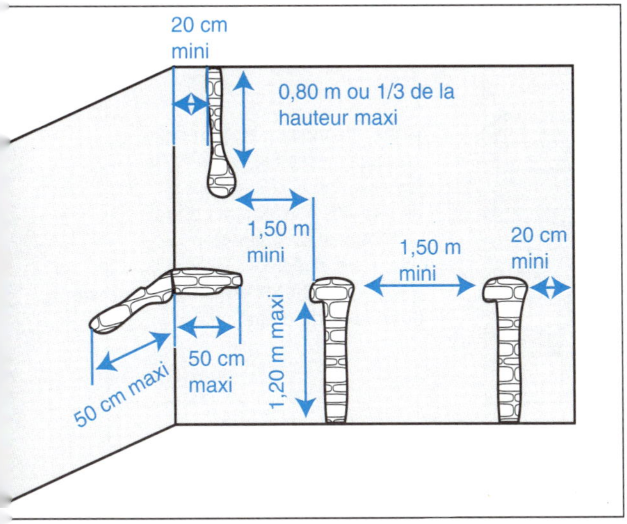

Figure 25 : Les encastrements dans les cloisons non porteuses

Règles à respecter pour des encastrements en cloison non porteuse : L'encastrement dans les cloisons non porteuses est très limité. Les possibilités maximales autorisées sont indiquées à la figure 25.

Ces valeurs sont données pour une cloison non porteuse d'une épaisseur inférieure à 100 mm :

- il est interdit de réaliser des tranchées en oblique ;
- les tranchées d'encastrement seront réalisées en suivant le sens des alvéoles pour les cloisons creuses (voir figure 26).

- réalisez des tranchées aux dimensions adaptées à la gaine (pas trop importantes) ;
- ne tapez pas trop fort afin de ne pas ébranler la cloison. Un vieux ciseau à bois peut se révéler très pratique pour cette opération ;
- utilisez une gaine de diamètre 16 mm maximum sauf pour les carreaux de plâtre de 100 mm et les briques creuses de plus de 50 mm d'épaisseur pour lesquels on peut utiliser une gaine de 20 mm.

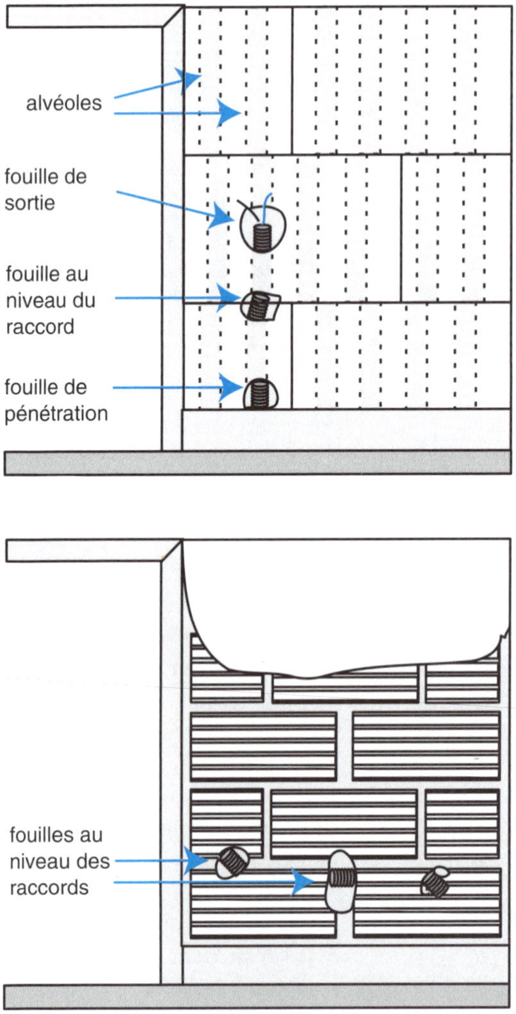

Dans une cloison en carreaux de plâtre alvéolés, utilisez les alvéoles pour passer les gaines.
Pratiquez de petites fouilles aux raccords et aux endroits où vous pénétrez et sortez de la cloison puis glissez le tube à l'intérieur.
Vous reboucherez ensuite les trous avec du plâtre.

Dans une cloison en briques creuses, glissez la gaine dans les alvéoles et cassez au niveau des scellements pour continuer le passage dans une autre alvéole.
Vous reboucherez ensuite les trous avec du plâtre.

Figure 26 : Les encastrements en cloison creuse

Règles à respecter pour tous les types d'encastrement :

- la règle pour le passage des fileries est la même que pour les gaines posées en saillie (voir page 93) ;
- les autres points à prendre en compte sont présentés à la figure 27.

❶

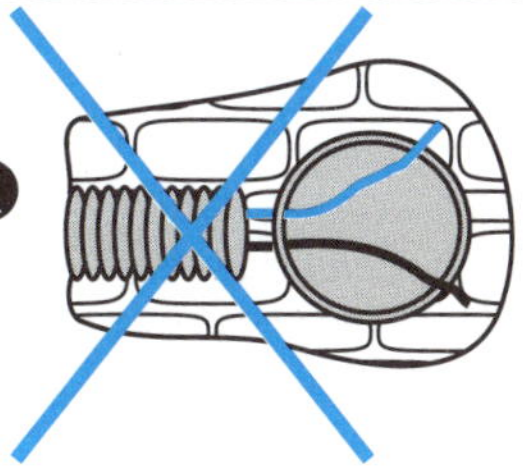

INTERDIT

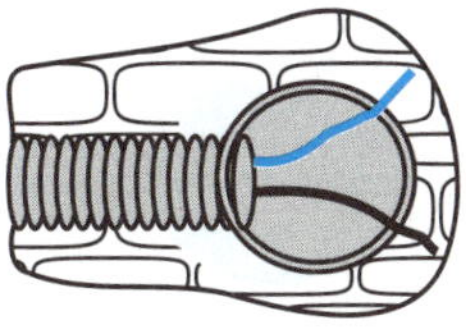

La gaine doit pénétrer dans le boîtier d'encastrement.

❷

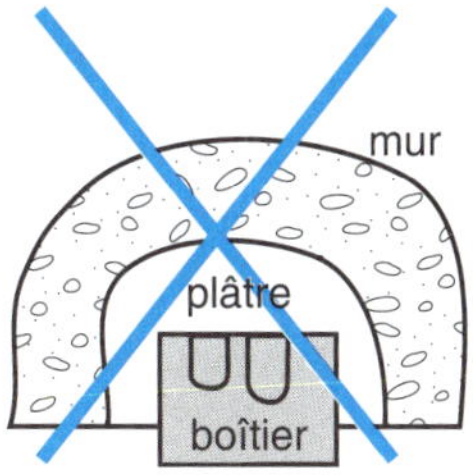

MAUVAIS

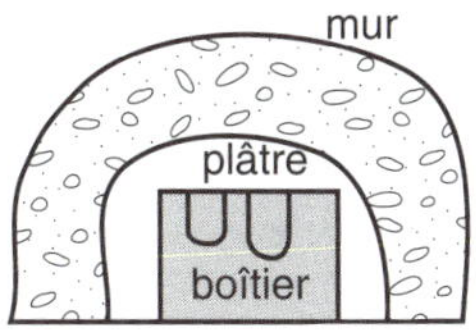

Le boîtier doit être scellé à fleur du mur (excepté dans le cas de pose de carrelage où il pourra être légèrement saillant).

❸

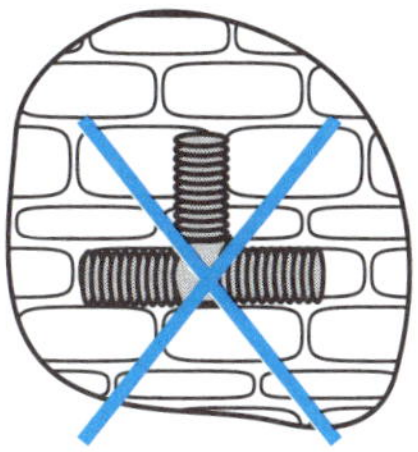

INTERDIT

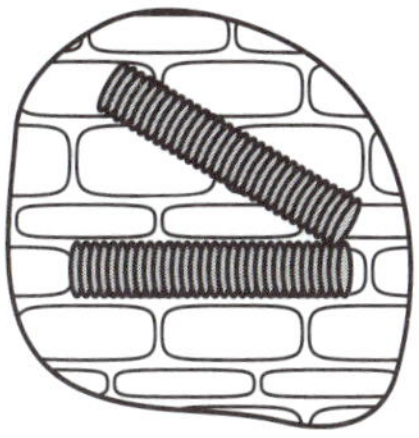

Pas de dérivation dans les parties encastrées : passez deux gaines.

❹

conduit de fumée

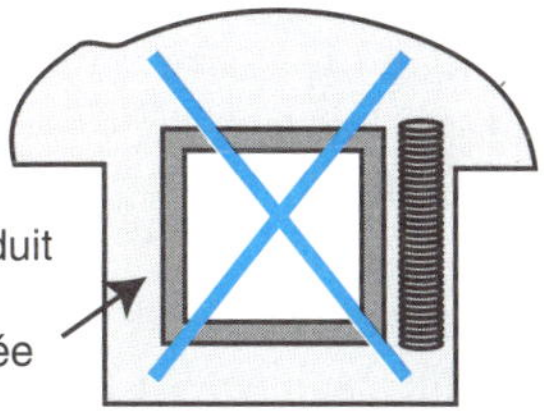

Il est INTERDIT de réaliser des encastrements dans les parois des conduits de fumée ou dans les cloisons de doublage de ceux-ci.

Figure 27 : Règles de l'encastrement (*suite page 106*)

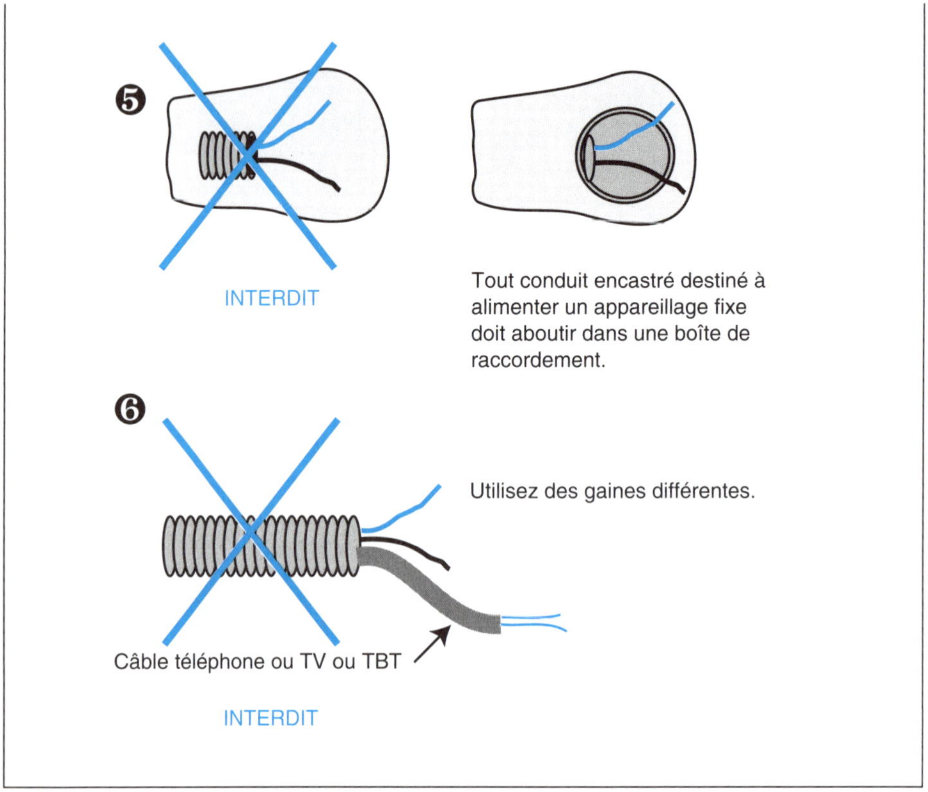

Figure 27 : Règles de l'encastrement (suite)

L'illustration numéro 5 de cette figure montre que toute canalisation encastrée doit se terminer par un boîtier.

Cette règle s'applique également aux luminaires (figure 28).
Pour une applique murale, par exemple, le raccordement s'effectue dans la boîte de raccordement et non au dos de l'applique. On trouve dans le commerce des boîtes d'encastrement spécifiques à cet usage et prévues pour maçonnerie ou cloison creuse.
Dans le cas d'un plafonnier, le problème est le même et il existe aussi des boîtes spécifiques à ne pas confondre avec celles de couleur rouge prévues pour le coulage dans le béton.
Un autre problème peut se présenter : c'est la fixation de la boîte (comme support d'un lustre). Le constructeur à prévu la possibilité d'une fixation, à la structure, par le fond, par l'intermédiaire d'une tige filetée que l'on équipe d'une cheville métallique expansive ou d'un mécanisme de piton à bascule, dans le cas de hourdis, par exemple.

Les petits trucs

Les figures suivantes (29 et 30) proposent quelques conseils sur la façon de sceller un boîtier et une gaine.

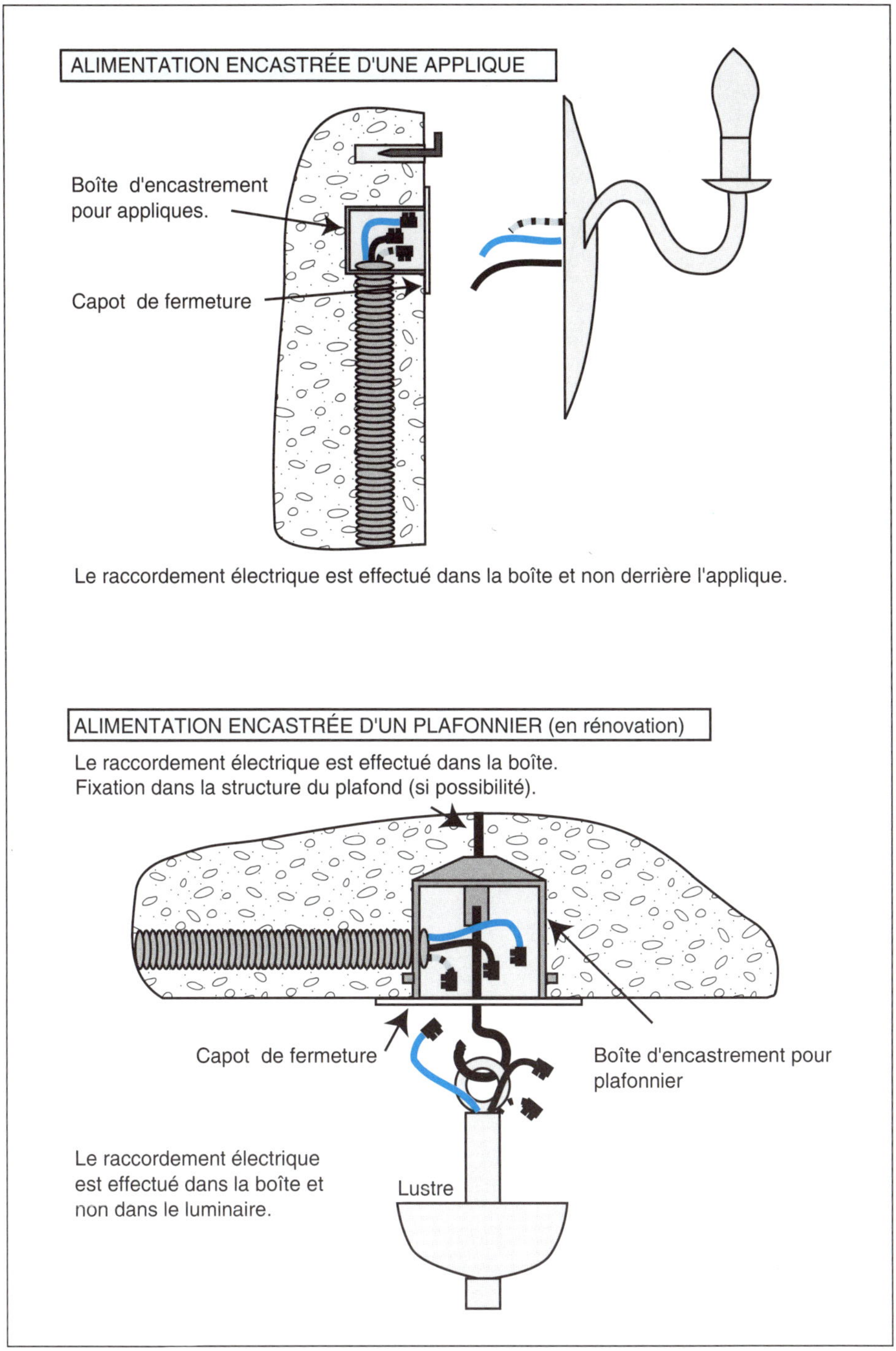

Figure 28 : L'alimentation de luminaires

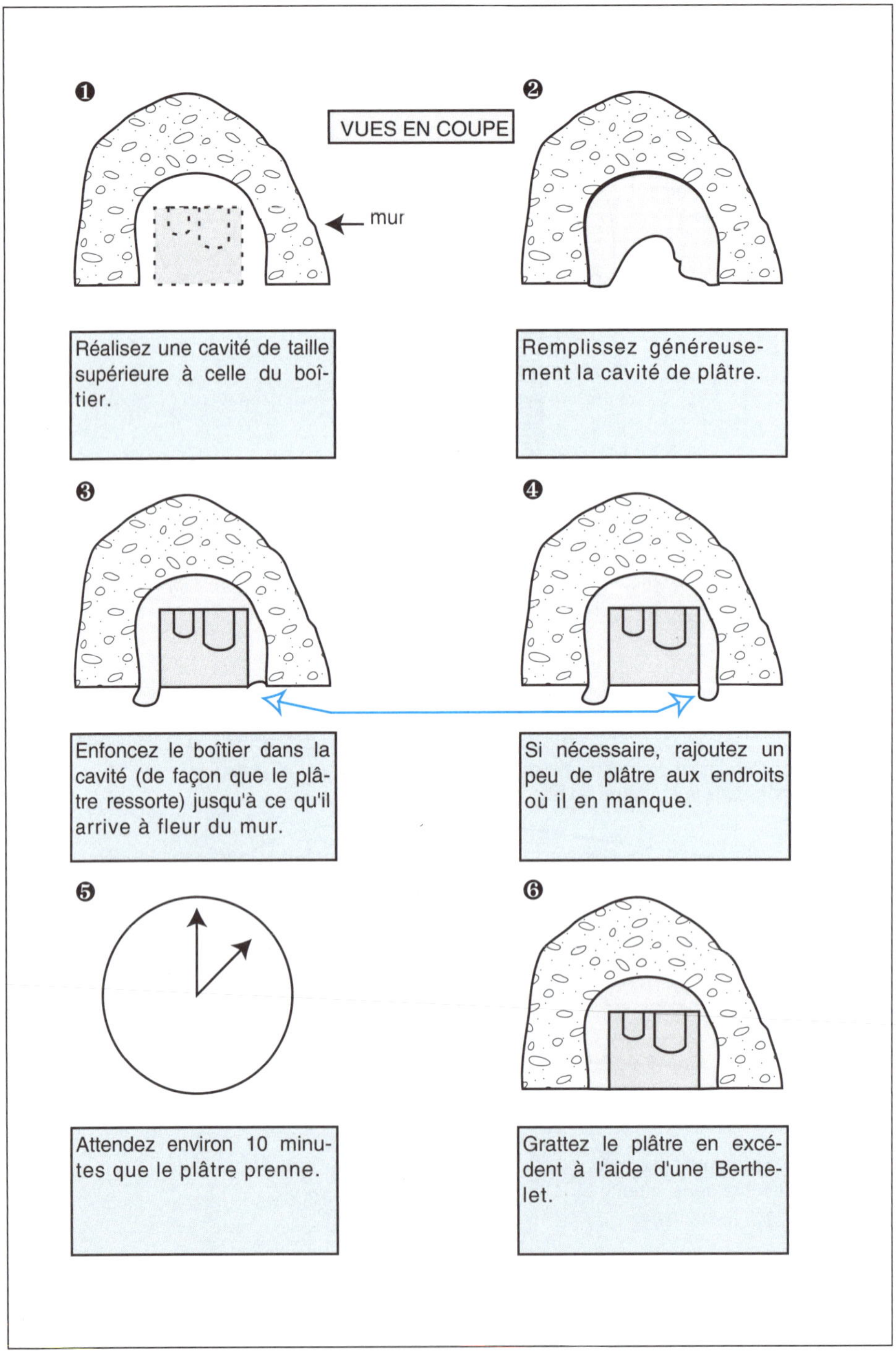

Figure 29 : Scellement d'un boîtier

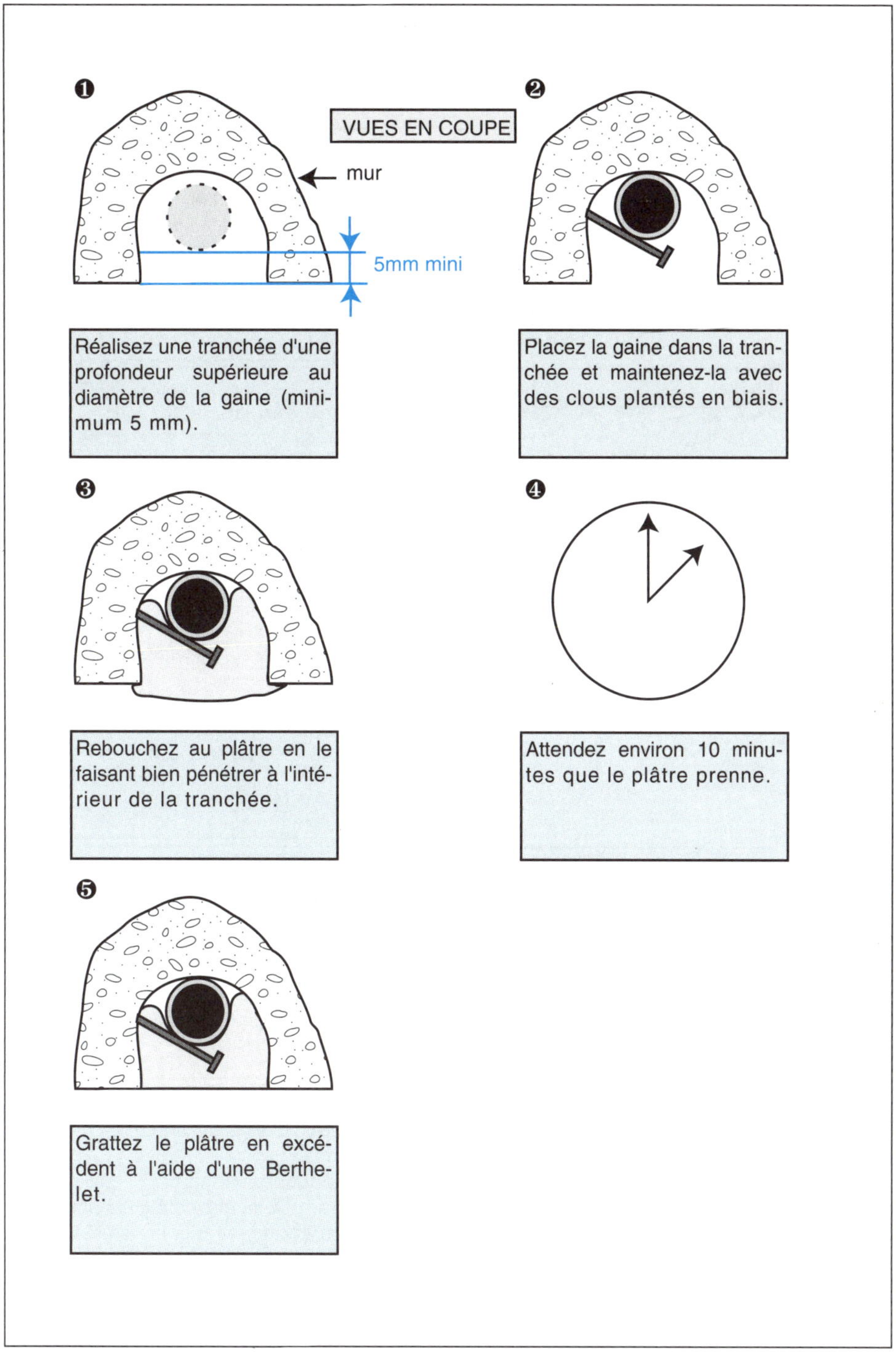

Figure 30 : Scellement d'une gaine

Les figures 31 et 32 proposent quelques conseils pour la réalisation en encastré d'une alimentation de plafonniers dans des cas particuliers.

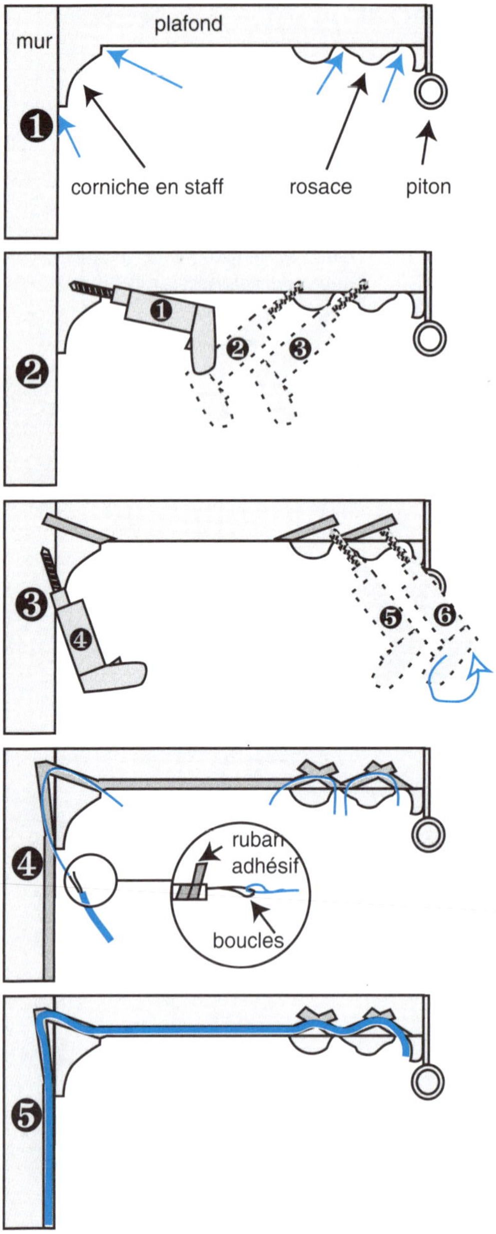

❶ Repérez les parties de la rosace sans motif en contact avec le plafond et les endroits où vous pourrez percer afin de contourner la corniche sans l'endommager (flèches bleues).

❷ À l'aide d'une perceuse électrique munie d'un foret assez long et d'un diamètre supérieur à la gaine que vous comptez poser, réalisez des percements comme sur l'illustration ci-contre.

❸ Percez ensuite de l'autre côté de façon que les percements se rejoignent.
Afin que le point de rencontre des deux percements ne soit pas trop étroit, vous pouvez donner un mouvement d'ellipse à la perceuse pour élargir le trou.

❹ Réalisez les tranchées dans les parties plates.
Placez des aiguilles dans les passages (un morceau de fil H 07VU fera l'affaire).
Accrochez la gaine et les conducteurs à l'aiguille, enrobez le tout de ruban adhésif.

❺ Tirez la gaine avec l'aiguille.
Passez-la ainsi dans tous les percements.
Rebouchez au plâtre.
Ainsi, ni la corniche ni la rosace ne sont endommagées.

Figure 31 : Alimentation d'un plafonnier dans un plafond mouluré

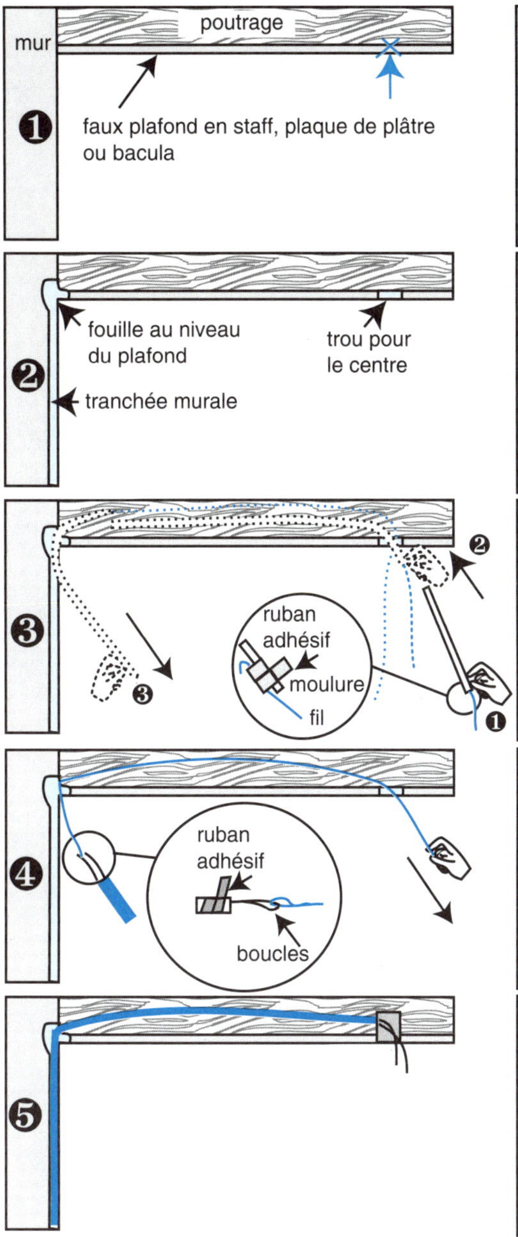

1. Repérez le centre de la pièce ou l'endroit que vous avez choisi pour créer une alimentation de plafonnier (flèche bleue).
Si vous tombez sous une poutre, décalez-vous légèrement.

2. Percez le trou central et repérez le sens du poutrage (vous devrez passer la gaine parallèlement aux poutres). Cela détermine l'endroit du mur par lequel vous devrez faire arriver l'alimentation. Réalisez une fouille à l'intersection entre le mur et le plafond.

3. Prenez un couvercle de moulure en plastique, fixez une aiguille (conducteur H 07V-U) (1), introduisez l'ensemble par le trou central (2) et récupérez-le au niveau de la fouille murale (3). Prévoyez une aiguille de longueur suffisante (supérieure au passage).

4. Attachez la gaine (avec les conducteurs à l'intérieur) à l'aiguille et tirez l'ensemble par le trou central.

5. Mettez en place la gaine dans la tranchée, placez la boîte de plafonnier et faites les raccords de plâtre nécessaires.

Figure 32 : Alimentation d'un plafonnier dans un plafond creux

La pose mixte

La pose mixte reprend les mêmes règles de pose que les deux types d'installation dont elle est issue : pose sous moulure et pose par encastrement.

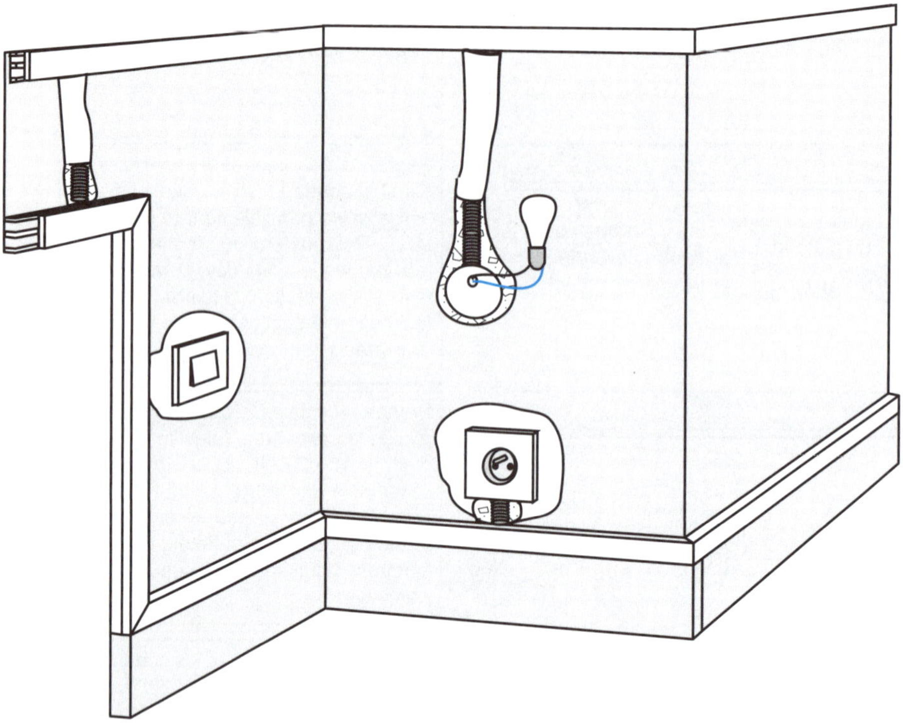

MATÉRIEL			
	Conducteurs H 07V-U (R, K) ou câbles.		Appareillage encastrable à vis ou à griffes.
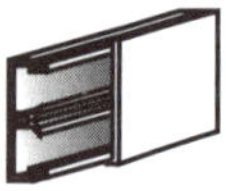	Moulure plastique		
	Gaines ICT (gris) ou ICO	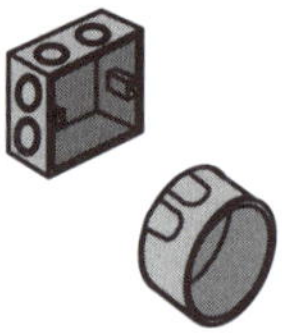	Boîtes d'encastrement : - carrées (à vis) ; - rondes (à griffes).

Figure 33 : Installation mixte

❶

Tracez sur le mur l'emplacement des boîtiers et des tranchées de jonction avec la moulure. Réalisez les encastrements.

❷

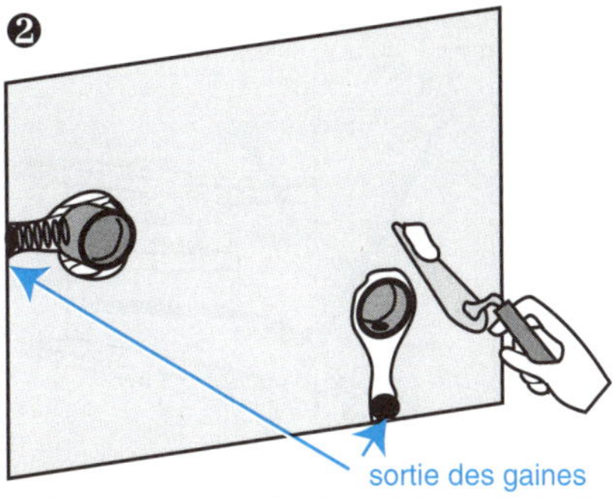

Placez les boîtiers et des morceaux de gaine pour protéger la partie encastrée et scellez le tout au plâtre sans obturer la sortie des gaines.

❸

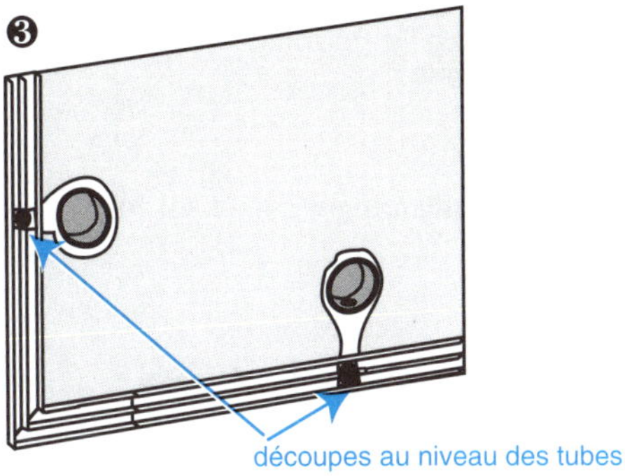

Posez la moulure en réalisant des découpes dans les socles au niveau des arrivées des tubes précédemment encastrés.

❹

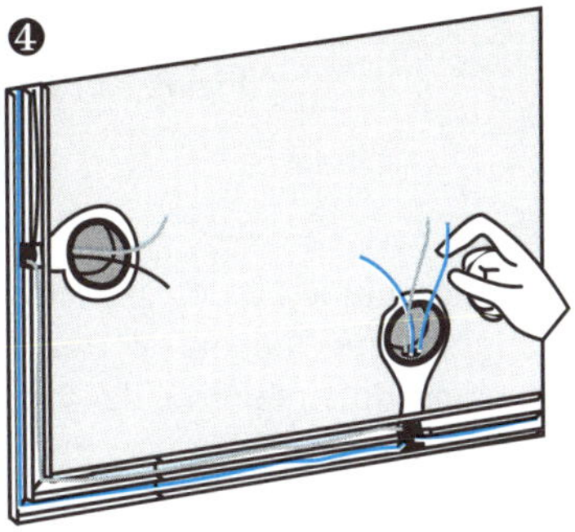

Passez les fileries dans les moulures et les boîtiers.

❺

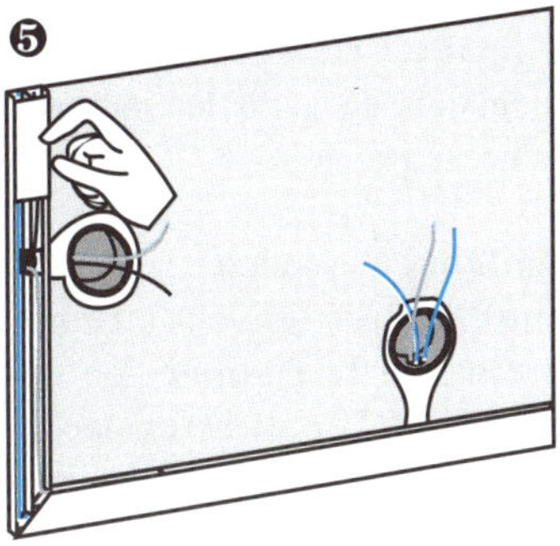

Procédez à la pose des couvercles des moulures.

❻

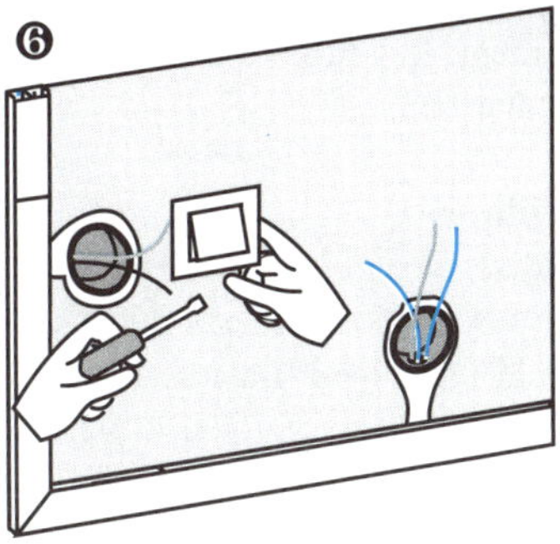

Procédez au raccordement et à la pose de l'appareillage.

Figure 34 : Réalisation d'une installation mixte

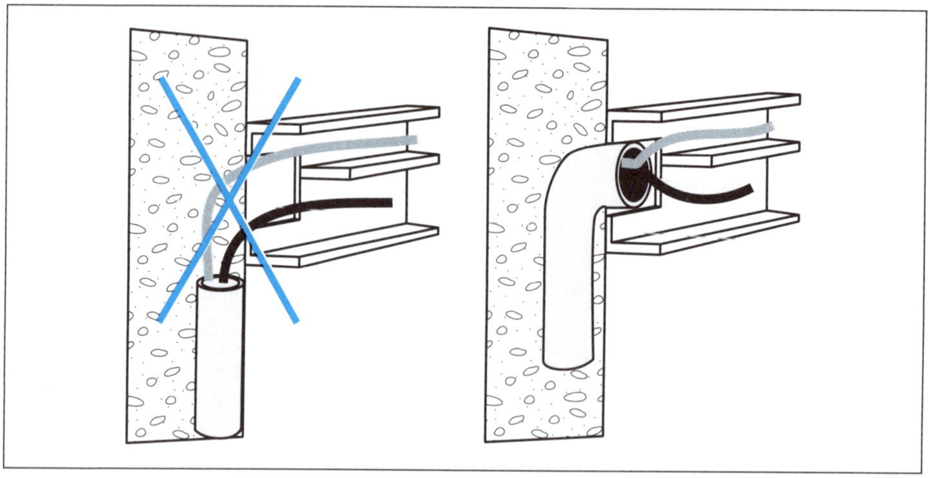

Figure 35 : Protection mécanique

Règle spécifique :
La protection mécanique ne doit pas être négligée et, lors d'une liaison encastré/moulure, la gaine doit pénétrer dans la moulure (figure 35).

La pose dans le sol (figures 36 et 37)

La pose dans le sol fait partie de la pose par encastrement. Les tubes à utiliser sont répertoriés page 103.

Règles spécifiques :

- si l'on utilise des gaines ICD ou ICT oranges, elles ne doivent pas dépasser de plus de 11 cm du sol fini ;
- si l'on utilise d'autres gaines, la partie en remontée doit être au minimum de 11 cm afin d'éviter tout risque d'introduction d'eau ;
- dans le cas d'un chauffage par le sol, les gaines doivent être placées le plus loin possible des éléments chauffant. Si la chape repose directement sur le sol, il est possible de passer les gaines directement sur le sol brut, sous l'isolant.

La pose derrière doublage (figures 38 et 39)

Les panneaux d'isolation sont de plus en plus utilisés en rénovation et il est très judicieux de distribuer une partie de l'installation électrique avant leur pose.
Le résultat final est celui d'une installation encastrée sans en avoir les inconvénients (tranchées, gravats).

Règles spécifiques à respecter :

- les conduits utilisés doivent être non propagateurs de la flamme, ce qui exclut les gaines ICT et ICD (orange) ;
- pour l'appareillage, on utilise des boîtiers spécifiques aux cloisons creuses ;
- si le vide d'air entre le mur et l'isolant est assez important, on posera les gaines sans problème. Dans le cas contraire, plusieurs solutions peuvent être retenues :

(suite à la page 119)

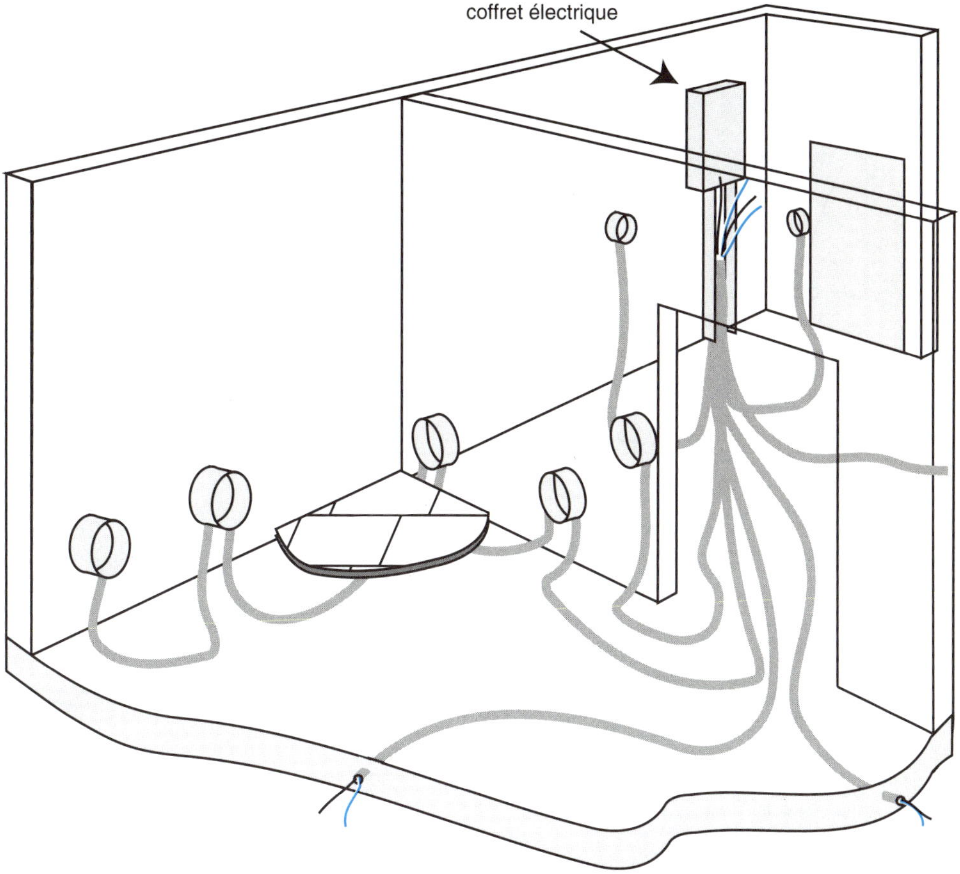

MATÉRIEL			
	Fils H 07 V-U (R, K)	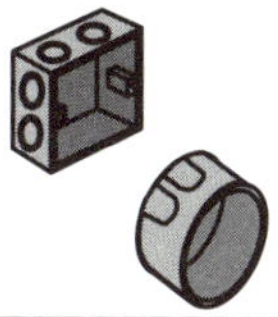	Boîtes d'encastrement.
	Gaine ICT grise. Gaines ICT orange, ICD orange et grises sous condition qu'elles ne sortent pas de plus de 11 cm du sol.		Appareillage encastrable.

Figure 36 : Installation dans le sol

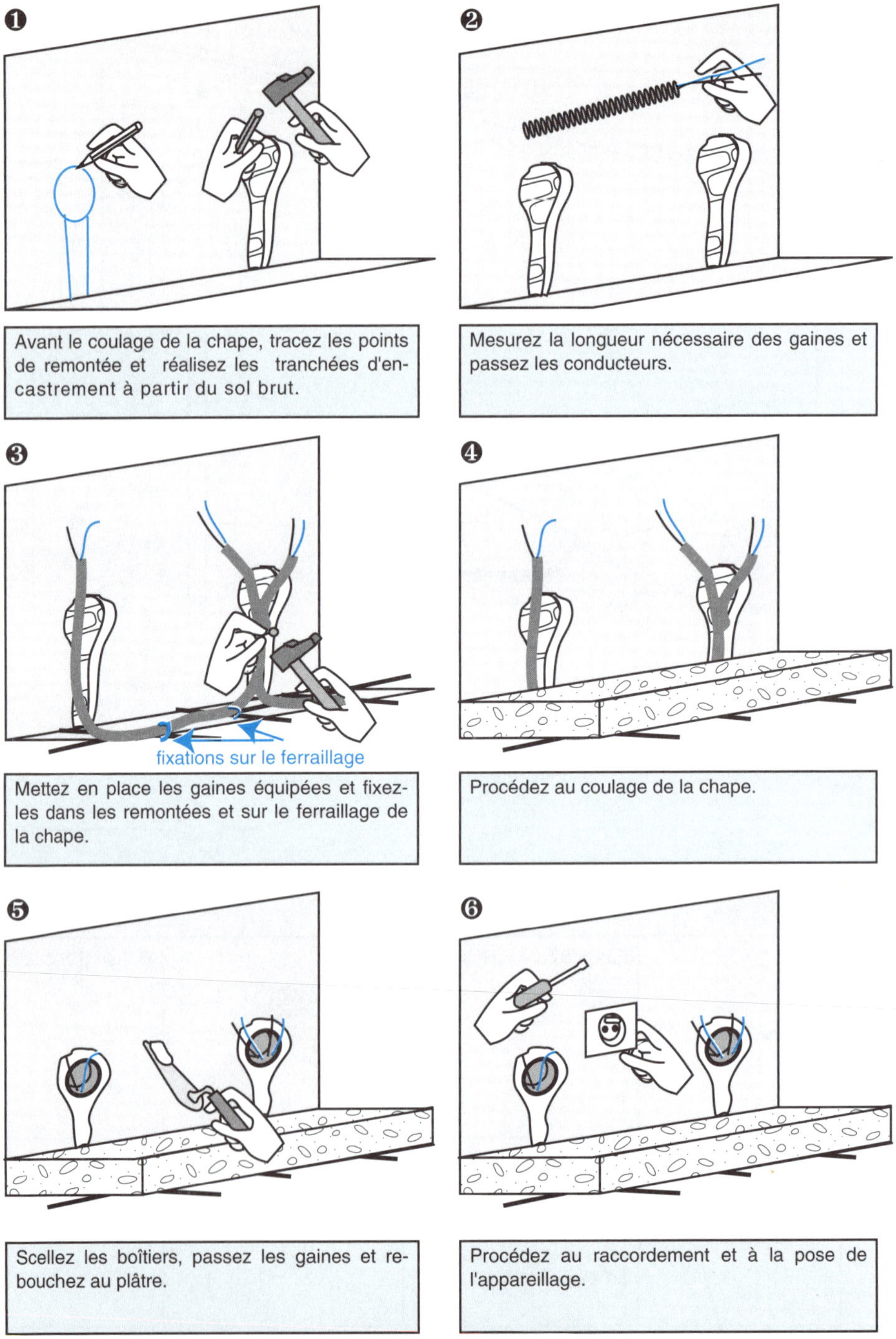

Figure 37 : Réalisation d'une installation dans le sol

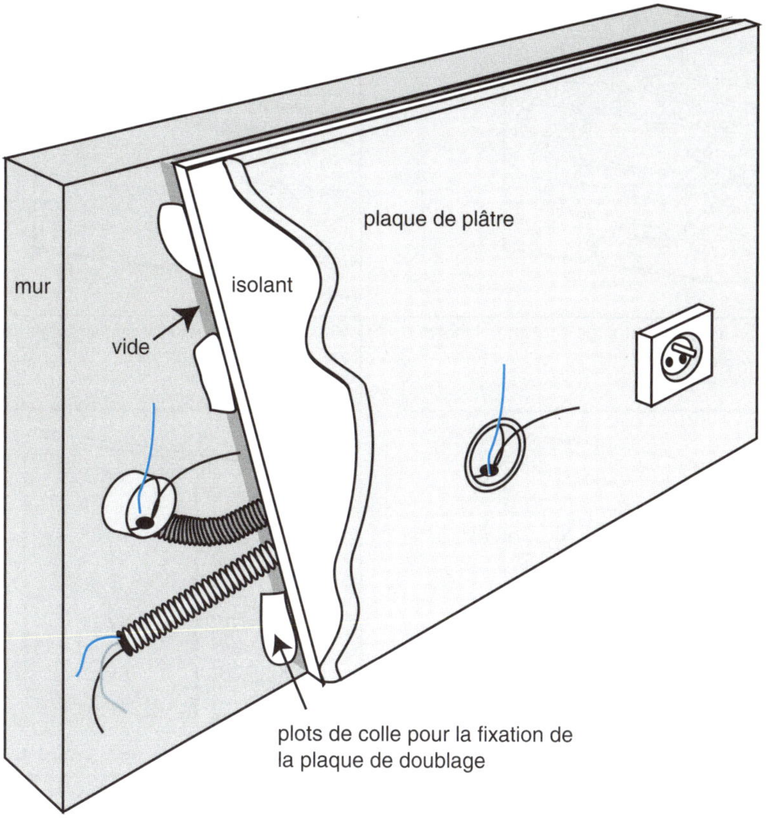

MATÉRIEL			
	Conducteurs H 07V-U (R, K) ou câbles.	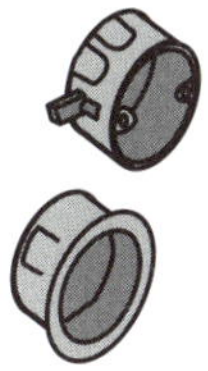	Boîtiers spéciaux pour cloisons creuses.
	Gaine ICT.		Appareillage à encastrer.

Figure 38 : Installation derrière un doublage

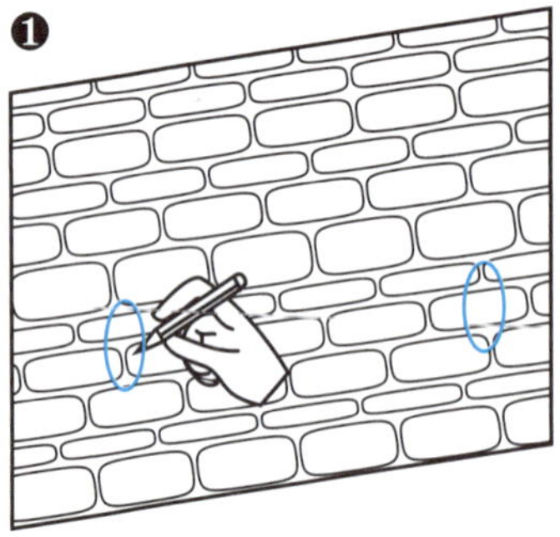

Tracez les endroits où vous souhaitez installer l'appareillage.

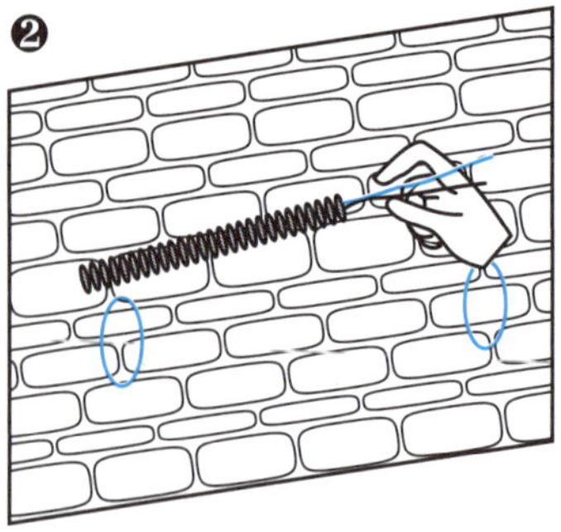

Mesurez la longueur nécessaire des gaines et passez les conducteurs.

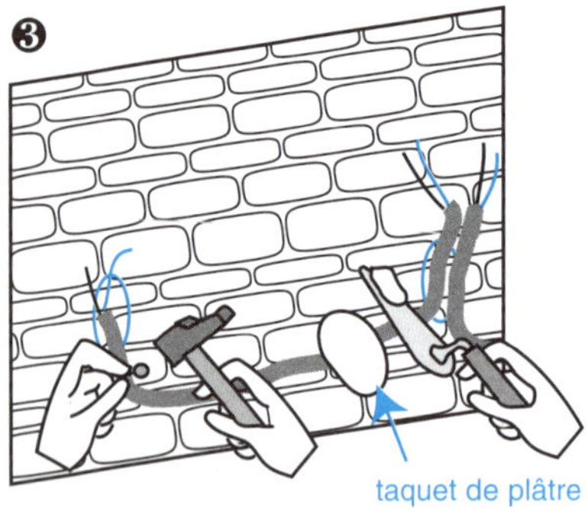

Mettez en place les gaines équipées et fixez-les à l'aide de clous en biais, d'attaches en plastique ou de taquets de plâtre.

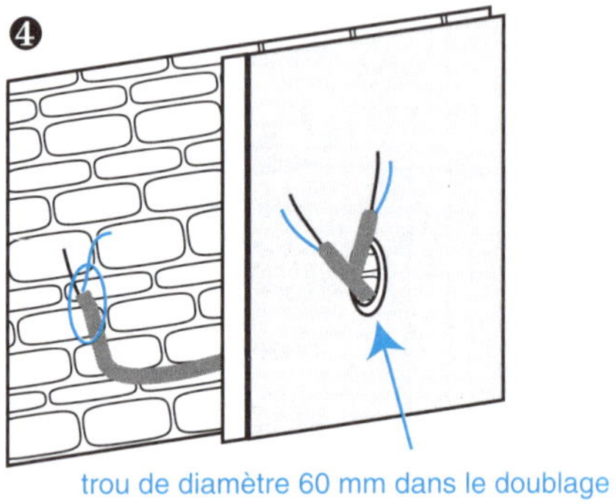

Procédez à la pose du doublage en ayant réalisé auparavant des trous à la scie-cloche de 60 mm de diamètre au niveau des sorties.

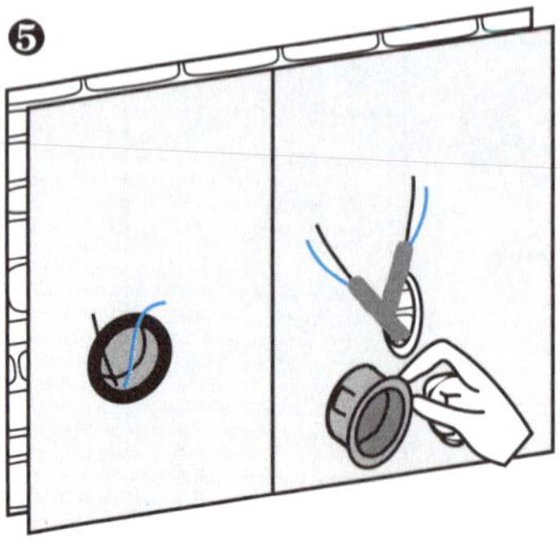

Procédez à la pose des boîtiers dans la paroi de doublage (boîtiers spéciaux pour cloisons sèches).

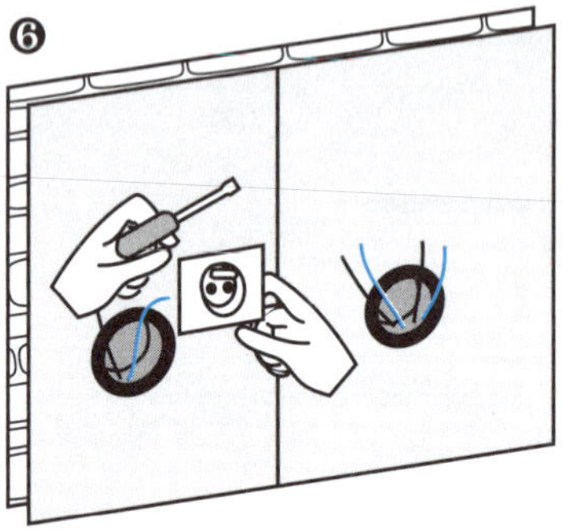

Procédez au raccordement et à la pose de l'appareillage.

Figure 39 : Réalisation d'une installation derrière un doublage

– dans le cas de panneaux isolés avec de la laine minérale, celle-ci est assez compresssible et les gaines ne gêneront pas la pose du panneau,
– dans le cas de panneaux isolés au polystyrène, il est nécessaire d'entamer l'isolant à l'endroit du passage des gaines. Si vous ne désirez pas toucher à l'isolant ou si celui-ci n'est pas très épais, encastrez légèrement les gaines dans le mur (sans rebouchage au plâtre, en les maintenant juste dans les saignées). Elles peuvent rester saillantes d'au moins un centimètre, épaisseur compensée par les plots de la colle de fixation ;

- dans le cas d'une traversée de ce type de panneau, il est nécessaire de reconstituer l'isolant et, éventuellement, le pare-vapeur au niveau du passage.

Il est possible également d'isoler les parois avec un système de rails fixés aux murs sur lesquels on fixe des plaques de plâtre (solution pour des parois inégales).

L'isolation est assurée par des bandes de laine minérale placées entre les rails, derrière les plaques de plâtre. Le passage des lignes électriques se fait alors entre le mur et la laine minérale.
Les rails possèdent des percements prévus pour le passage des lignes.

La pose dans les combles (figures 40 et 41)

Ce type de distribution répond aux mêmes règles que l'installation en saillie sous gaines. On utilise généralement des gaines souples, plus faciles à mettre en œuvre et, dans ce cas, le côté esthétique importe peu.

Il faut être sûr que les combles ne seront jamais aménageables, car dans ce cas l'installation devrait être entièrement reprise.

Il convient de veiller à ce que les combles soient toujours accessibles (pour une intervention éventuelle).

Attention : cette méthode ne convient pas à une installation dans un faux plafond. En effet, dans ce cas, les canalisations ne doivent pas reposer sur le faux plafond mais être fixées au mur ou au plafond, comme pour une installation en saillie. Les boîtes de connexion doivent elles aussi rester accessibles.

Pose dans les vides de construction

L'espace situé derrière les panneaux isolants n'est pas considéré comme un vide de construction. On qualifie sous ce terme les espaces qui existent dans la structure du bâtiment, d'une largeur supérieure à 20 mm (les alvéoles en carton des plaques de cloison composite sont considérés comme des vides de construction).

Dans ce cas, les conduits utilisés doivent :

- pouvoir pénétrer librement ;
- être non propagateur de la flamme (ICT et ICD orange interdits).

La pose enterrée (figures 42 à 44)

Cette méthode de pose est utilisée pour les éclairages de jardins, l'alimentation d'une dépendance depuis l'habitation principale et pour l'acheminement de l'arrivée EDF depuis la limite de la propriété.

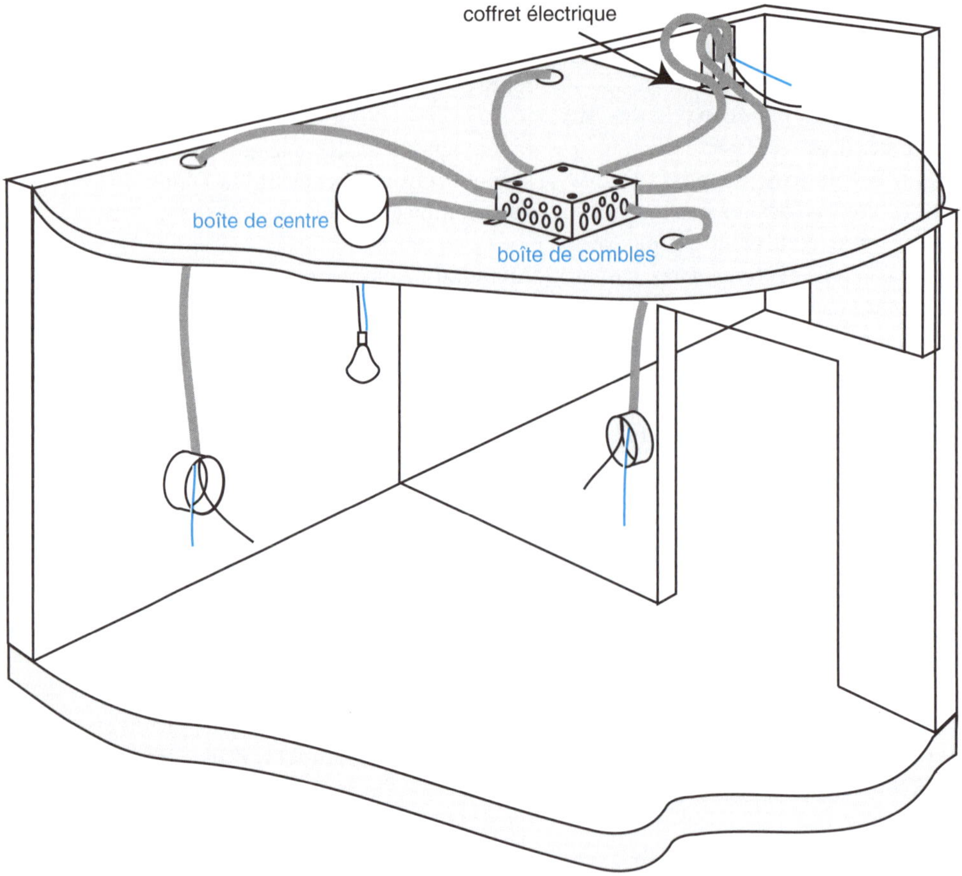

MATÉRIEL			
	Fils H 07 V-U (R, K)		Boîte de combles.
	Gaine ICT grise.		Appareillage selon une installation en saillie ou encastrée.

Figure 40 : Installation par les combles

❶

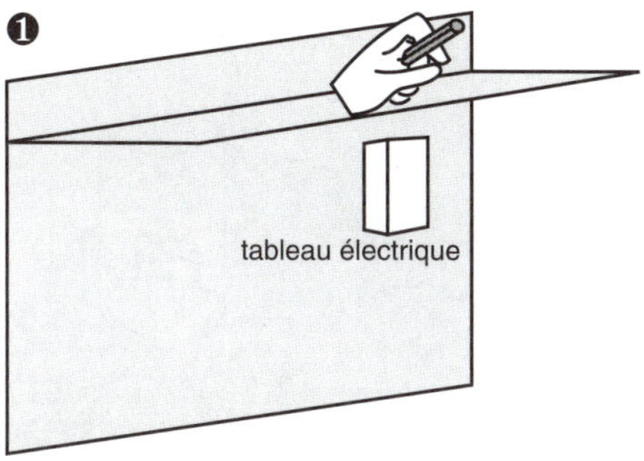

Réalisez un percement au-dessus du tableau électrique (assez important pour permettre le passage des gaines d'alimentation).

❷

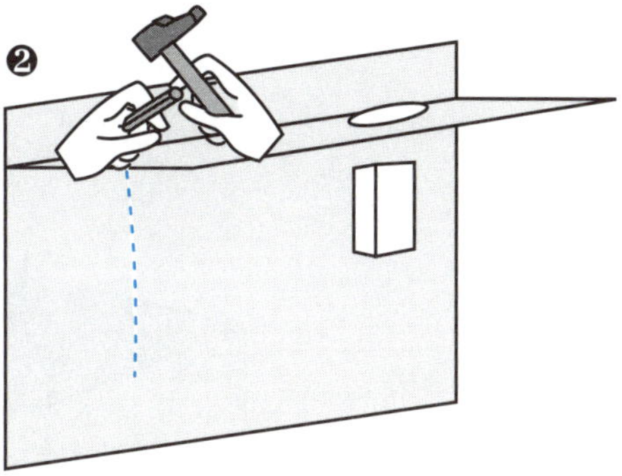

Réalisez d'autres percements au niveau des sorties nécessaires.

❸

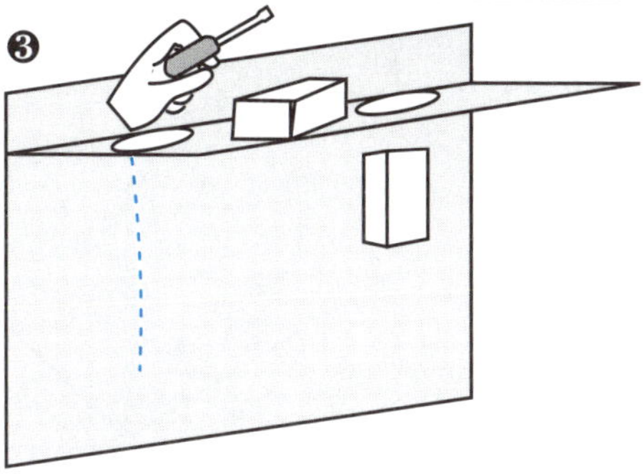

Mettez en place la ou les boîtes de combles aux endroits permettant la meilleure répartition des lignes.

❹

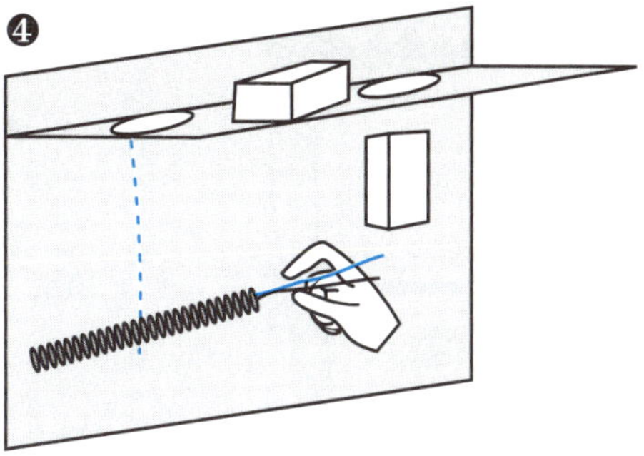

Prenez les longueurs de gaines nécessaires et passez les conducteurs.

❺

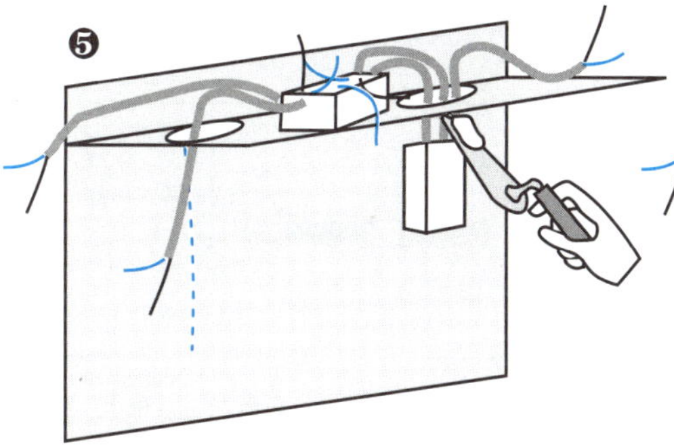

Mettez les gaines en place et rebouchez les passages au plâtre.

❻

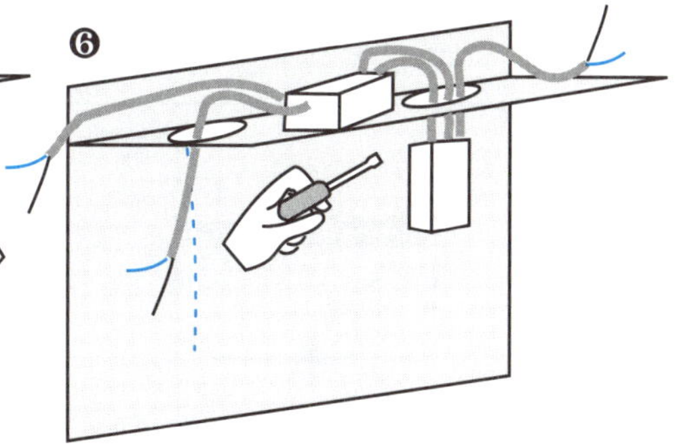

Procédez aux raccordements dans la boîte de combles et poursuivez l'installation.

Figure 41 : Réalisation d'une installation par les combles

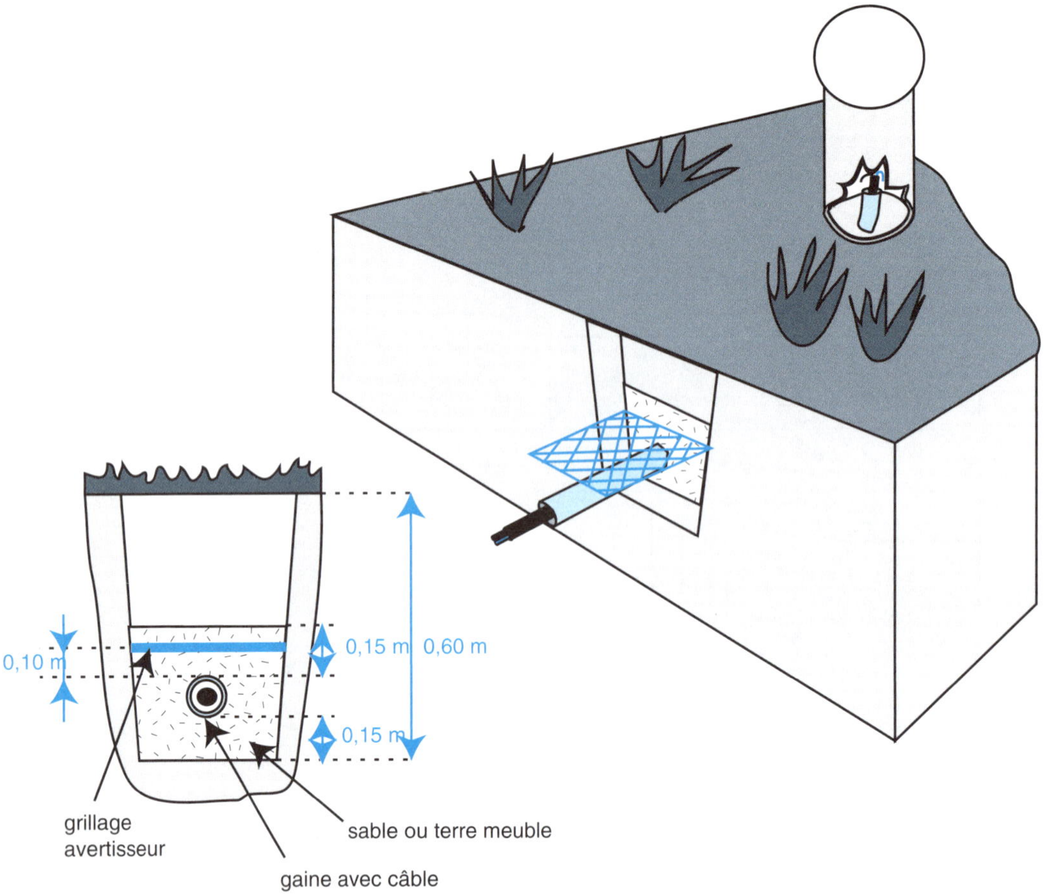

MATÉRIEL			
	Câble U1000 R2V ou FRN 05 VV- U.		Câbles U1000 RGPFV ou U1000 RVFV posés directement dans le sol.
	Gaine ICT ou ICD ou TPC.	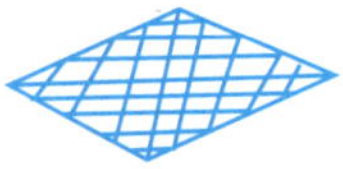	Grillage avertisseur en plastique (de couleur rouge pour les circuits électriques, verte pour le téléphone).

Figure 42 : Installation enterrée

❶

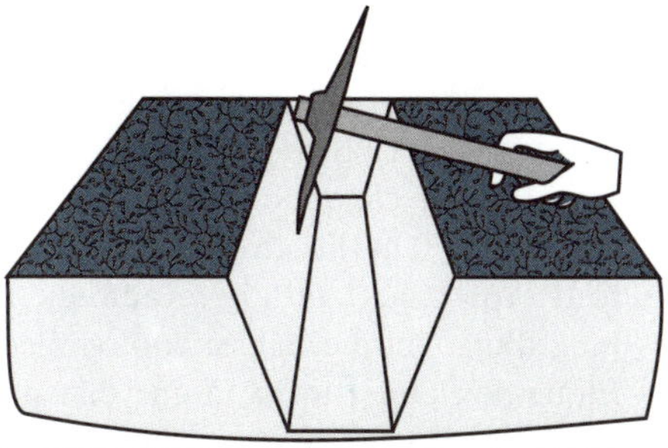

Creusez une tranchée aux dimensions requises à l'aide d'une pelle et d'une pioche.

❷

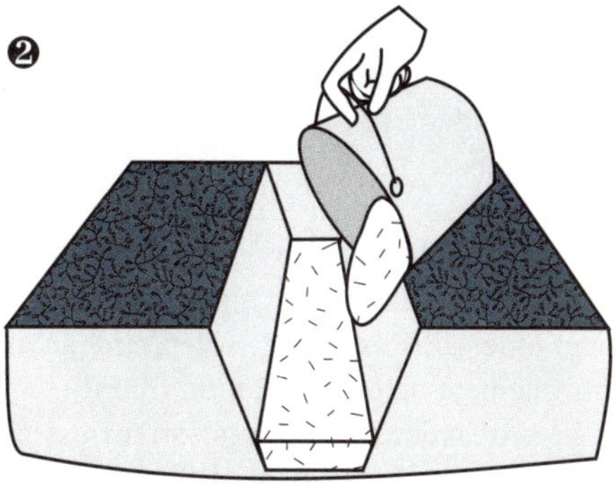

Disposez une couche de 15 cm de sable dans le fond de la fouille.

❸

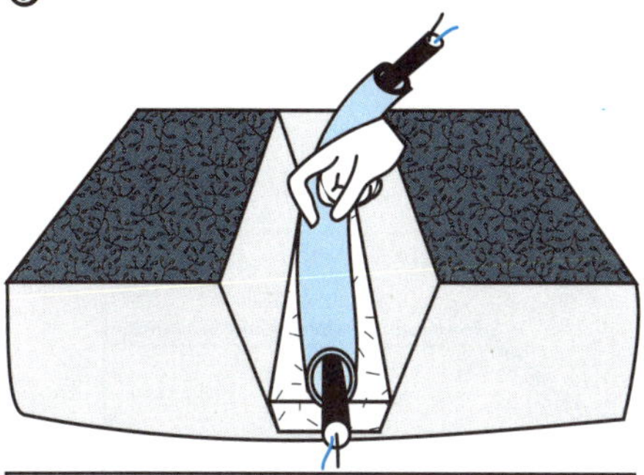

Placez la gaine équipée du câble sur le lit de sable.

❹

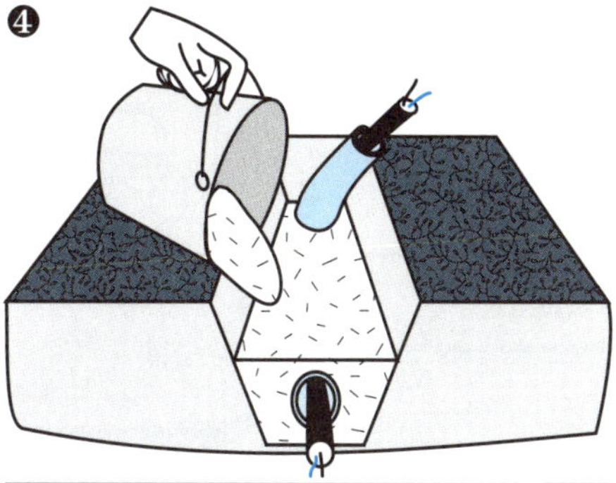

Disposez une nouvelle couche de sable de 10 cm.

❺

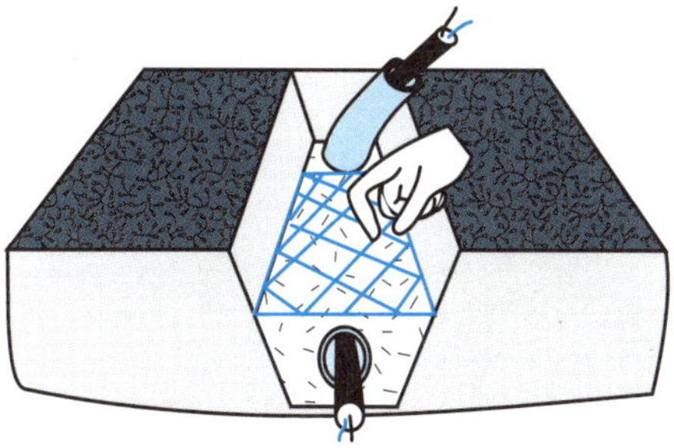

Placez le grillage avertisseur.

❻

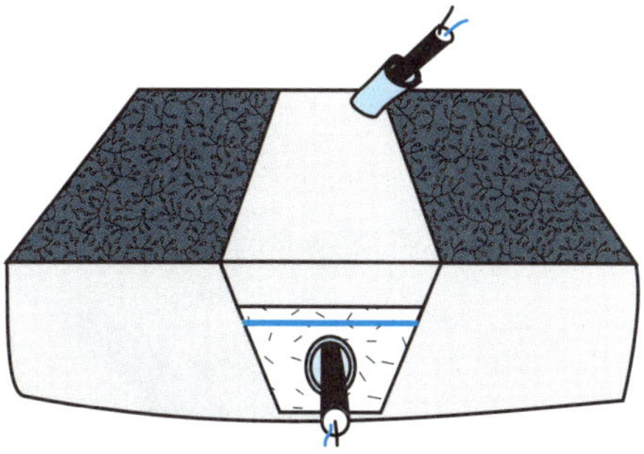

Terminez le rebouchage de la tranchée avec 5 cm de sable puis avec la terre précédemment retirée.

Figure 43 : Réalisation d'une installation enterrée

Règles à respecter pour la pose enterrée :

- les conducteurs isolés sous gaine sont interdits ;
- on utilise généralement des câbles U 1000R2V placés sous conduit ICT ou ICD. Les conduits TPC, généralement de grande taille, sont utilisés pour l'acheminement de l'alimentation EDF ;
- la profondeur d'enfouissement est au minimum de 0,60 m. Elle peut être légèrement inférieure dans le cas de sols rocheux ;
- lors du croisement avec une voie carrossable, la profondeur d'enfouissement doit être de 1,00 m avec descente et remontée de chaque côté sur une distance de 0,50 m (figure 44) ;
- tout croisement ou cheminement le long d'une autre canalisation non électrique doit être effectué à une distance minimale de 0,20 m (figure 44).

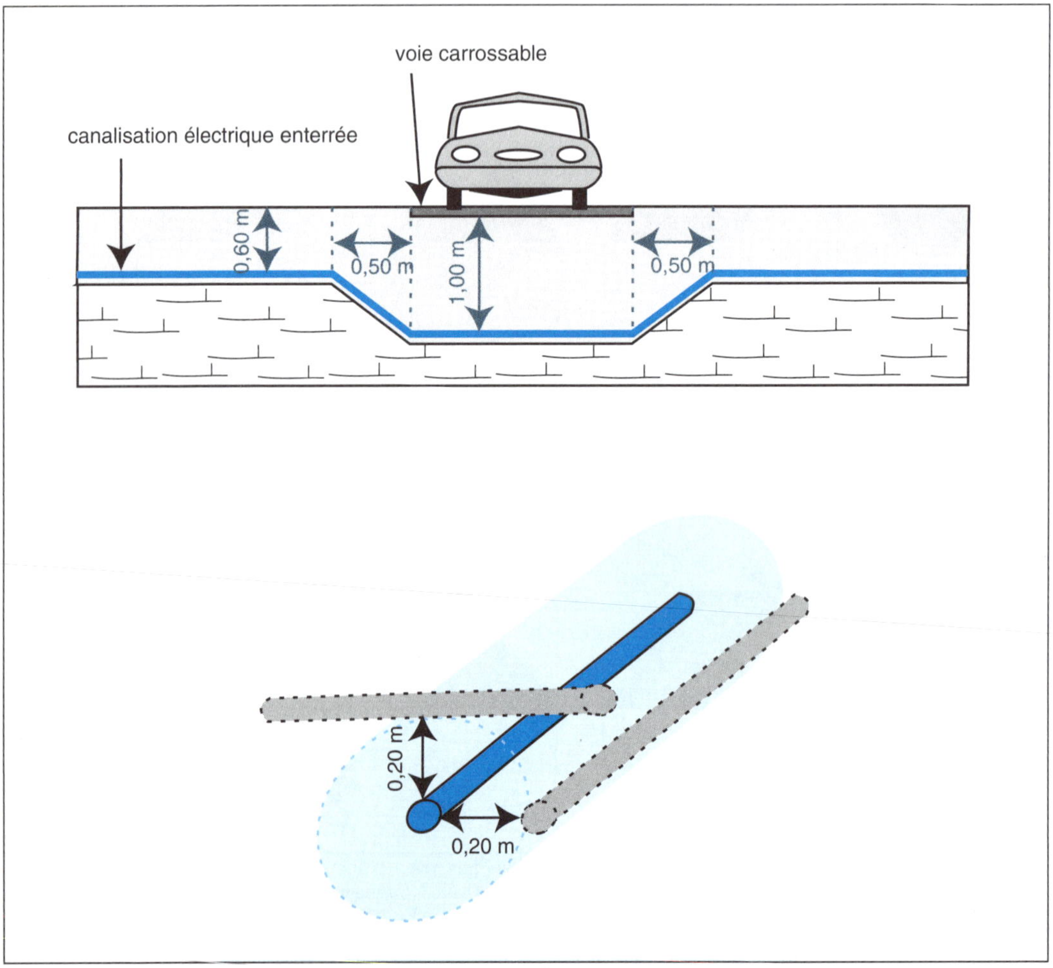

Figure 44 : Conditions d'enfouissement

Étude de notre exemple

Dans l'exemple du pavillon que nous avons étudié précédemment (voir page 49), nous pouvons maintenant choisir le type de distribution en fonction de nos goûts et des possibilités.
Le sous-sol (garage et buanderie) peut être réalisé sous tube IRO en saillie.
Il est possible d'installer une goulotte à partir du tableau de protection du garage jusque sous le placard de l'entrée, percer le sol et réaliser un ceinturage du couloir en moulure puis alimenter les pièces du rez-de-chaussée.
On peut également envisager d'alimenter le salon, la salle de bains et les W.-C. directement par le sous-sol.
Si la pose de doublages est prévue, on en profitera, bien évidemment.
Les combles n'étant pas aménageables dans notre exemple, il est possible d'y monter depuis le sous-sol par le placard et de distribuer les lignes électriques par les combles.
L'éclairage de jardin sera réalisé sous terre ainsi que le passage de la ligne EDF et l'alimentation de l'interphone et du portail automatisé.

Étude de la distribution

Il est nécessaire de bien choisir les types de distribution que vous allez adopter.
Il faut penser que toutes les lignes partent du tableau de protection et que leur nombre obligera, par exemple, à choisir une goulotte de taille importante.
Prévoyez les endroits où vous passerez les lignes (traversées de murs ou de planchers) afin que le travail soit le plus simple possible (il peut être très fastidieux de traverser un mur de soutien).
Le passage le plus court n'est pas forcément le plus simple. N'hésitez pas à passer des lignes plus longues si le travail s'en trouve facilité.
Il est possible de passer les lignes d'alimentation d'un point lumineux et celles de son interrupteur de commande par des passages tout à fait différents, puis d'exécuter les raccordements dans le tableau de protection.
Prévoyez tout cela avant de vous lancer, votre travail en sera grandement facilité.

LES MONTAGES

Cette partie est consacrée à la réalisation des montages les plus courants.
Les montages proposés ne sont pas expliqués par des schémas théoriques mais avec des dessins pratiques qui reflètent mieux les conditions réelles d'exécution.
Les règles à respecter et l'appareillage nécessaire pour les montages sont décrits dans le texte correspondant.
Étant donné la grande diversité des montages, certaines solutions de raccordement ne sont données qu'à titre indicatif (alarmes, par exemple).
Vous disposerez aussi de méthodes de calcul plus précises pour évaluer vos besoins en chauffage électrique.

La ligne EDF en pavillon

Le raccordement au réseau, en pavillon, est constitué de trois éléments (figure 45) :

- le coffret de comptage (contenant le compteur, les fusibles de protection, l'asservissement en cas de double tarif) ;
- la ligne de liaison entre ce coffret et votre habitation ;
- le disjoncteur situé dans votre habitation.

Le coffret de comptage

Il est généralement fourni par le distributeur mais vous pouvez être tenu de le poser vous-même.

Son alimentation depuis le réseau est assurée par le distributeur ainsi que la pose du compteur et des accessoires.

Son emplacement sera défini par le distributeur.

La ligne de liaison

Elle est constituée d'un câble de grosse section (2 × 10, 2 × 16, ou 2 × 25 mm^2 en monophasé), d'un câble d'asservissement en cas de double tarif, le tout passé dans un conduit TPC de couleur rouge.

La section exacte du câble dépend de la puissance souscrite et de la longueur nécessaire : elle vous sera précisée par le distributeur.

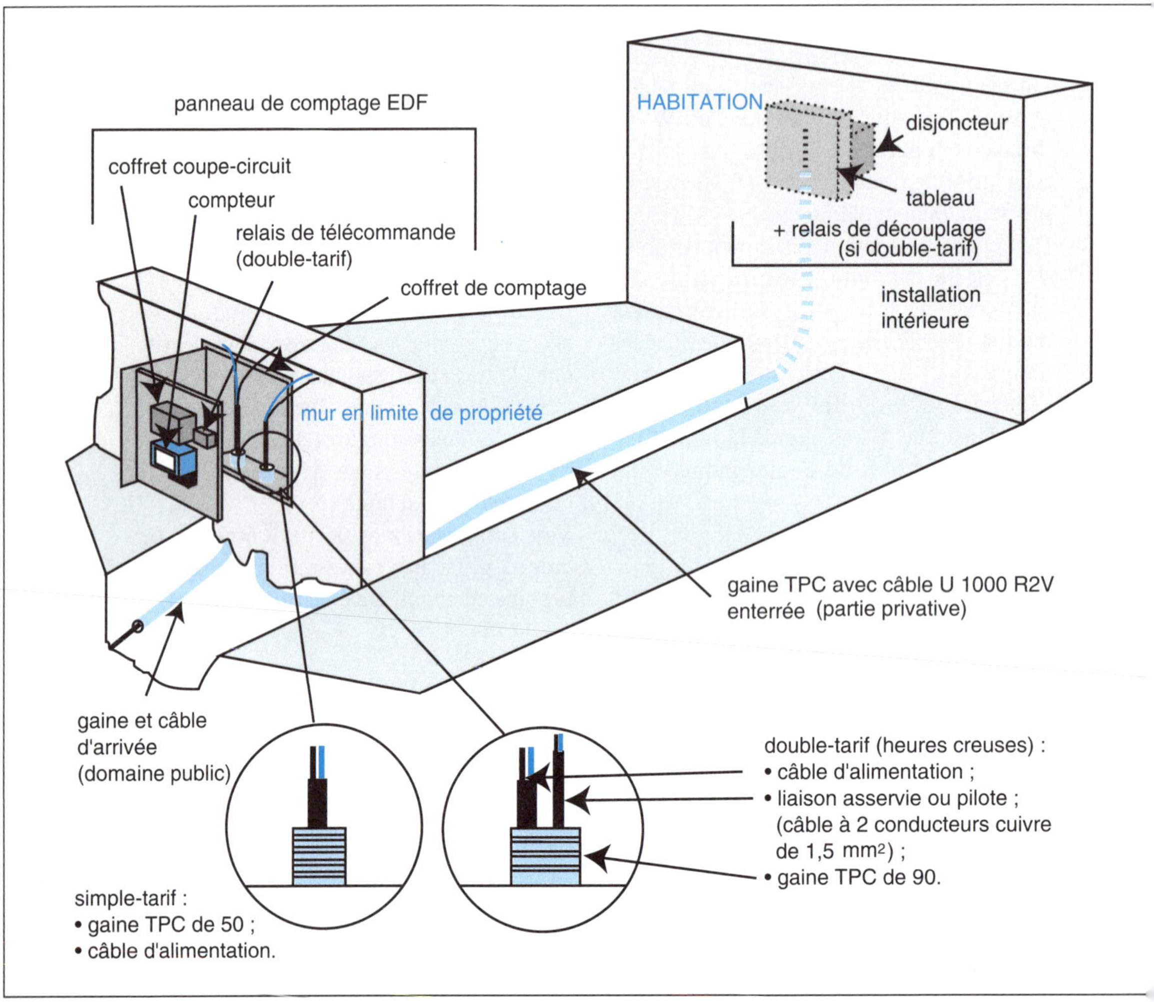

Figure 45 : La ligne EDF en pavillon

Généralement, l'installation de ces câbles vous incombe. Il y a lieu de réaliser cette installation selon la méthode enterrée vue précédemment. Attention : laissez suffisamment de câble de part et d'autre de la gaine de façon à faciliter le raccordement. Dans certains cas, le raccordement est aérien et réalisé par le distributeur.

Le disjoncteur

Situé à l'intérieur de votre habitation avec, éventuellement, un relais de découplage (dans le cas du double tarif) fourni ou non par le distributeur.

Son emplacement sera également décidé en accord avec le distributeur.

Le nouveau compteur électronique

Avec la mise en place du nouveau compteur électronique, les raccordements sont quelque peu modifiés (figure 46).

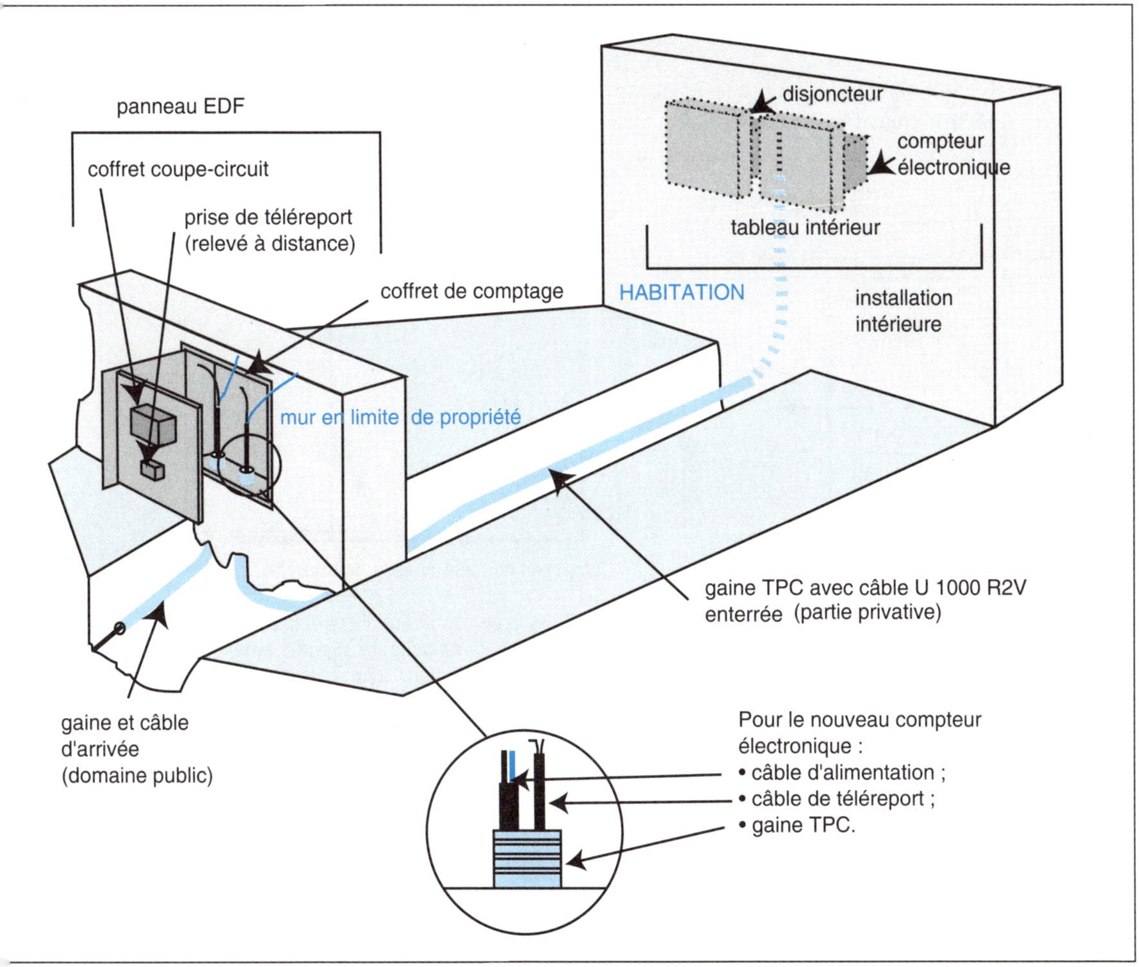

Figure 46 : Variante avec le nouveau compteur électronique

> Le nouveau compteur électronique s'installe dans l'habitation à côté du disjoncteur.

Le coffret de comptage

Il ne contient plus le compteur mais seulement les fusibles de protection de la ligne et une prise dite de téléport, ou téléreport, qui permet aux agents un relevé à distance.

La ligne de liaison

Elle comporte toujours le câble principal d'alimentation mais le câble d'asservissement est remplacé par le câble de téléreport. Ces câbles sont toujours posés sous conduit TPC.

Le tableau intérieur

Il comportera dans ce cas le compteur électronique et le disjoncteur.

Les abonnements spécifiques, double tarif, Tempo sont directement pris en compte par le compteur électronique.

Emplacement intérieur du disjoncteur

Attention : le disjoncteur doit être accessible à partir du local d'habitation.

Dans le cas où il est placé, par exemple, dans un garage n'ayant pas de communication directe avec l'habitation, il est nécessaire d'installer un dispositif de coupure d'urgence au niveau de la partie habitable (figure 47).

Les circuits de puissance

• Généralités

Dans cette section sont traités les modes de raccordement des circuits de puis-

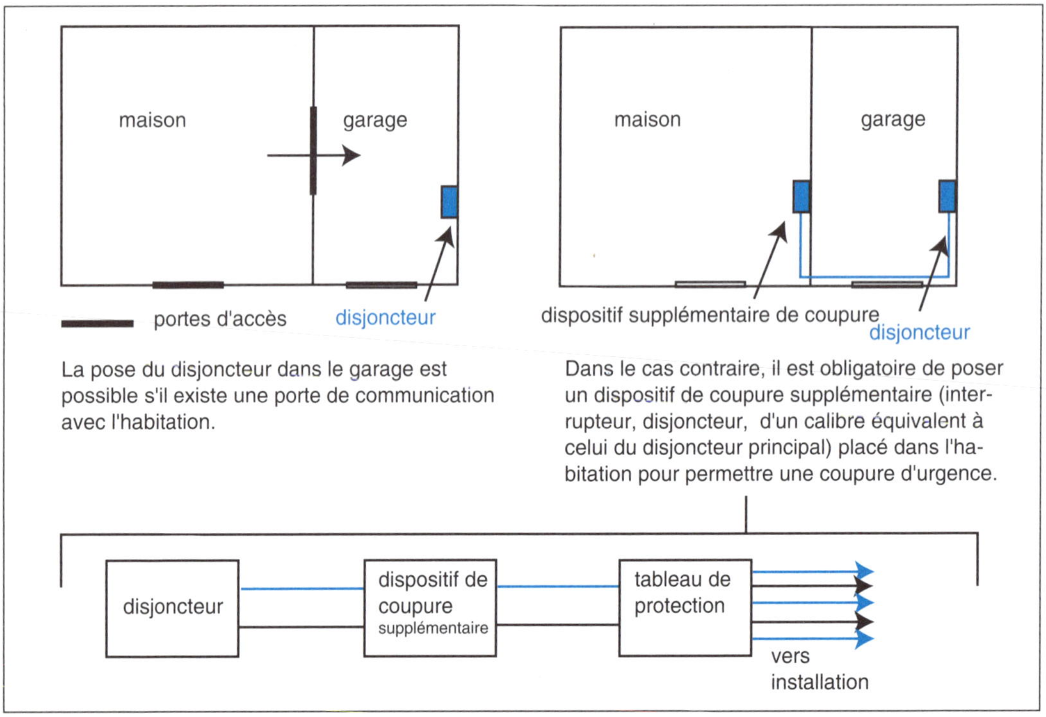

Figure 47 : Emplacements du disjoncteur

sance, c'est-à-dire les circuits qui consomment le plus d'énergie.

Certains schémas ne sont donnés qu'à titre indicatif. En effet, dans le domaine des régulations de chauffage, par exemple, la variété de modèles disponibles sur le marché ne permet pas d'établir un schéma type. Vous pouvez néanmoins vous en inspirer en fonction du modèle dont vous disposez.

• Les prises de courant

Seules les prises disposant d'un contact pour le conducteur de protection (terre) sont autorisées (figure 48).

Les prises normalisées sont équipées d'un système qui obstrue les alvéoles en cas de non-utilisation pour éviter toute introduction d'objets par un enfant.

Les prises de courant sans contact de terre sont interdites.

La hauteur d'installation des prises est également normalisée :

- les prises 10/16A + terre et 20A + terre seront installées de façon que la distance entre les alvéoles et le sol soit au minimum de 5 centimètres ;
- les prises 32A + terre seront installées à un minimum de 12 cm du sol.

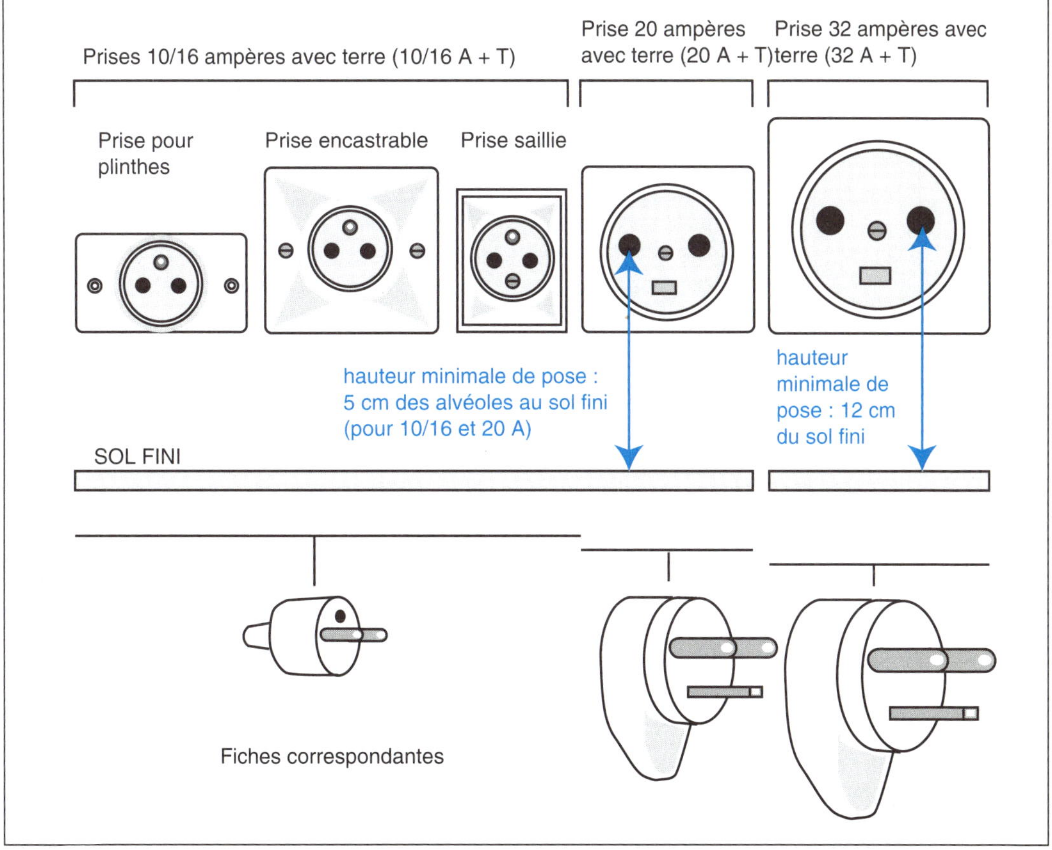

Figure 48 : Les prises de courant normalisées

Ces valeurs sont minimales et rien ne vous empêche de les installer plus haut. Dans une installation encastrée, installer les prises à 25 ou 30 cm du sol facilite leur utilisation.

La norme exige que tout circuit alimentant des prises de courant soit protégé à son origine par un dispositif différentiel à haute sensibilité (30 mA).

Attention : l'installation de prises de courant dans la salle de bains est réglementée (voir page 54 et suivantes).

Prises directes

Prises 10/16A + terre (figure 49)

Une ligne de prises de courant est proté-

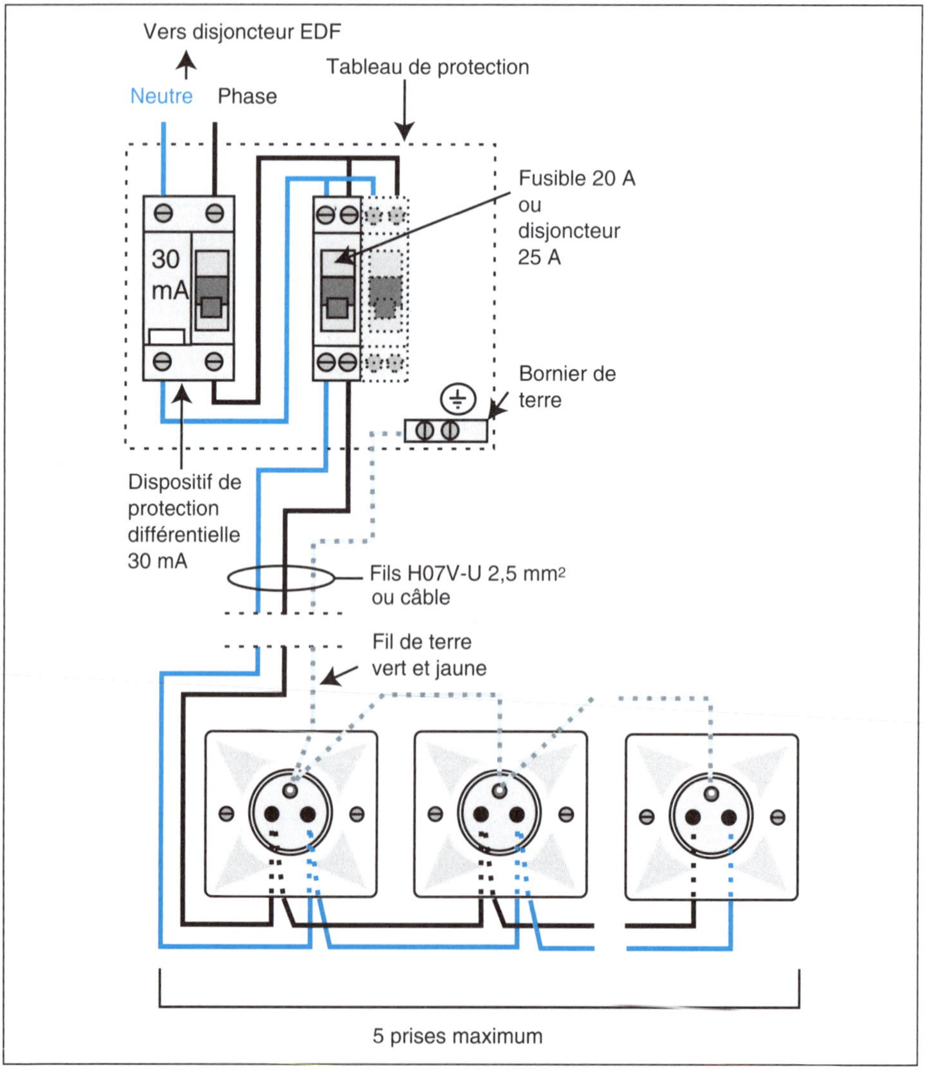

Figure 49 : Les prises directes

pose de prises dans la
e d'eau est
lementée, voir
ge 65.

gée des courts-circuits et des surintensités par un coupe-circuit à fusible de 20 A ou un disjoncteur divisionnaire de 25 A.

Chaque ligne de prises 10/16 A + terre alimentera au maximum :

- cinq prises suivant les recommandations PROMOTELEC ;
- huit prises suivant la norme NF C 15.100.

Il est judicieux de suivre les indications PROMOTELEC car, si vous devez rajouter une prise sur un circuit existant, vous pourrez le faire sans dépasser le maximum autorisé par la norme.

Remarque : les prises doubles (en un seul poste) sont considérées comme une seule prise.

On respectera le code des couleurs pour les conducteurs :

- bleu pour le neutre ;
- bicolore (vert et jaune) pour le conducteur de protection (terre) ;

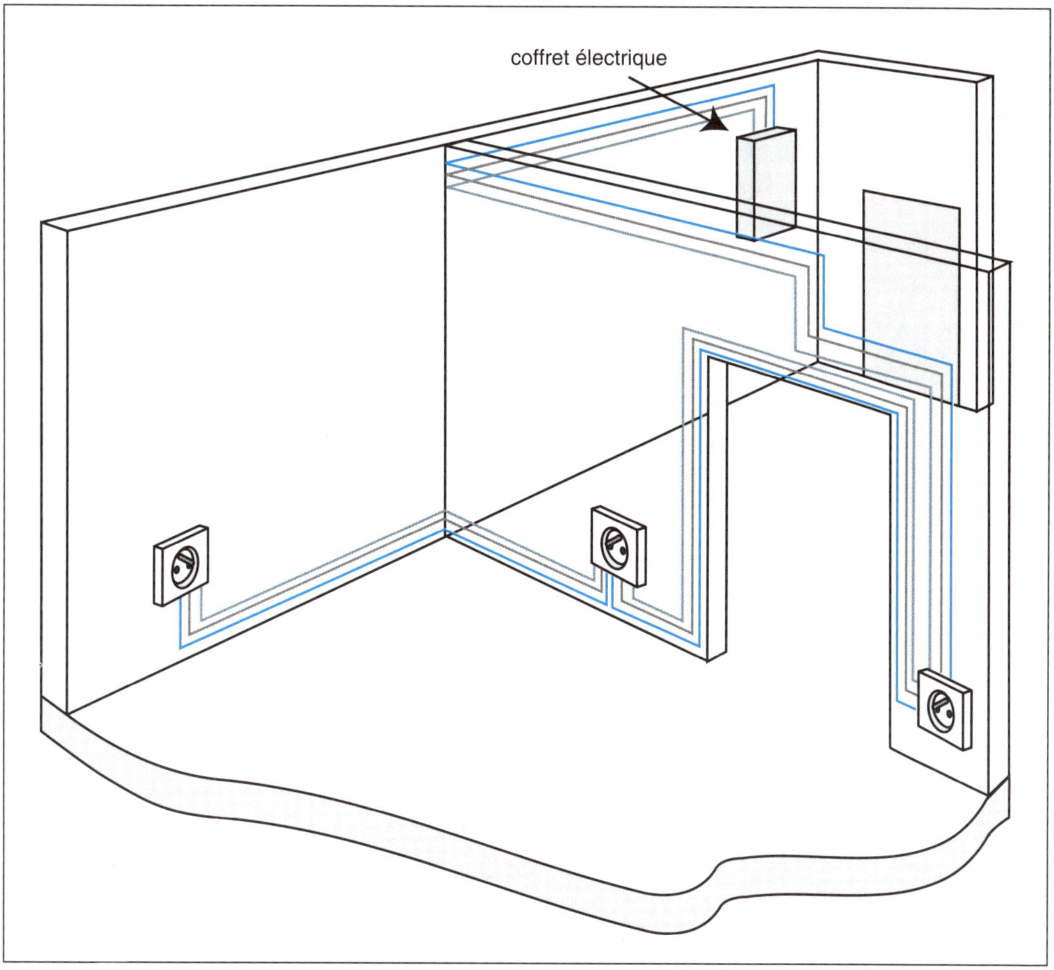

Figure 50 : Les prises (implantation)

- toutes couleurs pour la phase, sauf celles citées précédemment ainsi que le vert et le jaune. Généralement, on utilise le rouge, le noir ou le marron.

Les prises doivent être alimentées par des conducteurs de section 2,5 mm^2.

Les prises peuvent être reprises les unes sur les autres : c'est la technique du repiquage (figure 50).

Les prises 20 A et 32 A (figure 51)

On n'alimentera qu'une seule prise par ligne.

Prise 20A + terre :

- la protection est assurée (en plus du dispositif différentiel) par un coupe-circuit à fusible de 25 A ou un disjoncteur divisionnaire de 32 A ;
- les fileries ont une section de 4 mm^2.

Prise 32 A + terre :

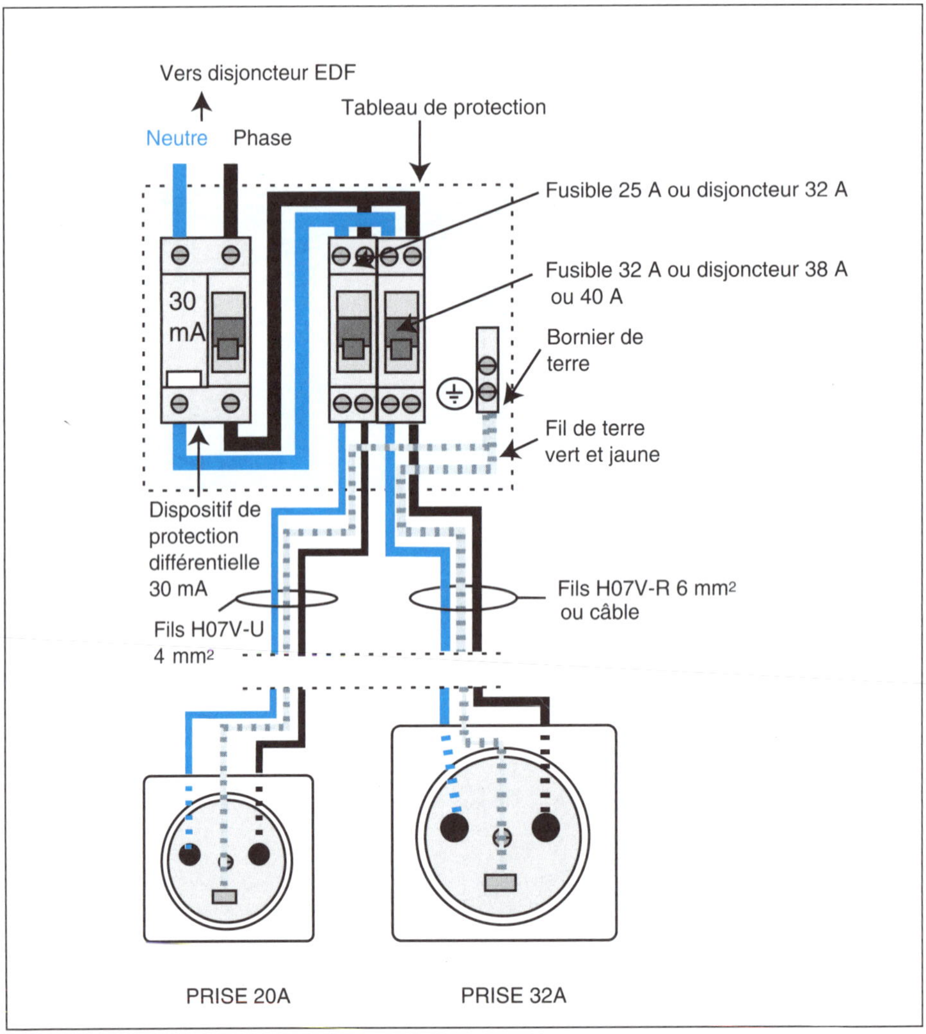

Figure 51 : Les prises 20 Aet 32 A

- la protection est assurée par un coupe-circuit à fusible de 32 A ou un disjoncteur divisionnaire de 38 A ou 40 A ;
- les fileries ont une section de 6 mm².

Prise 32 A triphasée
Bien que le triphasé ne soit plus très utilisé dans les installations domestiques, la figure 52 illustre la pose d'une telle prise.

La protection est assurée par un dispositif différentiel 30 mA tétrapolaire (4 pôles) et une protection contre les surintensités et les courts-circuits assurée par un coupe-circuit à fusibles tripolaire de 20 A ou un disjoncteur divisionnaire de 32 A tripolaire.
Les fileries d'alimentation ont une section de 4 mm².

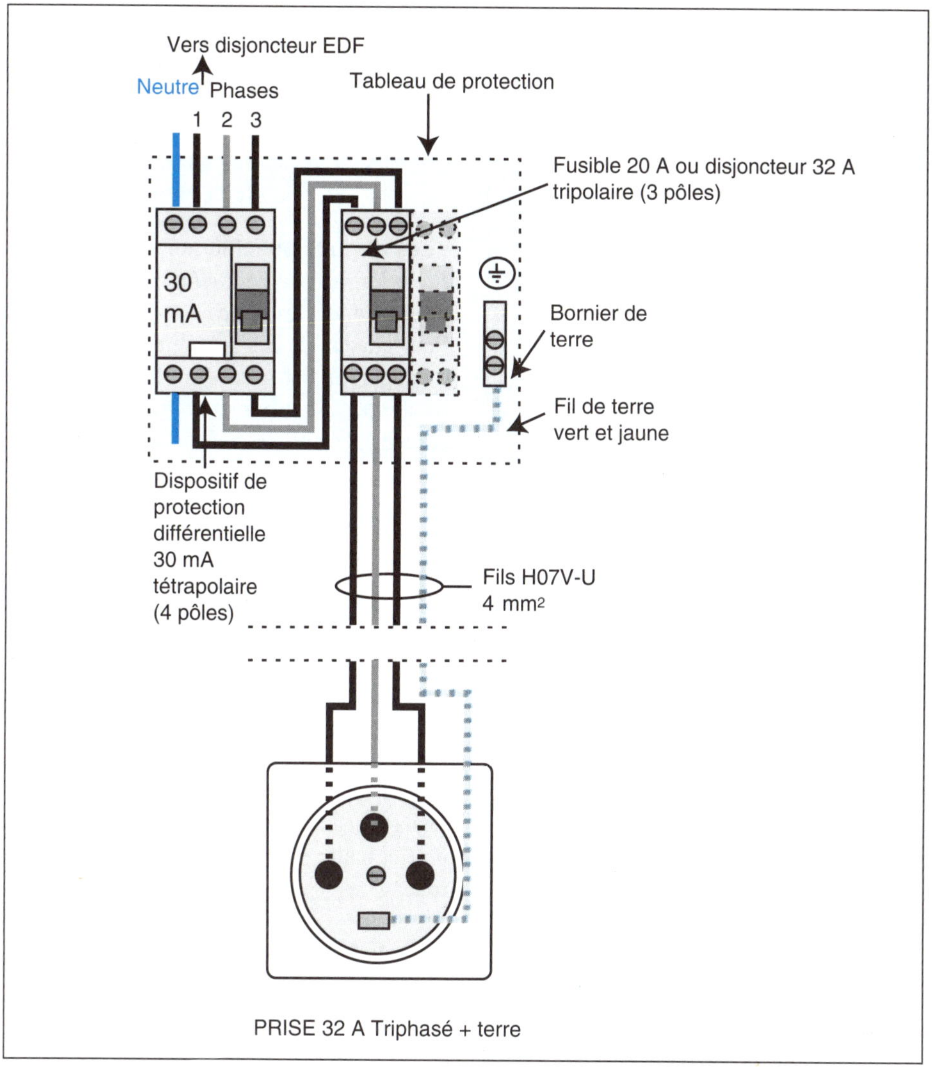

Figure 52 : Prise 32 A en triphasé

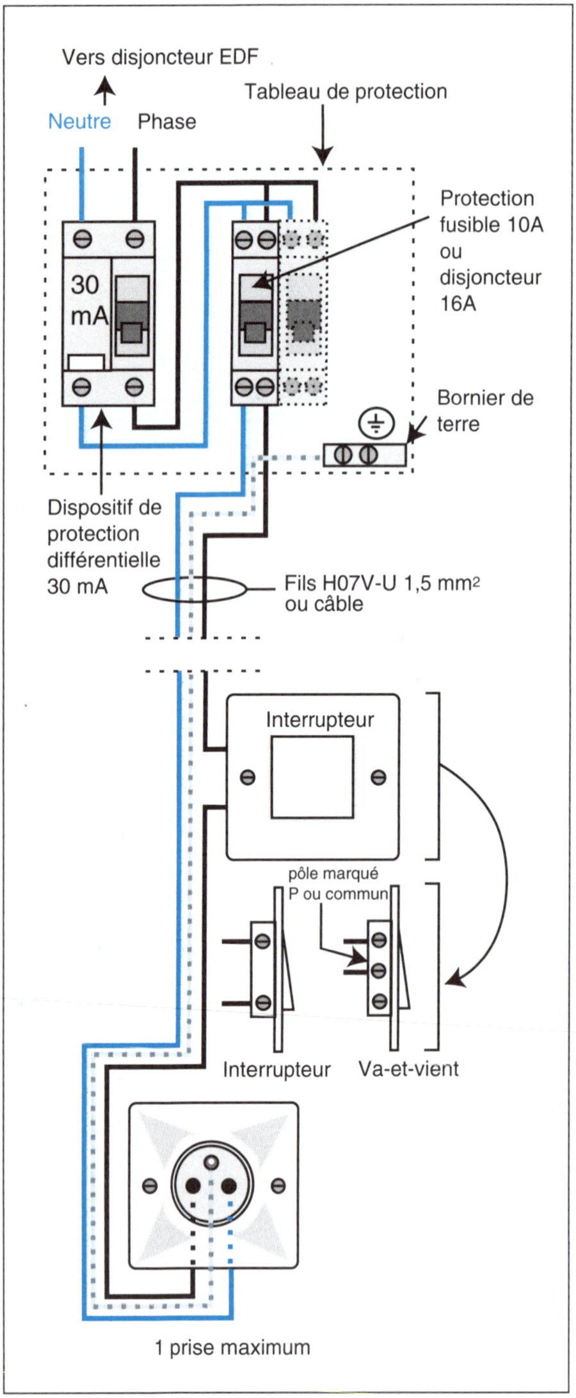

Figure 53 : Prise commandée

Prise commandée

On n'installera qu'une prise commandée par ligne.

Le principe consiste à commander le fil de phase par un interrupteur de façon à assurer la mise en fonction et l'arrêt de l'appareil raccordé sur la prise depuis l'entrée de la pièce, par exemple (figure 54).

En complément du dispositif différentiel, la protection sera assurée par un coupe-circuit à fusible de 10A ou un disjoncteur divisionnaire de 16 A (figure 53).

Les fileries ont une section de section 1,5 mm^2.

• Les circuits spécifiques

Lave-linge, lave-vaisselle, sèche-linge (figure 55)

Pour chacun de ces gros appareils électroménagers, il est nécessaire de prévoir une ligne spécifique (si toutefois leur emplacement définitif est déterminé).

Chacune de ces lignes indépendantes est alimentée en fils de 2,5 mm^2.

Elles alimentent des prises de type 10/16 A + terre réservées au raccordement de ces appareils.

La protection est assurée par un dispositif différentiel et un coupe-circuit à fusible de 20 A ou un disjoncteur divisionnaire de 25 A par ligne.

Une solution plus confortable consiste à prévoir un dispositif différentiel par ligne. Dans ce cas, utilisez un disjoncteur différentiel haute sensibilité de 25 A par appareil.

Congélateur (figure 56)

L'alimentation du congélateur est réalisée en fils de 2,5 mm^2, par l'intermédiaire d'une prise de courant de type 10/16 A + terre.

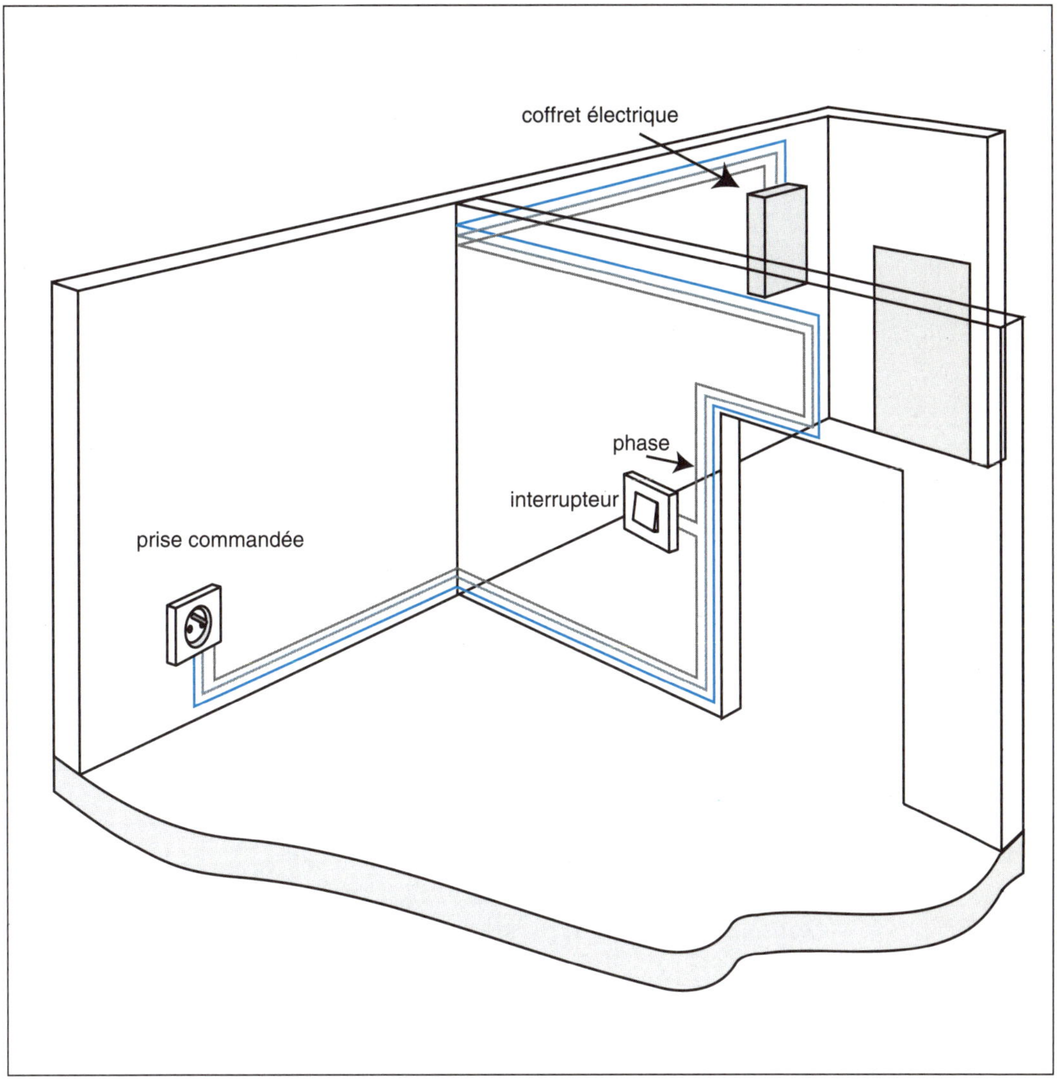

Figure 54 : La prise commandée (implantation)

La protection contre les surcharges et les courts-circuits est assurée par un coupe-circuit à fusible de 20 A ou un disjoncteur divisionnaire de 25 A.

Afin d'éviter la coupure de son alimentation par des problèmes annexes sur l'installation, on lui consacrera une protection différentielle spécifique.

Ainsi, la ligne du congélateur sera protégée indépendamment du reste de l'installation, ce qui évitera autant que possible les arrêts de fonctionnement.

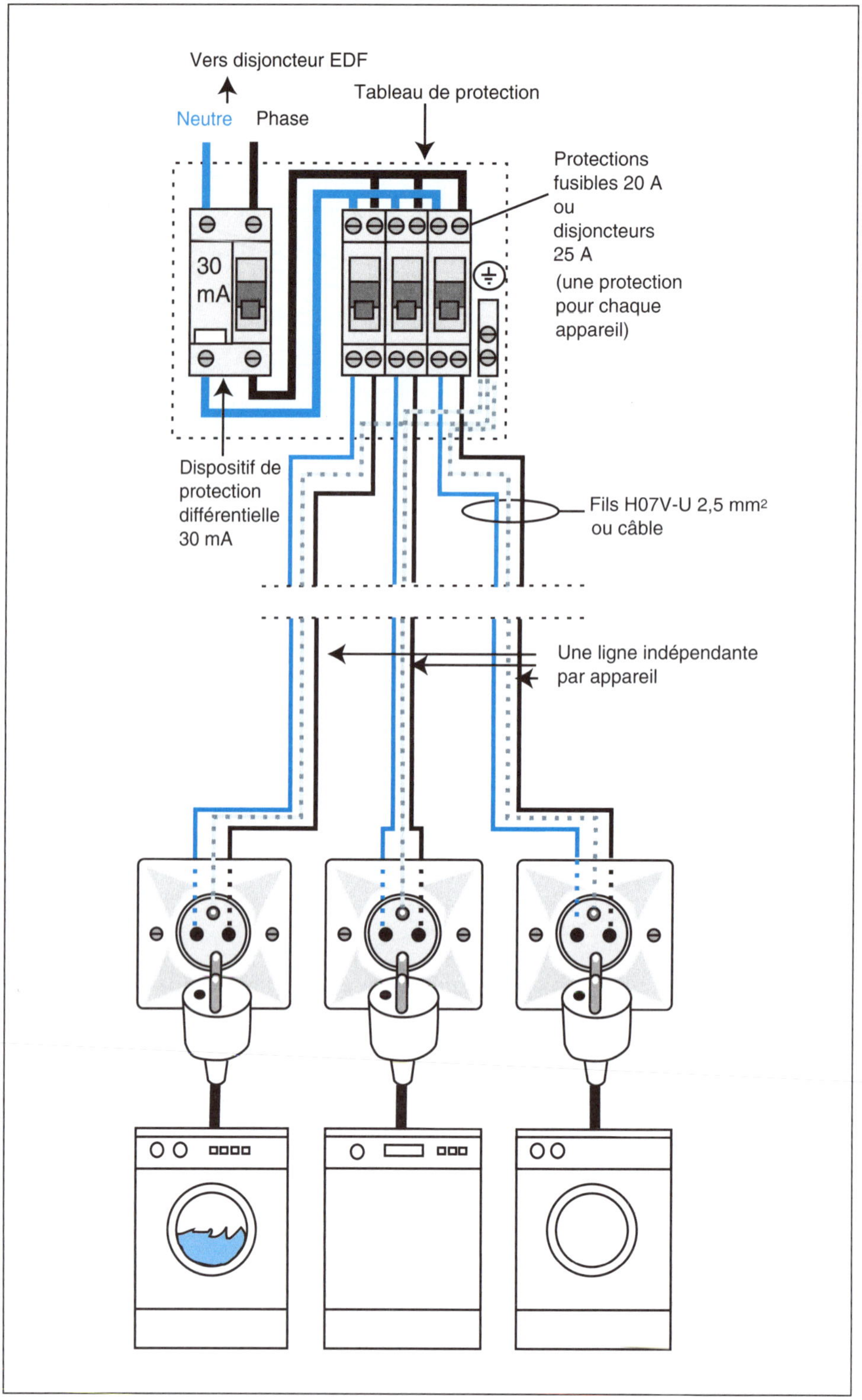

Figure 55 : Alimentation de lave-linge, sèche-linge et lave-vaisselle

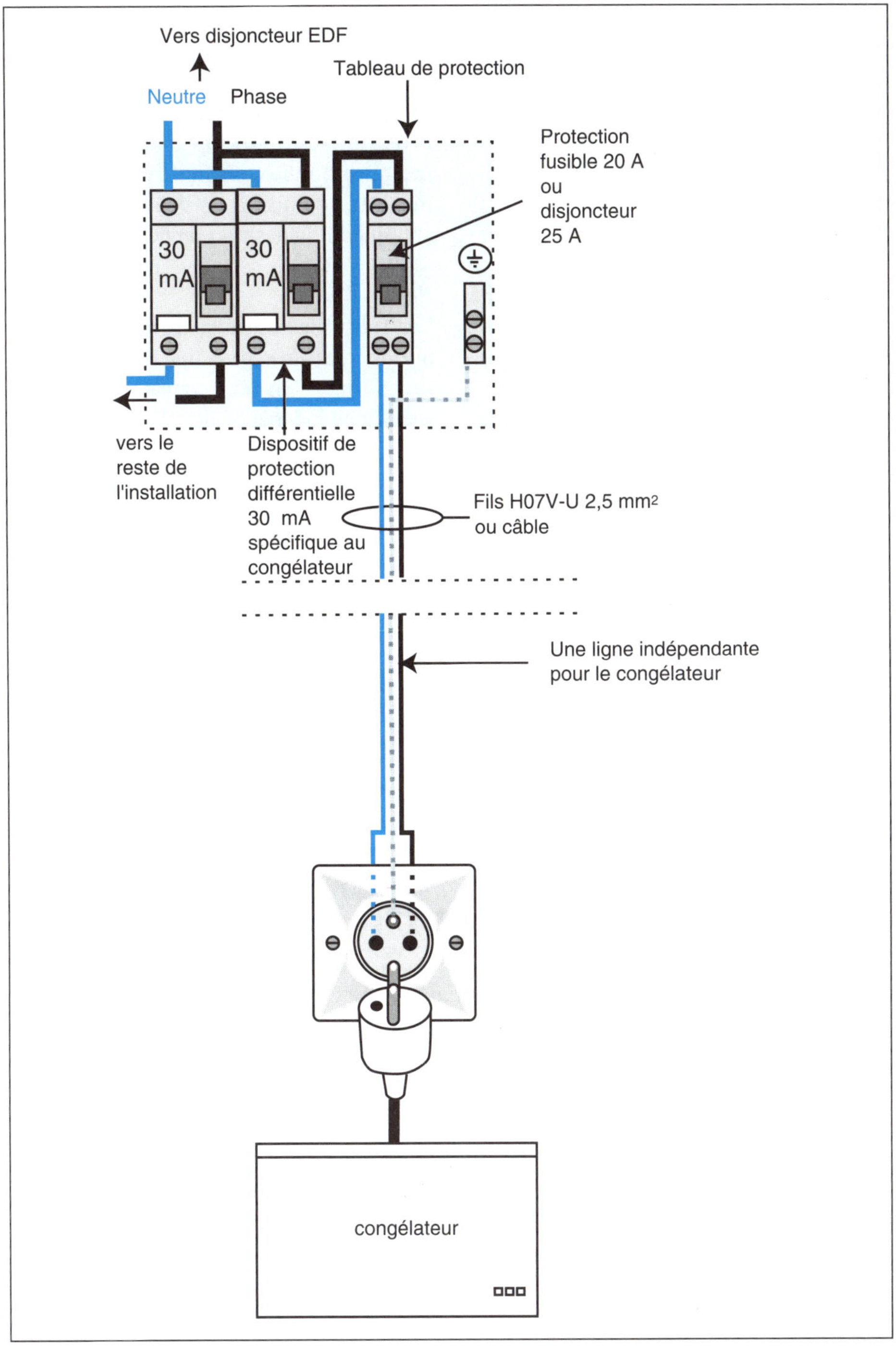

Figure 56 : L'alimentation du congélateur

Plaques de cuisson, cuisinières (figure 57)

L'alimentation d'une plaque de cuisson tout électrique ou d'une cuisinière est réalisée en fileries de 6 mm². La protection est identique à celle d'un circuit d'alimentation d'une prise 32 A.

Le raccordement à l'installation est effectué soit :

- par une prise de courant 32 A et la fiche correspondante ;
- par une sortie de fils de caractéristiques identiques (voir figure 57).

La sortie de fils est la plus utilisée, car elle évite les nombreuses connexions intermédiaires (comme dans le cas d'une prise et d'une fiche 32 A) et limite ainsi les risques de panne (ces appareils sont de gros consommateurs d'énergie et la moindre connexion mal réalisée serait très vite soumise à un échauffement qui entraînerait la destruction de la prise).

Fours

Les fours classiques sont raccordés de la même manière que les lave-linge et sèche-linge. On leur consacre une ligne spécifique indépendante.

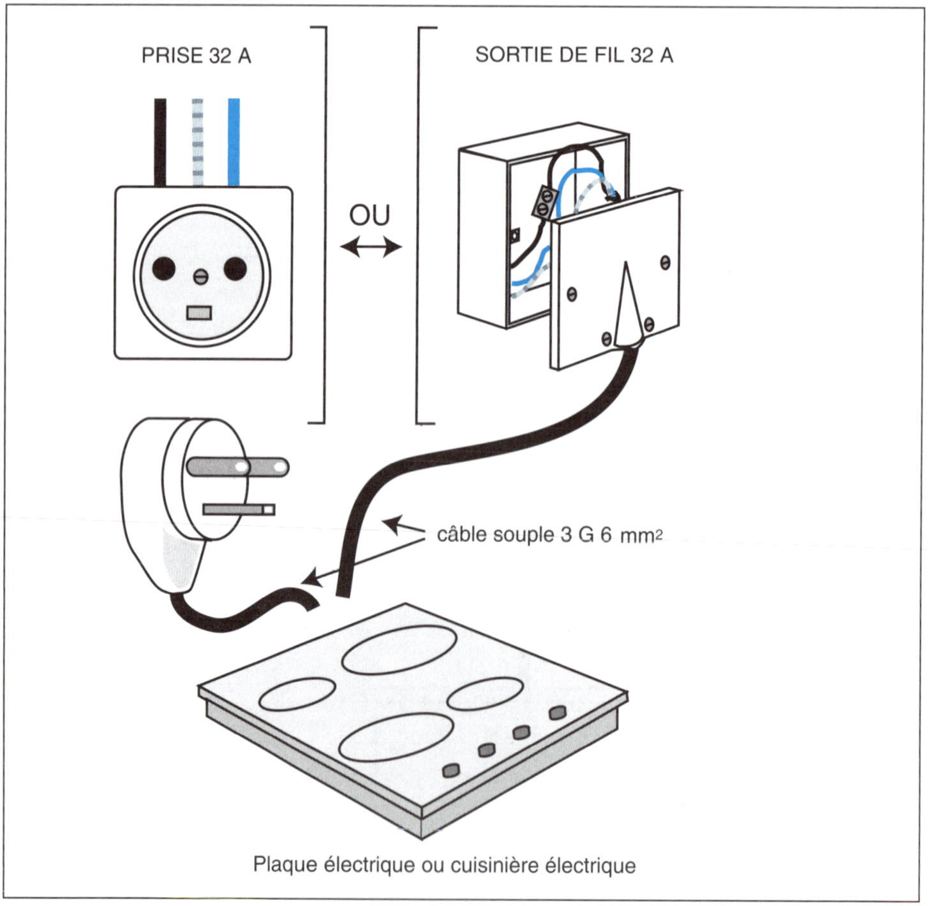

Figure 57 : Le raccordement d'une plaque de cuisson

Les fours à micro-ondes peuvent être raccordés sur n'importe quelle prise 10/16 A + terre, leur consommation n'étant pas excessive.

Chaudière (figure 58)

L'alimentation d'une chaudière à gaz est réalisée en fils 1,5 mm^2.

Le raccordement se fait directement dans l'appareil, sans l'intermédiaire d'une prise ou d'une boîte de raccordement.

Si l'alimentation est encastrée, la gaine pénètre directement jusqu'au boîtier de connexion dans l'appareil.

La ligne de la chaudière est indépendante.

La protection est assurée par un dispositif différentiel et par un disjoncteur divisionnaire de 16 A.

Chauffe-eau électrique (figure 58)

La protection par un dispositif différentiel n'est pas obligatoire pour l'alimentation de cet appareil mais il est préférable de le prévoir.

La protection contre les surcharges et les courts-circuits est de préférence assurée par un disjoncteur divisionnaire de 25 A (dans le cas de l'utilisation d'un coupe-circuit à fusible, prévoir un interrupteur de coupure).

Dans ce cas également, le raccordement de l'alimentation doit se réaliser dans l'appareil (voir figure 58).

Cette installation est valable pour un chauffe-eau électrique de petite taille.

Pour un appareil de plus grande taille, on choisira un abonnement double tarif afin de ne mettre cet appareil en chauffe que la nuit (lorsque le prix du kWh est plus intéressant). Afin de profiter des avantages de ce système, un contacteur est nécessaire (voir figure 59).

EDF ou tout autre distributeur met à votre disposition un contact électrique qui se ferme au moment du passage en heures creuses et qui s'ouvre au passage en heures pleines.

Ce contact ne supporte pas de fortes intensités : c'est pourquoi on doit utiliser un contacteur. Le circuit de commande du contacteur (bobine) ne consomme qu'une faible intensité et peut donc être commandé directement par le contact heures creuses. En revanche, le circuit de puissance du contacteur permet le passage de la puissance du chauffe-eau.

La bobine du contacteur doit être protégée : c'est pourquoi on utilise un coupe-circuit à fusible de 2 A ou un disjoncteur divisionnaire de 2 A.

Le contact heures creuses peut se trouver sur un récepteur de télécommande, sur un compteur, sur un contacteur spécifique à un seul contact ou sur une horloge spéciale.

En règle générale, lors de l'installation d'un abonnement en double tarif, le distributeur laisse les deux fils aboutissants à ce contact en attente.

Le contacteur se place entre la sortie du disjoncteur divisionnaire et le chauffe-eau.

Les contacteurs prévus pour la commande du chauffe-eau disposent en outre d'une commande manuelle permettant la mise en marche forcée aux heures pleines, l'arrêt total ou le fonctionnement automatique (figure 60).

Le reste du raccordement est identique au chauffe-eau raccordé en direct.

Si vous disposez d'un double tarif mais d'une ligne d'alimentation du chauffe-eau qui n'est pas indépendante, il est possible d'intercaler une horloge électrique sur l'alimentation de celui-ci. Il est nécessaire de la régler de telle façon qu'elle autorise le fonctionnement du chauffe-eau uniquement pendant les heures creuses.

Vous bénéficiez ainsi d'un fonctionnement à un coût plus intéressant (voir figure 60).

> heures creuses se
> ent entre 23 h 00 et
> 00. Certaines régions
> éficient également
> ne tarification heures
> uses l'après-midi.

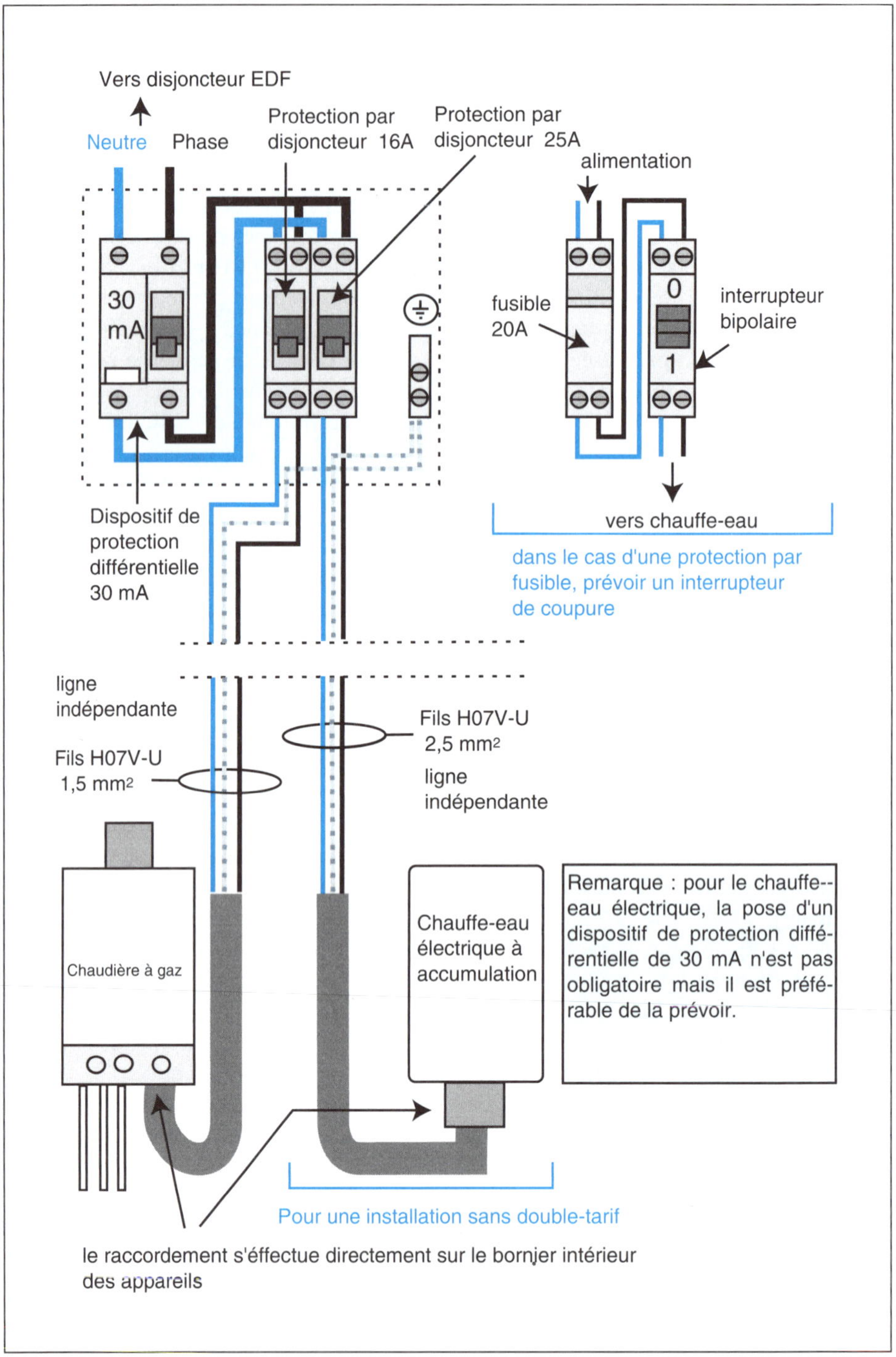

Figure 58 : Alimentation d'une chaudière et chauffe-eau

Qu'est-ce qu'un contacteur ?

Un contacteur est une sorte d'interrupteur commandé électriquement. Il est constitué d'une bobine en fil de cuivre isolé à l'intérieur de laquelle coulisse un cylindre (noyau) en fer doux.
Ce cylindre est relié mécaniquement à un ou plusieurs contacts électriques.
Ces contacts peuvent être à fermeture (ils ferment le circuit et le courant passe) ou à ouverture (ils ouvrent le circuit et le courant ne passe plus).
Un même contacteur peut posséder plusieurs contacts à ouverture et à fermeture.

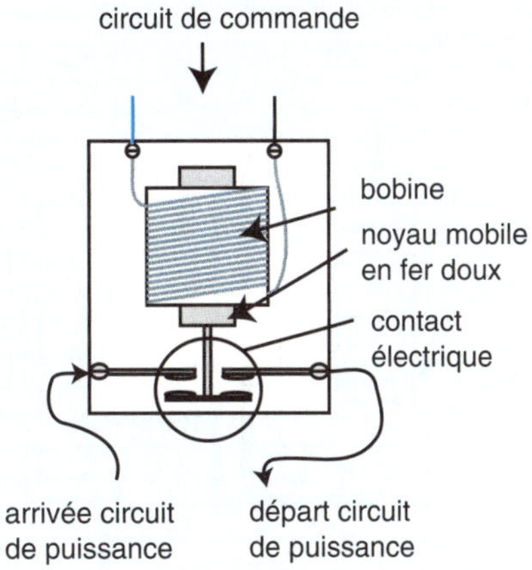

Lorsqu'on alimente la bobine (en 220 V, dans notre exemple), par effet magnétique le noyau est attiré vers le haut et le contact s'établit (le circuit est fermé).
Le circuit permettant d'alimenter la bobine est appelé circuit de commande. La tension de ce circuit n'est pas forcément de 220 V : on peut trouver des bobines en 12 V et 24 V.
Le circuit où s'établit le contact est appelé circuit de puissance car il permet le passage d'intensités plus importantes que dans le circuit de commande dont il est électriquement indépendant.

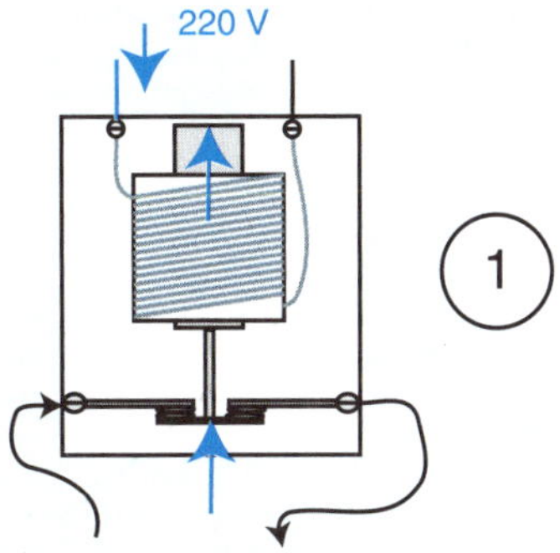

le contact se ferme, le courant passe

Lorsque l'alimentation est coupée, le noyau reprend sa place (par un système de ressort) et le circuit est coupé.
Le contacteur, appelé aussi relais quand il gère de faibles intensités, trouve de nombreuses applications dans tous les automatismes (portes de garages automatiques, ascenceurs, etc.).
Il permet la commande à distance d'appareils.
Dans le cas du double-tarif, le contact mis à disposition par EDF serait trop faible pour supporter le chauffe-eau ; il faut donc passer par l'intermédiaire d'un contacteur.

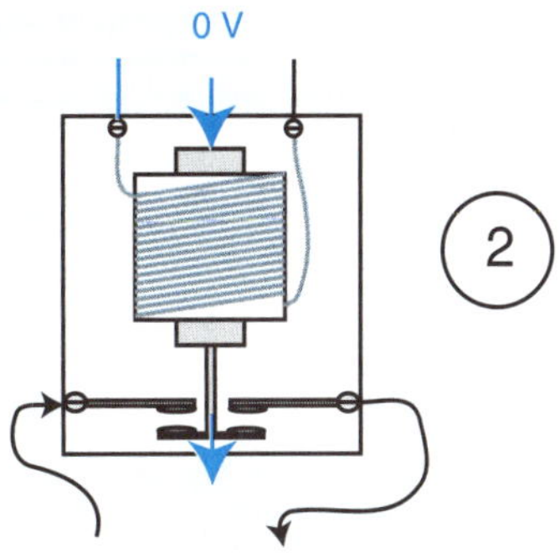

le contact s'ouvre, le courant ne passe plus

Figure 59 : Le contacteur

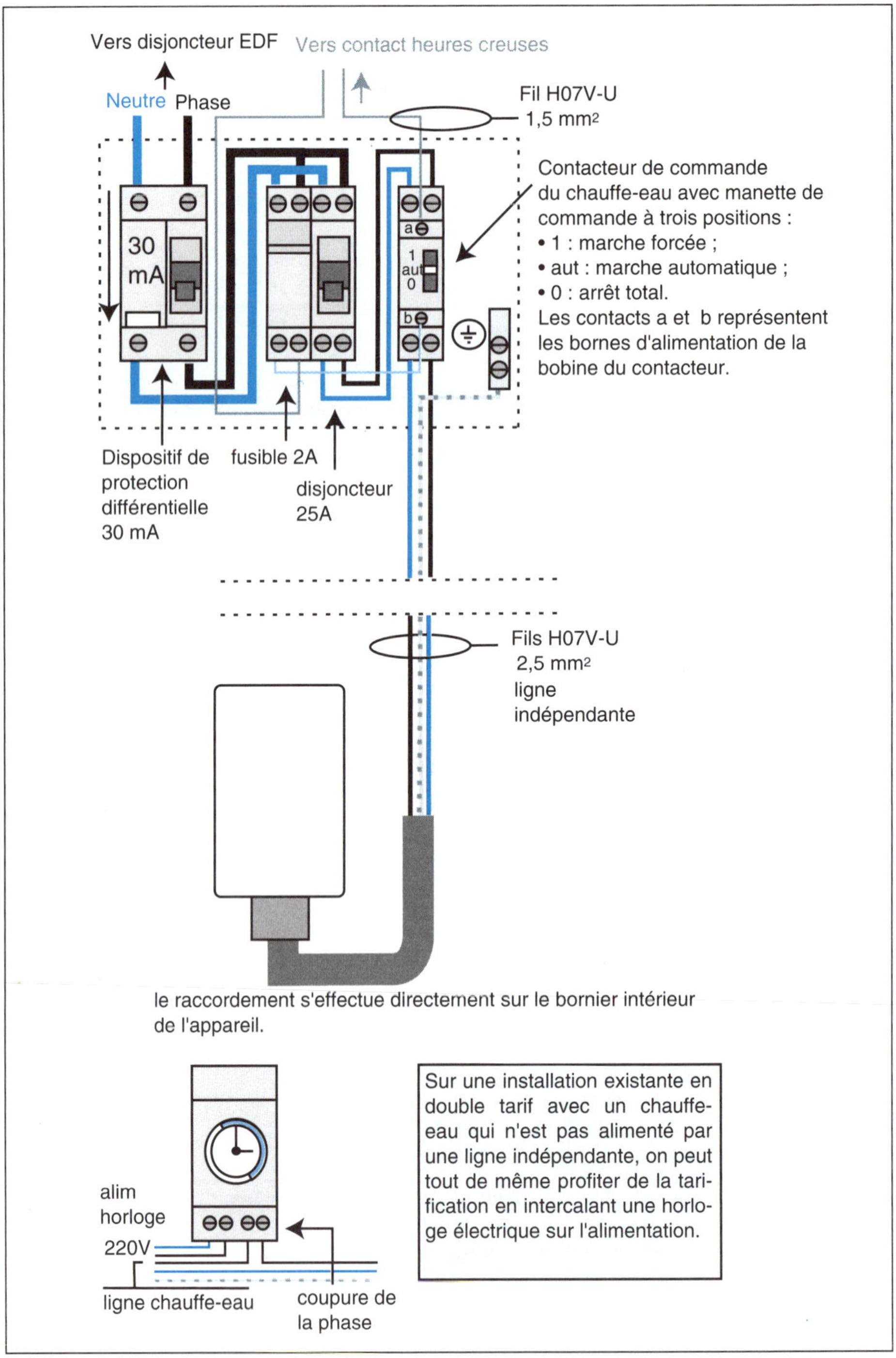

Figure 60 : L'alimentation du chauffe-eau en double tarif

• Le chauffage électrique

Généralités

Une installation de chauffage électrique n'est performante que si l'isolation du local a été correctement réalisée.

Nous présentons ici uniquement les systèmes les plus utilisés et les plus simples à mettre en œuvre.

Les schémas de raccordement des régulations ne sont donnés qu'à titre indicatif.

Les convecteurs (figure 61)

Ils représentent le mode de chauffage électrique le plus répandu, le plus aisé à mettre en œuvre et le moins coûteux à l'installation.

Dans le cadre de l'obtention d'un label PROMOTELEC, les convecteurs choisis doivent répondre à des critères de qualité. Ils doivent posséder les indications suivantes : NF-Électricité Performance, catégorie B et ELEXENCE.

Pour des panneaux radiants, ceux-ci doivent posséder les indications suivantes : NF-Électricité, catégorie B. Ils doivent être munis d'un thermostat électronique et d'une sécurité thermique.

La règle principale à respecter est d'alimenter chaque convecteur par une ligne indépendante ou, à la rigueur, une ligne par pièce (s'il y a plus d'un convecteur dans la pièce).

En règle générale, chaque convecteur est alimenté par une ligne en 1,5 mm² (jusqu'à une puissance maximale de 2 200 W).

Pour une ligne alimentant plus d'un convecteur, le tableau de la figure 61 indique la section des fileries à utiliser et les protections correspondantes.

Le conducteur de protection (terre) sera toujours amené jusqu'à la boîte de connexion. Si l'appareil est de classe I, le conducteur sera raccordé ; si le convecteur est de classe II, le conducteur de protection sera laissé en attente dans la boîte de connexion.

Le raccordement du convecteur à l'installation se fait toujours par l'intermédiaire d'une boîte de connexion que l'on place de préférence derrière l'appareil.

Dans la salle de bains, la boîte de connexion est obligatoirement placée derrière le convecteur.

La protection est assurée par :

- un dispositif différentiel 30 mA (pour les défauts d'isolement) ;
- un coupe-circuit à fusible de 10 A ou un disjoncteur divisionnaire 16 A (contre les surcharges et les courts-circuits).

Si l'on choisi une protection par coupe-circuit à fusible, il est recommandé de placer un interrupteur de coupure générale du chauffage (voir figure 61).

L'installation d'un convecteur dans la salle d'eau est très réglementée ; voir à ce sujet la section sur la salle d'eau.

> **!**
> L'installation d'un chauffage électrique dans la salle d'eau est réglementée, voir page 65.

Le chauffage d'une habitation par convecteurs sera d'autant plus performant que vous l'accompagnez d'une bonne régulation.

Même si l'installation d'une régulation augmente un peu le prix d'un chauffage par convecteurs, les économies qu'elle permet de réaliser en amortiront rapidement le surcoût.

La figure 62 présente les deux types de régulation les plus utilisés.

Régulation d'un chauffage 1 zone

Ce type de régulation convient parfaitement aux appartements de surface réduite (studio, deux pièces).

Le principe est simple :

- l'alimentation des convecteurs est commandée par un contacteur ;

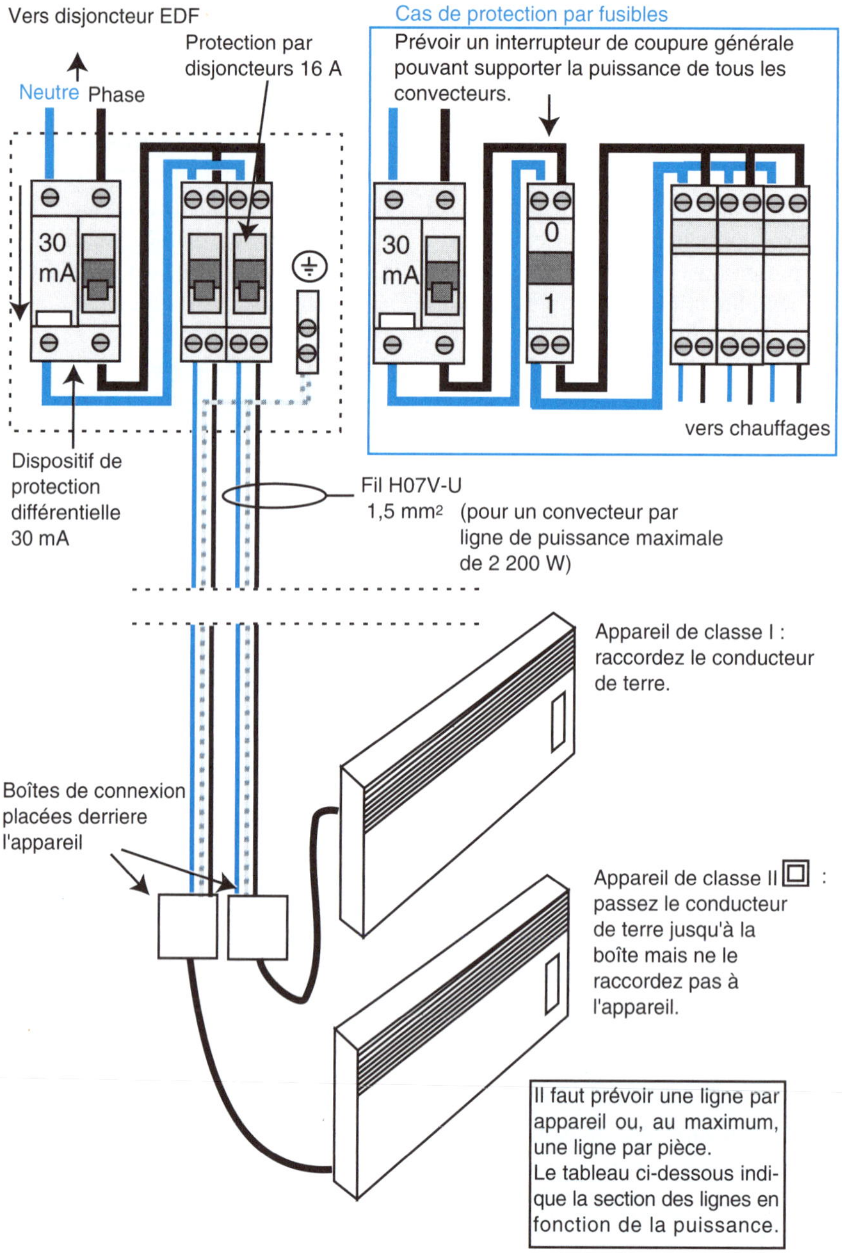

PUISSANCE max	2 200W	4 400 W	5 500 W	7 000 W
SECTION en mm²	1,5	2,5	4	6
FUSIBLES	10 A	20 A	25 A	32 A
DISJONCTEURS	16 A	25 A	32 A	38 ou 40 A

Figure 61 : L'alimentation des convecteurs

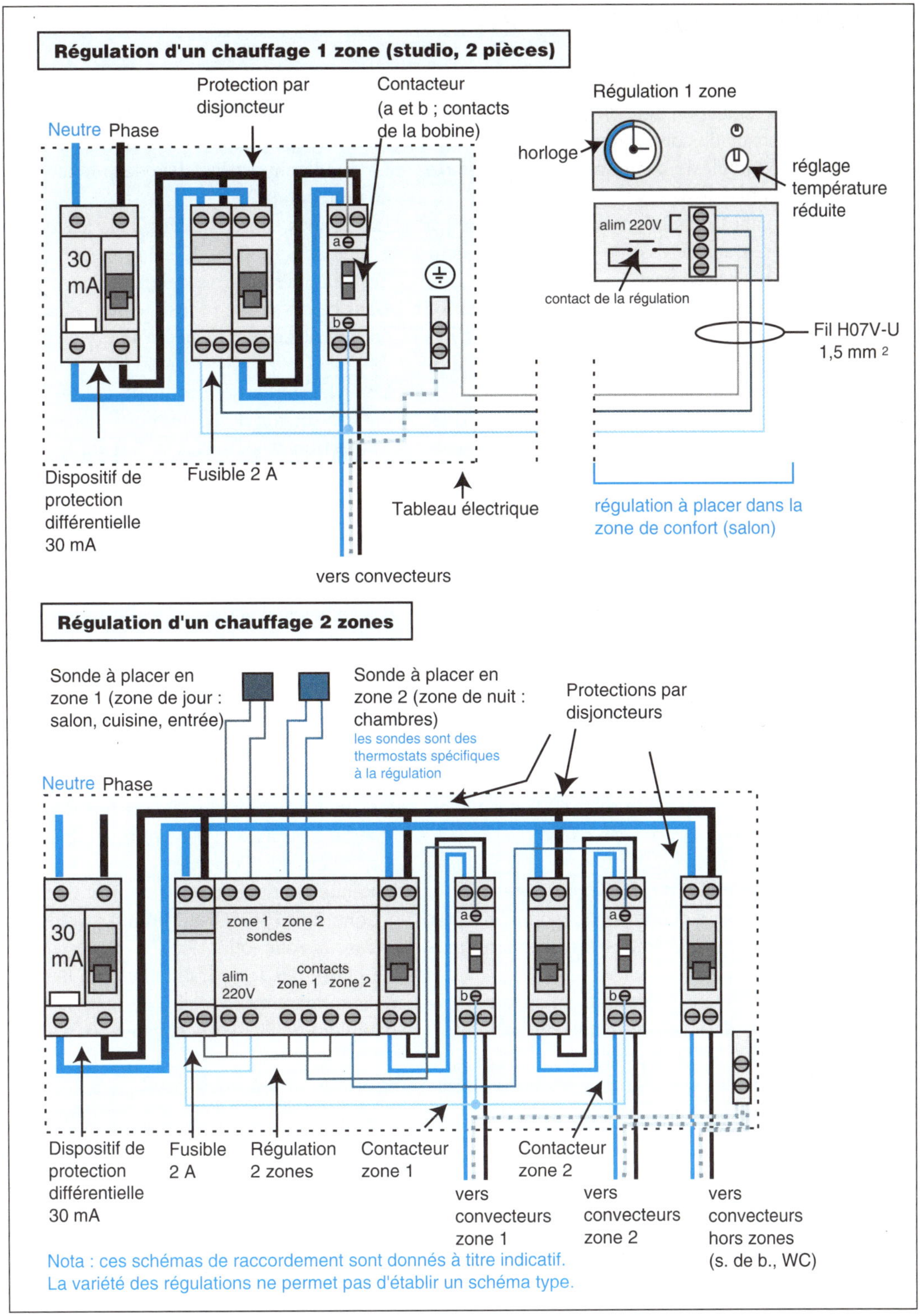

Figure 62 : Les régulations pour convecteurs

- la régulation agit sur le circuit de commande du contacteur ;
- le circuit de commande est protégé par un fusible de 2A

Certaines régulations sont alimentées par piles. Dans ce cas, on ne passe que deux fils pour le contact.

Le contacteur doit être choisi en fonction de la puissance des chauffages à commander (idem pour le disjoncteur divisionnaire).

Ce type de programmateur dispose d'un thermostat pour le réglage de la température réduite. La température de confort est assurée par le thermostat des convecteurs.

Le passage de la température réduite à la température de confort se fait grâce à une horloge incorporée au programmateur, en fonction de l'occupation du logement.

On place ce type d'appareil dans la pièce la plus souvent occupée (salon, par exemple).

Ce type d'appareil peut servir pour réguler une chaudière à gaz. Dans ce cas, le contact du programmateur sera raccordé directement sur le bornier de la chaudière, à l'endroit réservé à cet usage.

Régulation d'un chauffage 2 zones

Ce type de régulation est recommandé par PROMOTELEC pour des logements de plus de deux pièces.

Le principe est similaire à l'appareil précédent mais, ici, on peut réguler indifféremment les deux zones.

La zone de jour regroupe les pièces occupées le jour (salon, cuisine, entrée).

La zone de nuit regroupe principalement les chambres.

Une troisième zone regroupant les pièces devant être constamment chauffées (salle d'eau, W.-C.) ne sera pas prise en compte par la régulation, mais seulement par les thermostats incorporés aux appareils.

La régulation est installée dans le tableau de protection.

Les sondes sont installées dans les zones à réguler (une dans le salon et une dans unc chambre, par exemple).

Dans ce cas aussi, le fusible de protection du circuit de commande a une valeur de 2 A.

Les fileries de ce circuit de commande ont une section de 1,5 mm^2.

La section des fileries de raccordement des sondes est choisie selon les recommandations du fabricant.

Si vous disposez de plusieurs circuits par zone, utilisez un contacteur tripolaire ou tétrapolaire et ne coupez que les phases des convecteurs (figure 63, illustration 1).

L'emplacement des sondes, tout comme celui d'une régulation une zone, devra suivre les dispositions de la figure 63, illustration 2.

Ce type de régulation est prévu pour moduler le chauffage de la façon suivante :

- le jour : température de confort dans la zone jour (19 °C) et réduite dans la zone nuit (17 °C) ;
- la nuit : température de confort dans la zone nuit (19 °C ou moins) et réduite dans la zone jour (17 °C).

Le choix des températures et des heures de commutation se réalise en fonction des habitudes de vie des occupants.

Puissance à installer

Rappelons qu'il est absolument indispensable de réaliser une bonne isolation thermique du logement, associé à un système d'aération performant.

L'isolation thermique réduisant les déperditions, cela permct d'installer un chauf-

Figure 63 : Dispositions particulières ▶

❶ Utilisation d'un contacteur avec plusieurs circuits

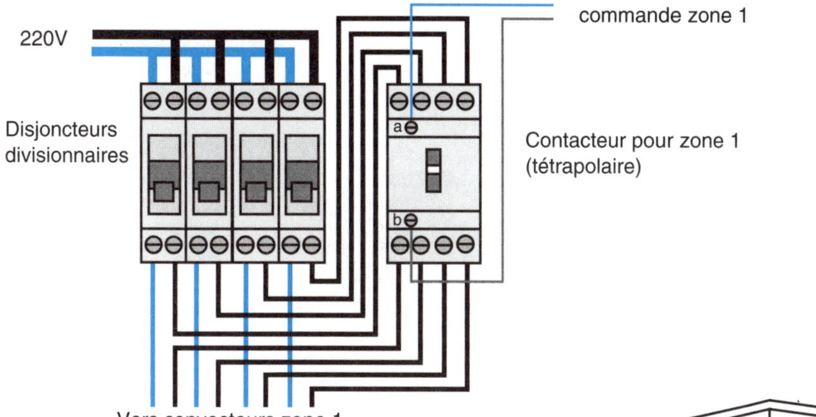

❷ Emplacement des sondes

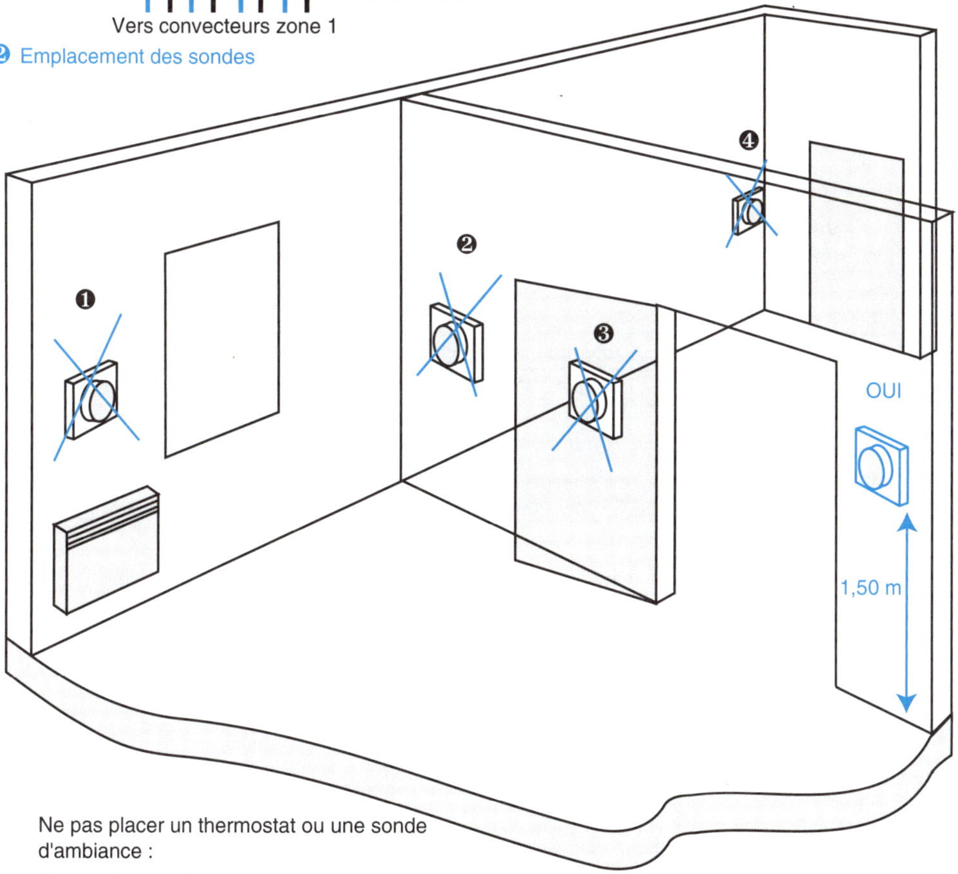

Ne pas placer un thermostat ou une sonde d'ambiance :

❶ au-dessus d'une source de chaleur ;

❷ sur un mur ensoleillé ;

❸ derrière une porte ;

❹ dans une zone soumise à des courants d'air.

❶ Relevez la température de base de votre lieu de résidence.

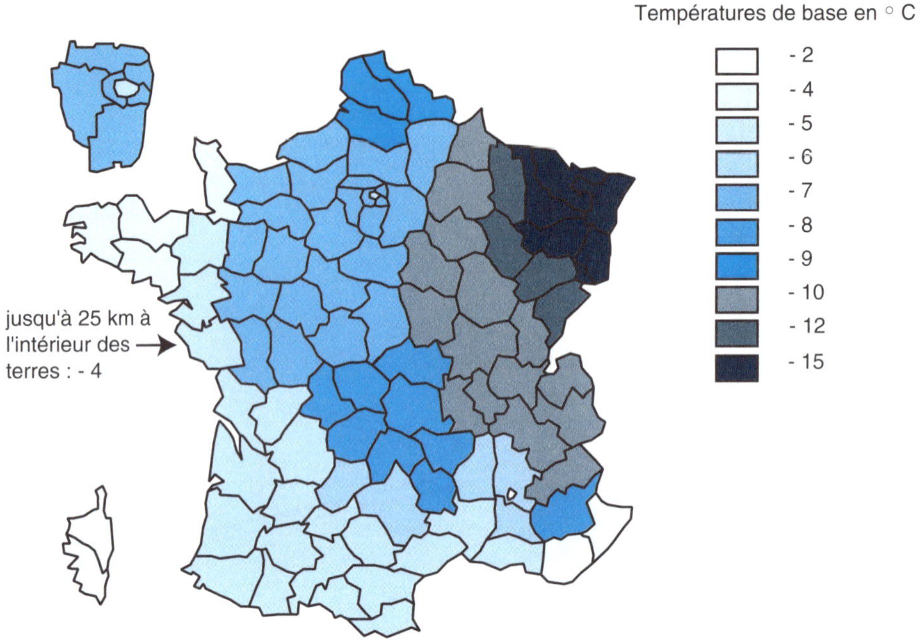

Facteur de correction en fonction de l'altitude (à ajouter à la valeur du département)

200 à 400 m	400 à 800 m	800 à 1000 m	1000 à 1400m	1400 à 1800m	1800 à 2000m
-1 à -2 ° C	- 2 à -5 ° C	- 5 à -7 ° C	- 7 à -11 ° C	- 11 à -15 ° C	- 15 à -17 ° C

❷ Corrigez éventuellement cette valeur suivant l'altitude.

❸ Déterminez la valeur de Δ t. Δ t = température de confort - température de base
Exemple : vous habitez Paris. Température de confort 19 °C, température de base - 5°C.
Δ t = 19 - (-5) = 24.

❹ Déterminez la puissance de chauffage à installer en fonction de ce chiffre et du volume de votre habitation à l'aide du tableau ci-dessous.

Δ t (° C)	21	22	23	24	25	26	27	28
P en W/ m^3	27	28	29	30	31	31	32	33
Δ t (° C)	29	30	31	32	33	34	35	36
P en W/ m^3	34	34	35	36	37	38	39	40

Attention : répartissez cette puissance entre les pièces principales (en fonction de leur volume) en réservant 500W pour un convecteur dans les WC et 1 000W pour un convecteur dans la salle de bains.

Figure 64 : Calcul de la puissance d'un chauffage par convecteurs fage de puissance inférieure à celle nécessaire pour le même type de logement non isolé.

Tous les modes de calculs qui vont suivre sont établis pour un logement disposant d'une isolation correcte.

La figure 64 indique la marche à suivre pour calculer la puissance nécessaire à un chauffage par convecteurs.

Le tableau de cette figure donne une valeur générale.

Pour un calcul plus précis (pièce par pièce), utilisez les formules suivantes :

- pour un pavillon :

$$P = (10 + 0{,}8\Delta t)V$$

- pour un appartement en rez-de-chaussée ou sous les toits :

$$P = (15 + 0{,}8\Delta t)V$$

- pour un appartement en étage :

$$P = (10 + 0{,}6\Delta t)V$$

p = puissance des convecteurs en W
V = volume de la pièce en m^3
Δt = température de confort moins température de base en °C.

Les accumulateurs (figure 65)

Le chauffage de locaux par des appareils à accumulation n'est plus très utilisé.

Le principe consiste à accumuler de l'énergie calorifique dans l'appareil pendant les heures creuses (abonnement indispensable).

L'énergie est ensuite restituée pendant la journée par une turbine commandée par un thermostat d'ambiance.

Ce principe présente quelques inconvénients :

- l'appareil est généralement de taille imposante ;
- si un radoucissement intervient dans la nuit et la journée suivante, vous aurez accumulé de l'énergie inutilement ;
- si vous n'avez pas programmé une charge assez importante et qu'un rafraîchissement intervient, vous n'aurez pas assez d'énergie jusqu'au soir, il faudra relancer l'appareil.

La figure 65 (cas 1) illustre l'ancien système de raccordement encore utilisé par certaines marques.

Le circuit de commande du contacteur est commandé par le contact heures creuses. Il met en fonction le circuit de charge de l'appareil. La puissance du contacteur doit être adaptée à la puissance du chauffage.

La section des fileries d'alimentation du circuit de charge dépendra elle aussi de la puissance de l'appareil (voir les correspondances dans le tableau de la figure 61).

Le circuit de jour, ou restitution, est alimenté en permanence.

La section des fileries du circuit de jour est de 2,5 mm^2 avec une protection par coupe-circuit à fusible de 20 A ou par disjoncteur divisionnaire de 25 A.

Le raccordement de l'appareil au réseau est effectué au moyen d'une boîte de connexion.

Le conducteur de protection est de préférence, de même section que les fileries du circuit de charge.

Chauffage à accumulation (cas 2)

Ce deuxième type de raccordement correspond aux appareils les plus modernes.

Il n'y a plus recours à un contacteur, tout étant intégré dans l'appareil.

Pour la commande, on passe un fil de phase par le contact heures creuses puis directement à l'appareil (fil de section 1,5 mm^2).

Le circuit de puissance est alimenté en permanence mais n'est mis en service que par la commande heures creuses.

La section des conducteurs et le calibre du disjoncteur dépendent de la puissance de l'appareil.

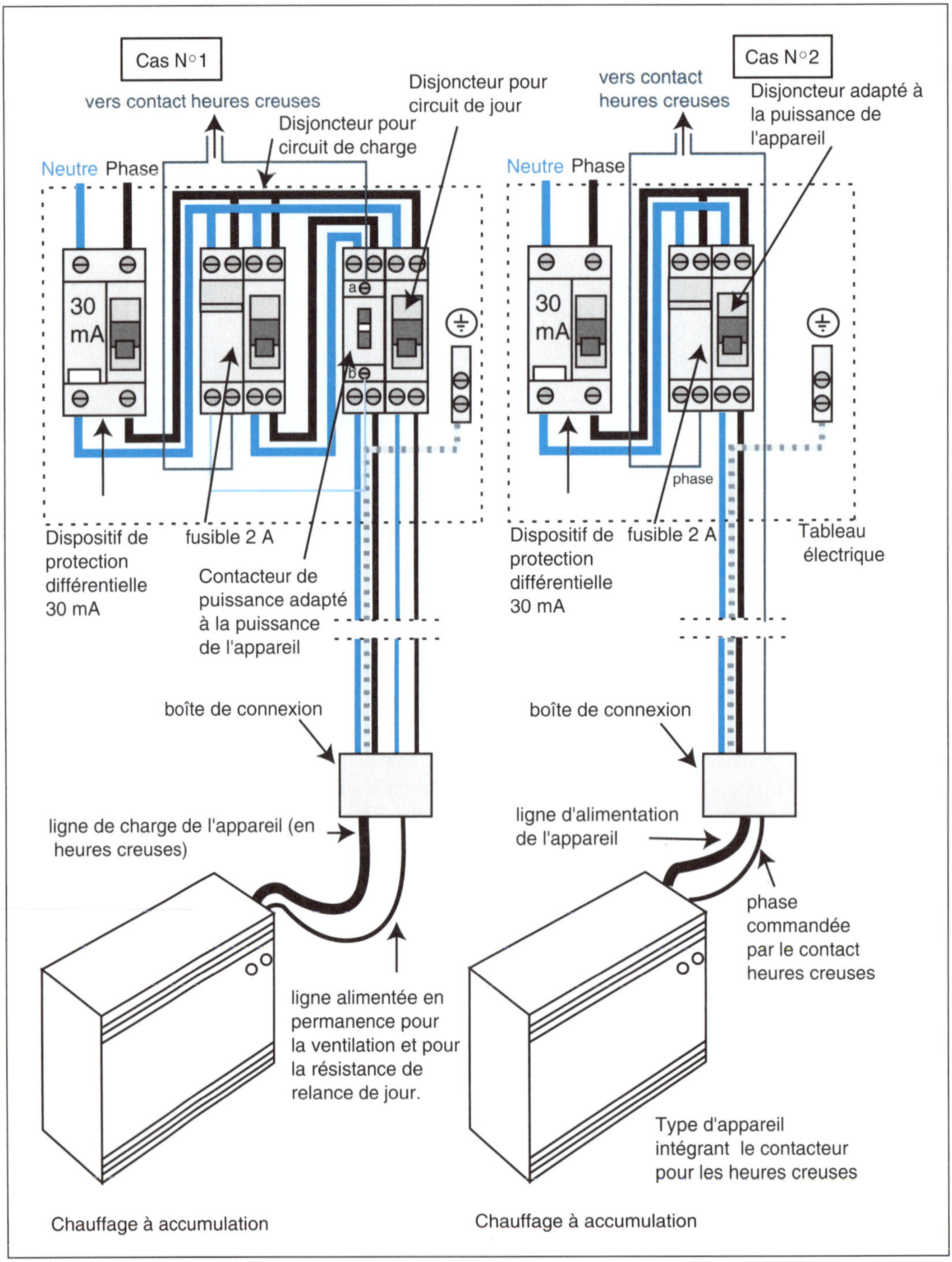

Figure 65 : Le chauffage électrique à accumulation

Le chauffage par le sol (figures 66 à 68)
Nous n'évoquerons dans cette section que le chauffage mixte.
Il consiste à apporter une base de chauffage par le sol (par accumulation dans une chape de béton, aux heures creuses, de l'énergie d'un câble chauffant) et un complément par convecteurs.

Le sol ne sera jamais chauffé à des températures importantes et ne provoquera ainsi aucun désagrément.
La chaleur est restituée par rayonnement de la chape pendant la journée.
Les convecteurs servent à hausser la température de quelques degrés afin d'atteindre le niveau de confort.

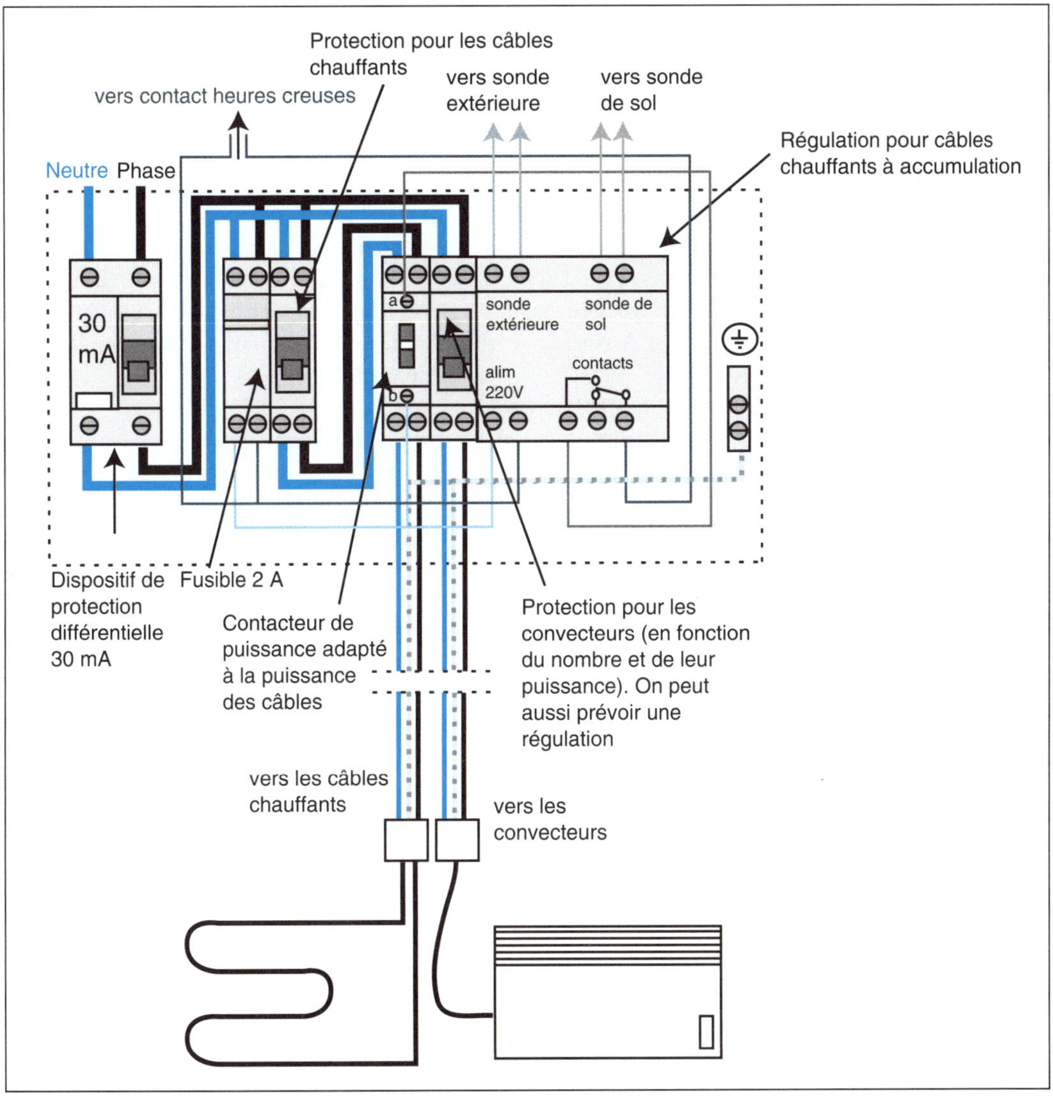

Figure 66 : Le chauffage par le sol (raccordement)

Ils sont également utiles pour prendre le relais en cas de rafraîchissement subit pendant la journée ou le temps que la résistance de sol atteigne ses performances nominales (environs 48 heures).

Ce système ne peut fonctionner qu'avec une régulation spécifique (figure 66).

Cette régulation dispose de deux capteurs :

- une sonde de sol qui régule l'accumulation et évite une surchauffe ;
- une sonde extérieure qui prend en compte la température extérieure pour augmenter ou diminuer le temps d'accumulation.

Elle dispose d'un contact qui est raccordé en série avec le contact heures creuses et alimente la bobine d'un contacteur qui pilote le câble chauffant. La protection du circuit de commande est assurée par un coupe-circuit à fusible 2 A (ou un disjoncteur divisionnaire).

La protection du circuit du câble chauffant est assurée par un disjoncteur divisionnaire (fusible interdit).

Son calibre est choisi en fonction de la puissance de l'élément chauffant selon le tableau ci-dessous.

Les convecteurs sont alimentés directement ou par l'intermédiaire d'une régulation.

La protection par un dispositif différentiel de 30 mA est indispensable.

Positionnement en chape

La figure 67 indique les règles à respecter à savoir :

- les liaisons froides (raccord entre résistance et conducteur d'alimentation) doivent être noyées dans le béton sur une longueur minimale de 50 cm. Cette liaison est protégée par un tube ICT. L'étanchéité est réalisée par un ruban adhésif d'électricien (figure 67) ;
- le câble chauffant ne doit pas cheminer à moins de 40 cm des murs extérieurs et 20 cm des cloisons ;
- il est interdit de franchir un joint de dilatation ;
- il convient d'éloigner le câble de 20 cm des conduits de fumée et de 40 cm des foyers à feu ouvert ;
- la fixation du câble est effectuée sur le feraillage de la chape ;
- disposer le câble en spires régulières sur toute la surface à chauffer (figure 68) ;
- dans la salle de bains, recouvrir le câble d'un grillage métallique relié à la terre de l'installation ;
- utiliser du béton compact (vibré de préférence).

Emplacement des sondes

La sonde extérieure est placée de préférence sur un mur exposé au nord, à une hauteur de 1,50 m.

La sonde de sol est placée sur le même plan que la résistance de sol, centrée dans une spire.

Cette sonde de sol est glissée dans un tube ICT fermé par un ruban adhésif ou dans un tube de cuivre (figure 67).

Elle est raccordée à l'installation par l'intermédiaire d'une boîte de connexion murale (vérifiez que son remplacement soit possible).

Si l'on utilise plusieurs câbles, ceux-ci sont raccordés à l'installation par l'intermédiaire de boîtes de connexion murales.

Section des conducteurs (mm^2)	1,5	2,5	4	6	10
Puissance admissible (W)	1 700	3 400	4 200	5 400	7 500
Calibre du disjoncteur	16 A	25 A	32 A	38-40 A	47-50A

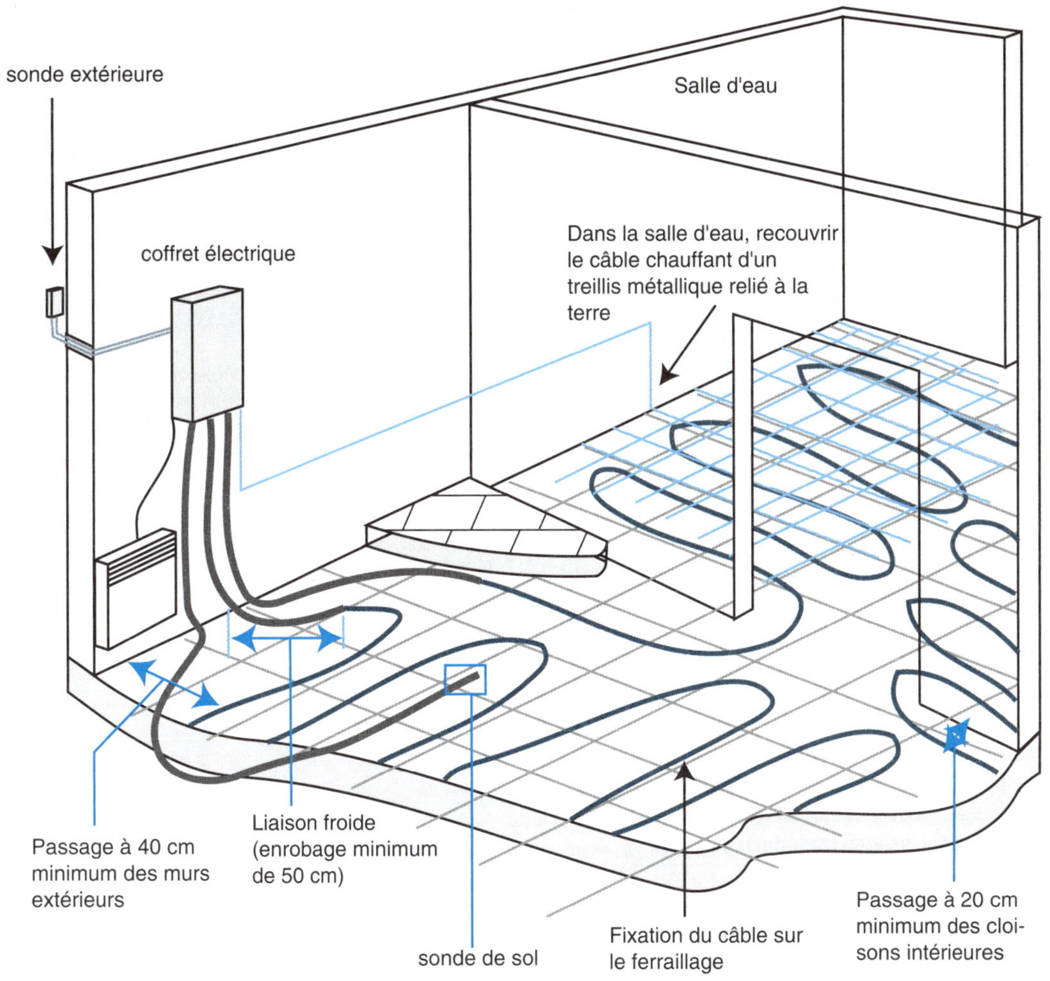

Cas particuliers :

- éloigner le câble de 20 cm des conduits de fumée ;
- éloigner le câble de 40 cm des sols des foyers à feu ouvert ;
- interdiction de franchir un joint de dilatation ;
- éviter de placer le câble sous les placards, éléments de cuisine, baignoires, douches ;
- utiliser du béton compact (il est recommandé de le vibrer).

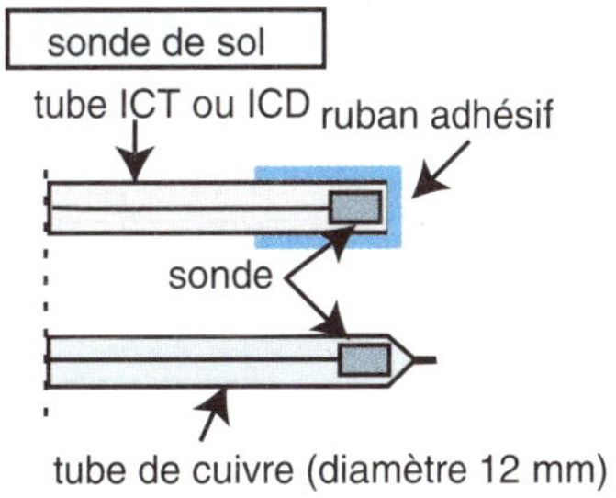

Liaison froide (raccord entre partie chauffante et conducteurs d'alimentation).

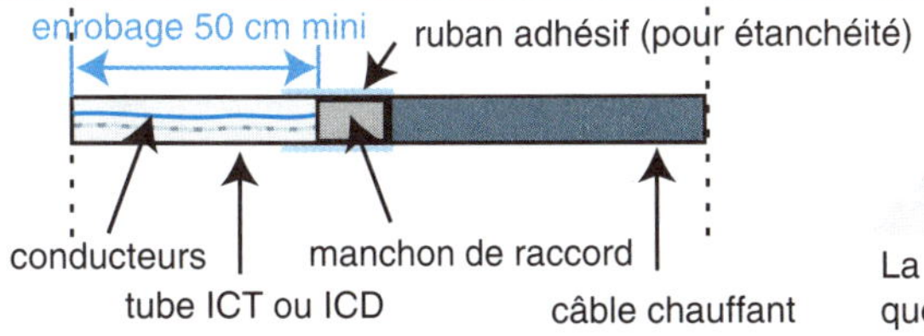

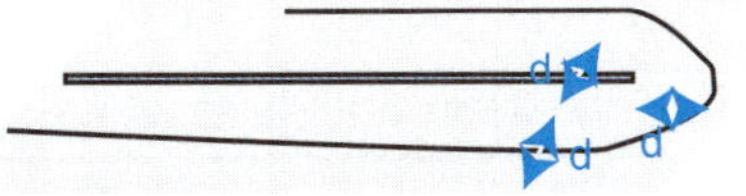

La sonde doit être placée sur le même plan que le câble et centrée dans une spire.

Figure 67 : Le chauffage par le sol (implantation)

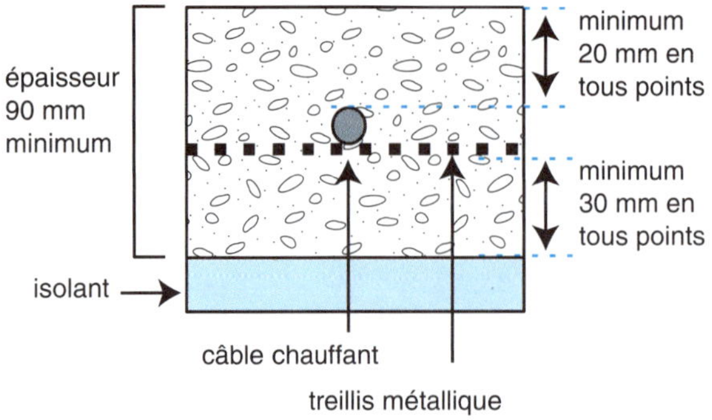

Positionnement des câbles en dalle flottante

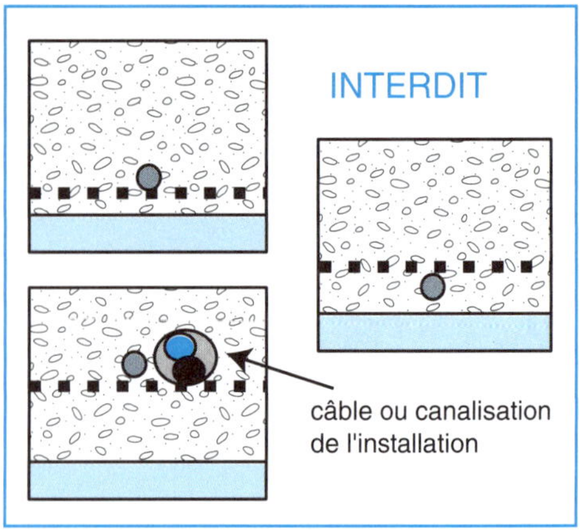

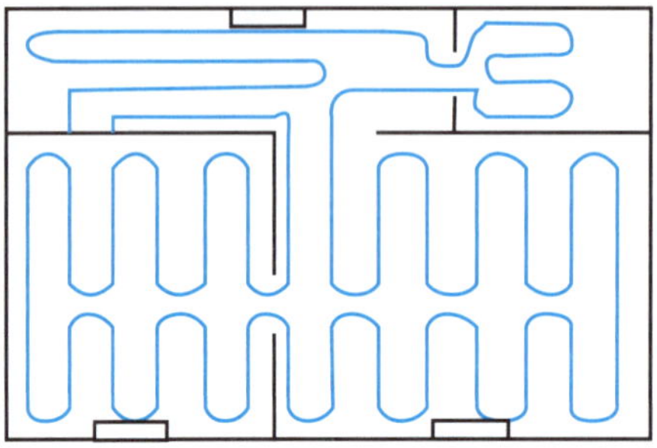

Exemple d'implantation

convecteurs d'appoint

câble chauffant

Calcul des puissances (chauffage mixte)

Base : câbles chauffants.
Appoint : convecteurs.

Δ t : (voir figure 64, page 148)

Δ t	21°C		21°C		21°C		21°C	
Base	TP	VS . SS	TP	VS . SS	TP	VS . SS	TP	VS . SS
	53 W / m^2	66 W / m^2	55 W / m^2	68 W / m^2	56 W / m^2	70 W / m^2	58 W / m^2	72 W / m^2
Appoint	22 W / m^3		22 W / m^3		23 W / m^3		24 W / m^3	

Δ t	25°C		26°C		27°C		28°C	
Base	TP	VS . SS	TP	VS . SS	TP	VS . SS	TP	VS . SS
	60 W / m^2	75 W / m^2	61 W / m^2	76 W / m^2	63 W / m^2	78 W / m^2	64 W / m^2	80 W / m^2
Appoint	24 W / m^3		25 W / m^3		25 W / m^3		26 W / m^3	

Δ t	29°C		31°C		32°C		34°C	
Base	TP	VS . SS	TP	VS . SS	TP	VS . SS	TP	VS . SS
	65 W / m^2	81 W / m^2	69 W / m^2	81 W / m^2	71 W / m^2	81 W / m^2	75 W / m^2	81 W / m^2
Appoint	27 W / m^3		29 W / m^3		30 W / m^3		31 W / m^3	

TP : dalle isolée sur terre-plein.
VS . SS : dalle isolée sur vide sanitaire ou sous-sol.

Ne jamais dépasser 90 W / m^2 en base

Le chauffage par le sol (calcul)

Le positionnement dans la chape de la résistance est indiqué à la figure 68.

Le tableau de la figure 68 indique le mode de calcul de la puissance du câble chauffant et des convecteurs d'appoint selon les bases de la figure 64.

Ces valeurs ne sont qu'indicatives. Elles sont données pour une maison individuelle correctement isolée thermiquement.

Le calcul exact des puissances à installer nécéssite une étude thermique de l'habitation.

Les câbles chauffants sont commercialisés : en bobines ou en trames préformées (spires maintenues par un treillage).

Il existe aussi un chauffage par le sol direct. Dans ce type d'installation, le câble est noyé dans une chape de plus faible épaisseur et fonctionne de jour comme de nuit, régulé par un thermostat.

Les circuits lumière

• Généralités

Les circuits lumière doivent être alimentés par des conducteurs de section 1,5 mm^2.

La protection est assurée par :

- un dispositif différentiel de sensibilité 30 mA ;
- un coupe-circuit à fusible de 10 A ou un disjoncteur divisionnaire de 16 A.

Chaque ligne ne doit pas alimenter plus de cinq points d'utilisation (selon PROMOTELEC, huit selon la norme).

Un conducteur de protection (terre) est systématiquement passé avec les conducteurs d'alimentation.

On respectera le code des couleurs pour les conducteurs :

- bleu pour le neutre ;
- bicolore (jaune et vert) pour le conducteur de protection ;
- toutes couleurs (sauf celles citées précédemment ainsi que vert ou jaune) pour la phase. Généralement, on utilise le rouge, le noir ou le marron.

> (!) L'emploi des couleurs sert au repérage des conducteurs électriques. Le choix en est réglementé.

Les autres couleurs sont réservées au retour lampe (orange, par exemple), aux navettes des va-et-vient (violet ou noir, par exemple) et aux retours des boutons-poussoirs des télérupteurs.

Attribuez les mêmes couleurs pour les mêmes fonctions dans toute votre installation (tous les retours lampe en orange, par exemple), cela facilitera le repérage des lignes.

> (!) L'installation d'un point lumineux dans la salle d'eau est réglementée, voir page 65.

L'installation de points lumineux est réglementée dans les locaux humides (voir le tableau de la page 65).

Rappelons que toute ligne encastrée doit aboutir dans un boîtier. Cela vaut également pour les circuits d'éclairage.

• Le simple allumage (figure 69)

C'est le principe le plus simple pour commander un point lumineux.

La phase du circuit est coupée par un interrupteur.

Le neutre et la terre sont directement raccordés au point lumineux.

À la sortie de l'interrupteur, on utilise généralement un fil de couleur différente de celle de la phase d'arrivée. On appelle ce fil le retour lampe. Dans les installations, les professionnels utilisent souvent

◀ *Figure 68 : Règles particulières*

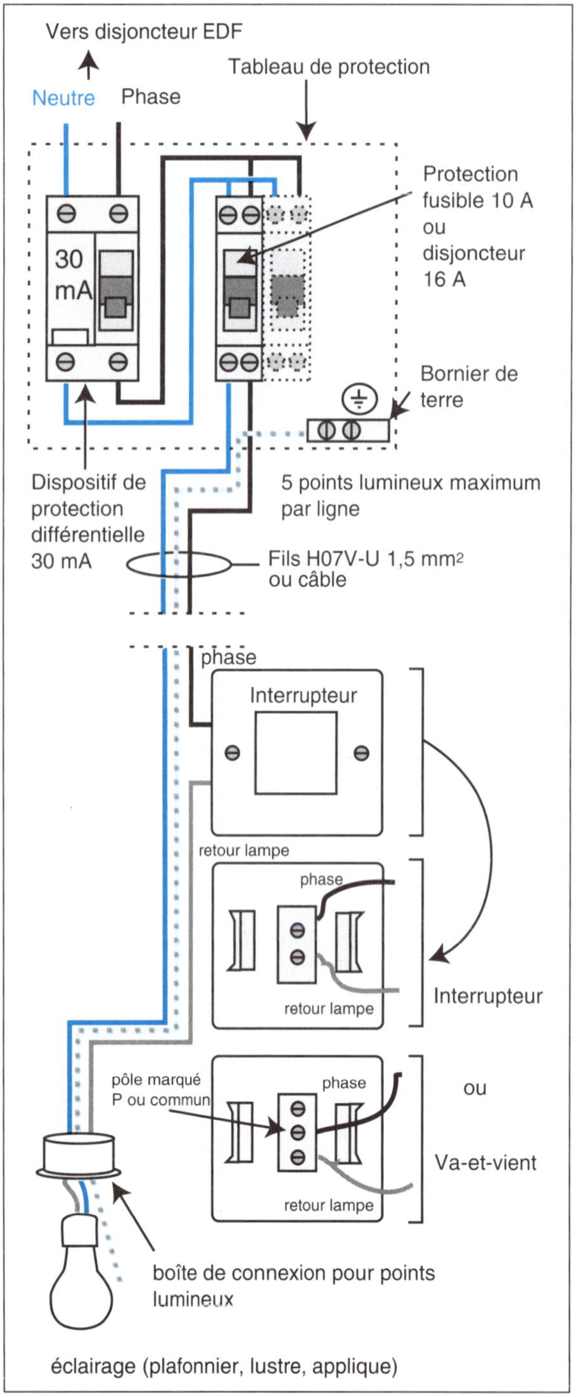

Figure 69 : Le simple allumage (raccordement)

un fil orange pour ce retour lampe.

Le raccordement dans l'interrupteur est très simple, car il n'y a que deux plots de raccordement.

Lors de la mise en place, faites en sorte que tous les interrupteurs soient positionnés de la même manière. Généralement, on appuie vers le bas de la touche pour allumer et vers le haut pour éteindre.

Un commutateur va-et-vient peut très bien être utilisé en lieu et place d'un interrupteur ; il suffit pour cela de raccorder la phase sur le plot marqué "P" ou "commun" et le retour lampe indifférement sur l'un ou l'autre des deux plots restants.

L'interrupteur est généralement placé à l'entrée de la pièce, à l'inverse des gonds de la porte, à une hauteur comprise entre 1,10 et 1,20 m.

• Le double allumage (figure 70)

Le circuit d'alimentation et les protections sont analogues à ceux du simple allumage.

Ce système de commande est utilisé pour alimenter un luminaire en double allumage (lustre que l'on peut allumer partiellement) ou deux luminaires dans une même pièce.

Dans ce cas, on utilise un commutateur double allumage (bouton de commande spécifique).

La phase est raccordée sur le commun et les deux retours lampe sur les deux autres plots.

Utilisez des conducteurs de couleur différente pour chacun des retours lampe.

Utilisation d'un commutateur double interrupteur : raccordez la phase sur les deux plots d'arrivée et les retours sur les deux plots restants (voir figure 70).

Utilisation d'un commutateur double va-et-vient : raccorder la phase sur les deux

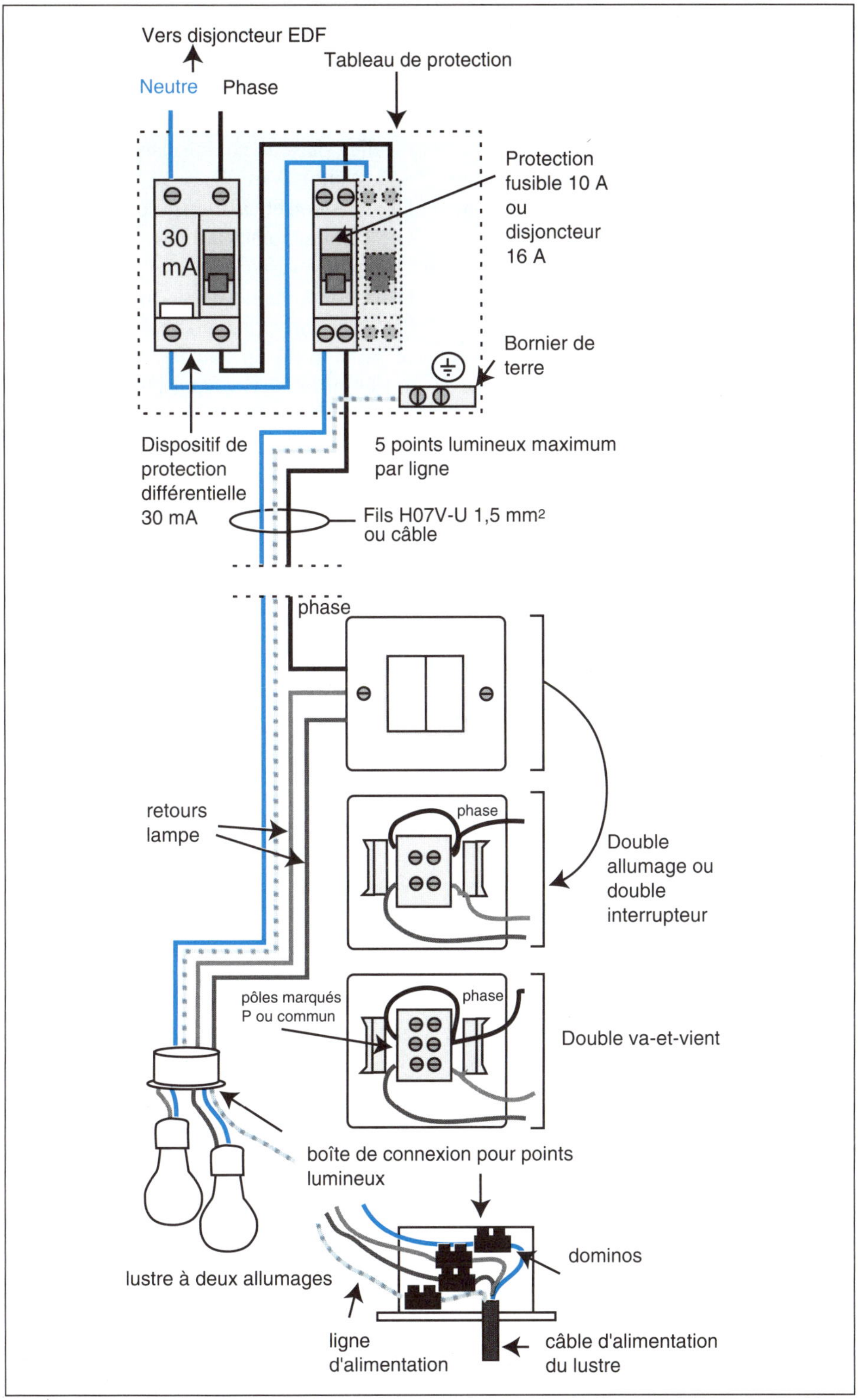

Figure 70 : Le double allumage (raccordement)

communs (ou P) et les retours lampes sur les sorties correspondantes.

La figure 71 propose un aperçu de l'implantation de ces deux systèmes de commande d'éclairage.

• Le va-et-vient (figure 72)

Le va-et-vient est utilisé pour commander un (ou plusieurs) point lumineux de deux endroits différents (en haut et en bas d'un escalier, dans un couloir, une pièce à deux issues, etc.).

La protection et les fileries sont les mêmes. Les commutateurs utilisés sont impérativement des va-et-vient.

Le conducteur de phase arrive sur l'un des deux commutateurs et se raccorde sur le plot commun (ou P). Sur les deux autres plots sont raccordés deux autres

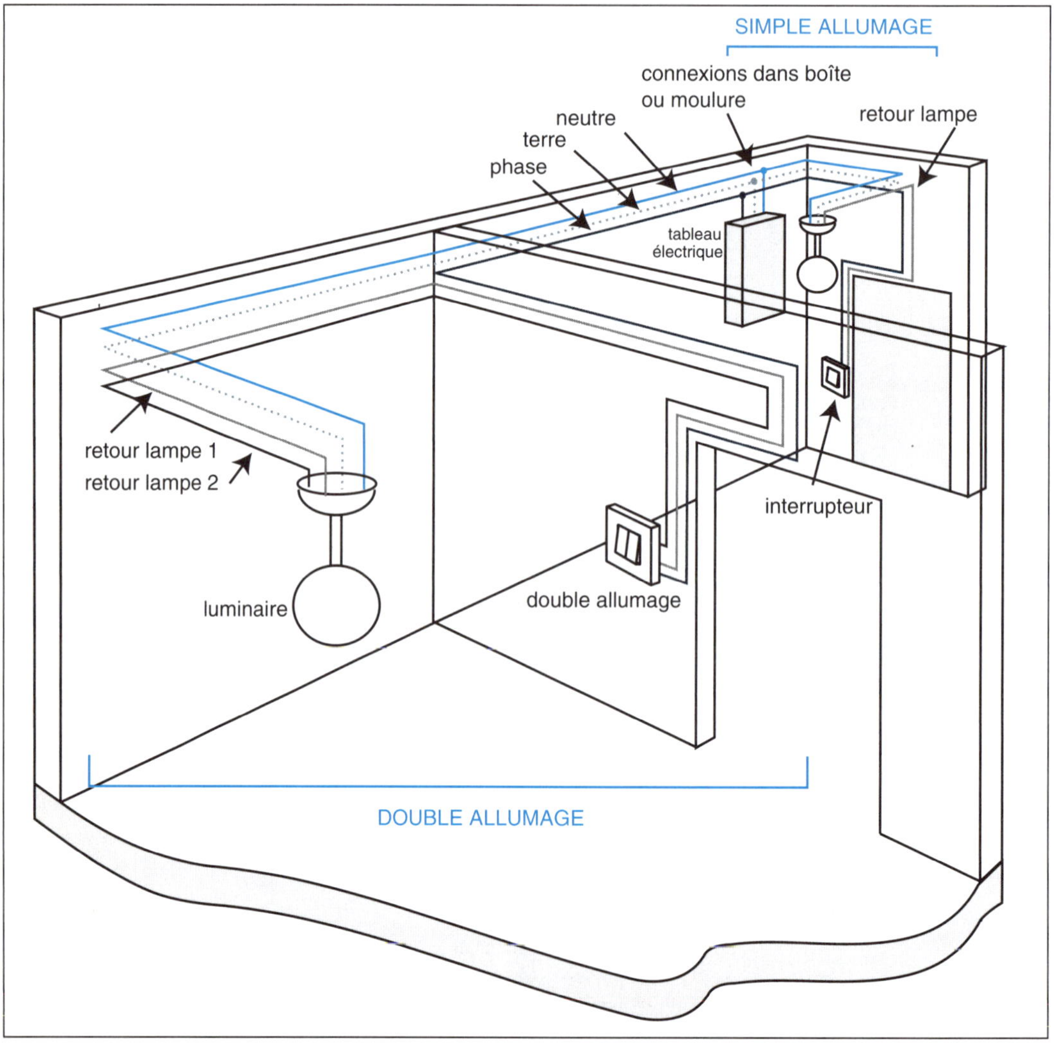

Figure 71 : Double allumage et simple allumage (implantation)

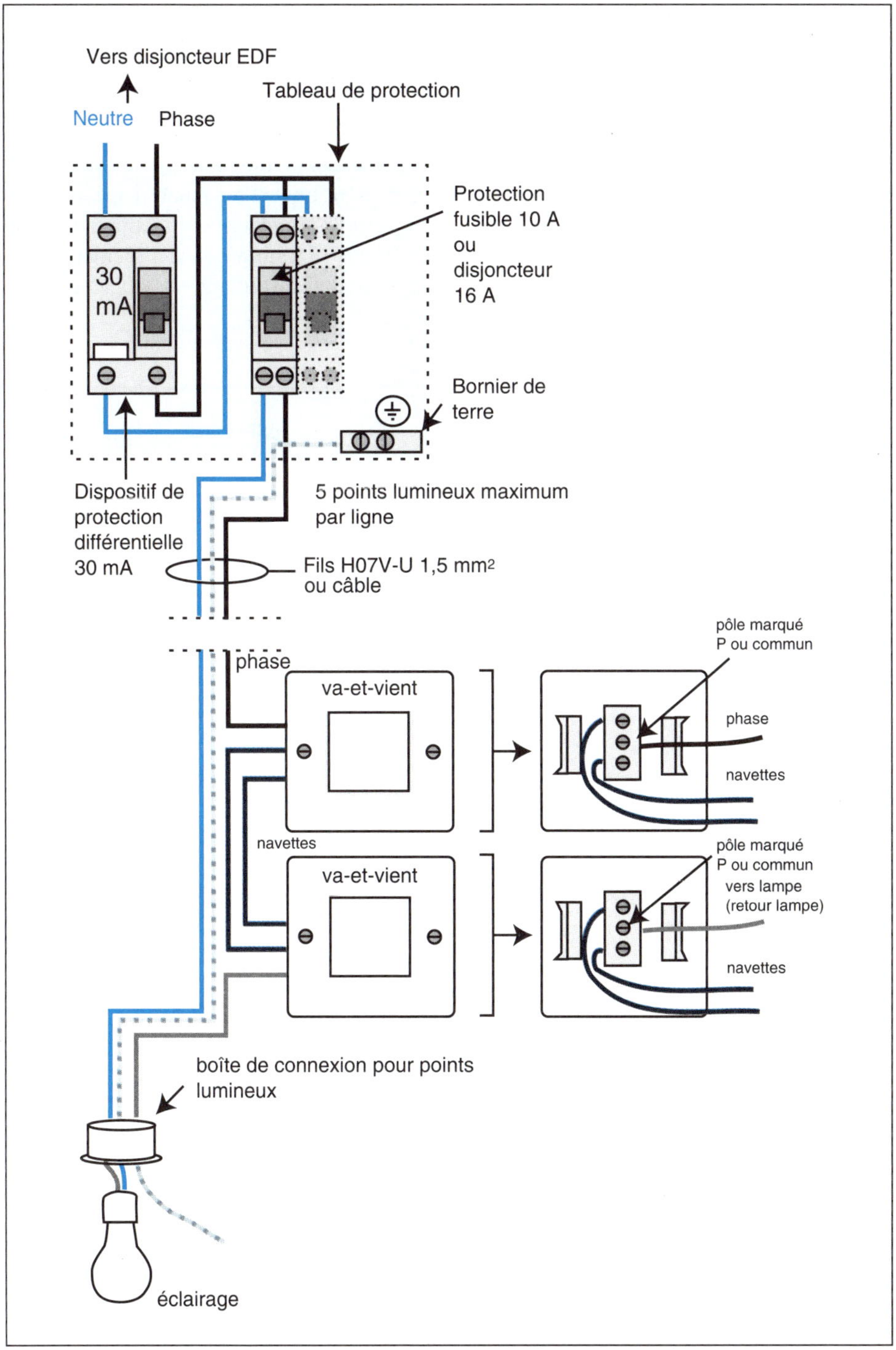

Figure 72 : Le va-et-vient (raccordement)

conducteurs (que l'on choisira de même couleur) appelés navettes.

Ces deux navettes se raccordent de la même façon sur l'autre commutateur.

Leur inversion ne nuit pas au fonctionnement du système.

Le retour lampe est raccordé sur le commun de ce deuxième commutateur (voir figure 72). La figure 73 présente un exemple d'implantation du va-et-vient.

• Le télérupteur (figures 74 à 76)

Le système du télérupteur est utilisé lorsqu'on a besoin de plus de deux postes de commande pour l'allumage. Ici, le nombre de points de commande est infini.

Pour réaliser ce montage, on doit utiliser le télérupteur qui est un appareil spécifique.

La figure 74 en décrit le fonctionnement

La figure 75 montre le raccordement d'un télérupteur unipolaire (le plus utilisé).

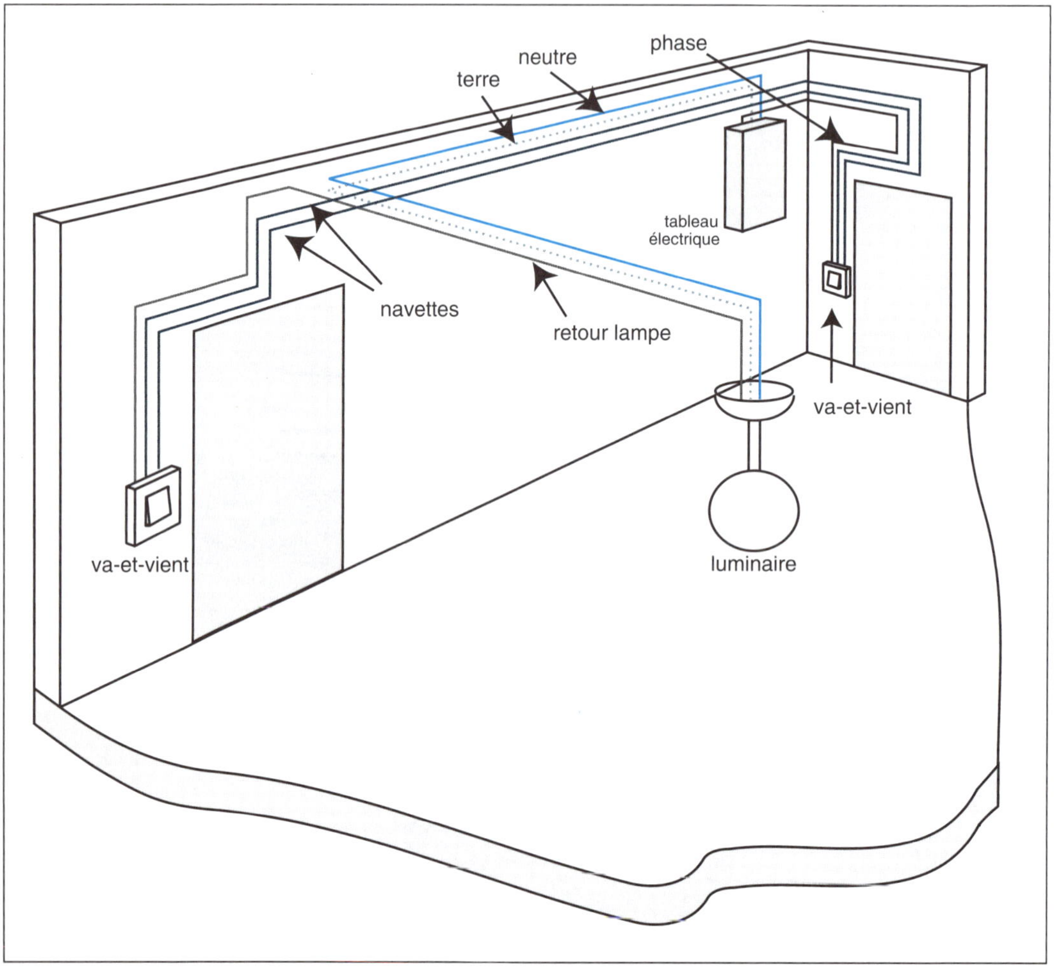

▲ *Figure 73 : Le va-et-vient (implantation)*

Figure 74 : Le télérupteur (fonctionnement) ▶

Qu'est-ce qu'un télérupteur ?

Un télérupteur est un appareil électro-mécanique. Il dispose, comme le contacteur, d'un circuit de commande et d'un circuit de puissance. Le circuit de puissance, en revanche, ne permet pas le passage de fortes intensités (16 A) et l'utilisation du télérupteur est plus spécialement réservée aux circuits d'éclairage. Le télérupteur est constitué d'un noyau de fer, coulissant dans une bobine, qui vient actionner un dispositif mécanique qui coupe ou établit un circuit électrique. La commande fonctionne par impulsions et doit toujours être commandée par un bouton poussoir.

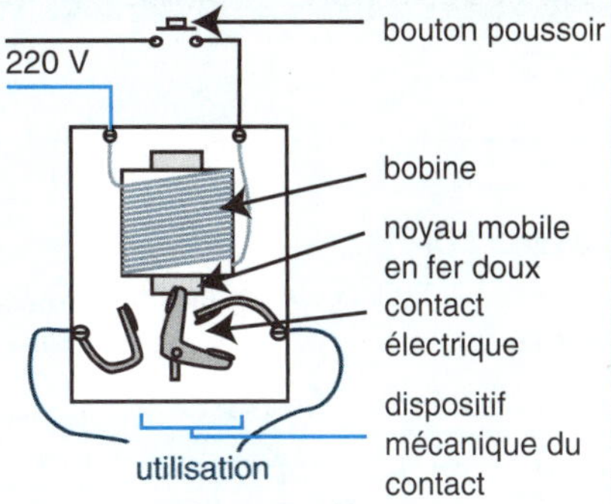

Quand on appuie sur le bouton poussoir du circuit de commande (1), la bobine est alimentée. Par effet magnétique, elle fait coulisser le cylindre de fer doux (2) qui vient à son tour actionner le dispositif mécanique (3) qui établit le contact électrique.
Le circuit d'utilisation est sous tension.
Remarque : le circuit de commande existe en d'autres tensions que 220V.

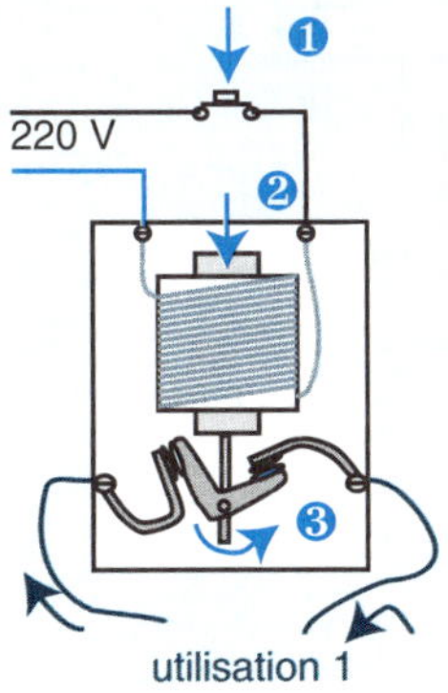

Quand on relâche le bouton poussoir (4), le dispositif mécanique maintient le contact électrique dans sa position et le circuit est toujours alimenté (contrairement au contacteur).
Le nombre de boutons poussoirs est illimité. Ce système de commande d'éclairage est utilisé quand on a besoin de plus de deux points de commande (couloir d'une habitation, par exemple).
L'utilisation d'un interrupteur à la place du bouton poussoir provoquerait la destruction du télérupteur.

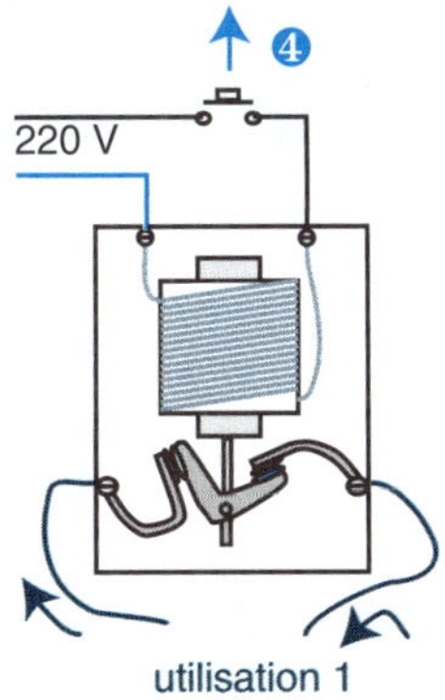

Lorsque l'on appuie à nouveau sur le bouton poussoir du circuit de commande (5), le noyau de fer doux est attiré par la bobine (6) et il agit sur le dispositif mécanique qui coupe le circuit d'utilisation (7).
Au relâchement du bouton, le contact électrique reste dans cet état.

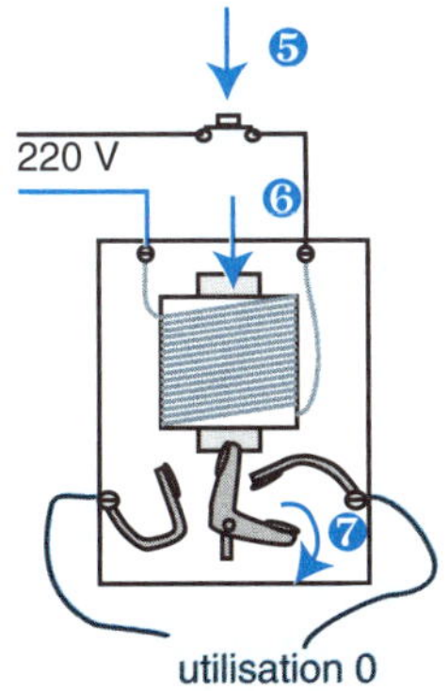

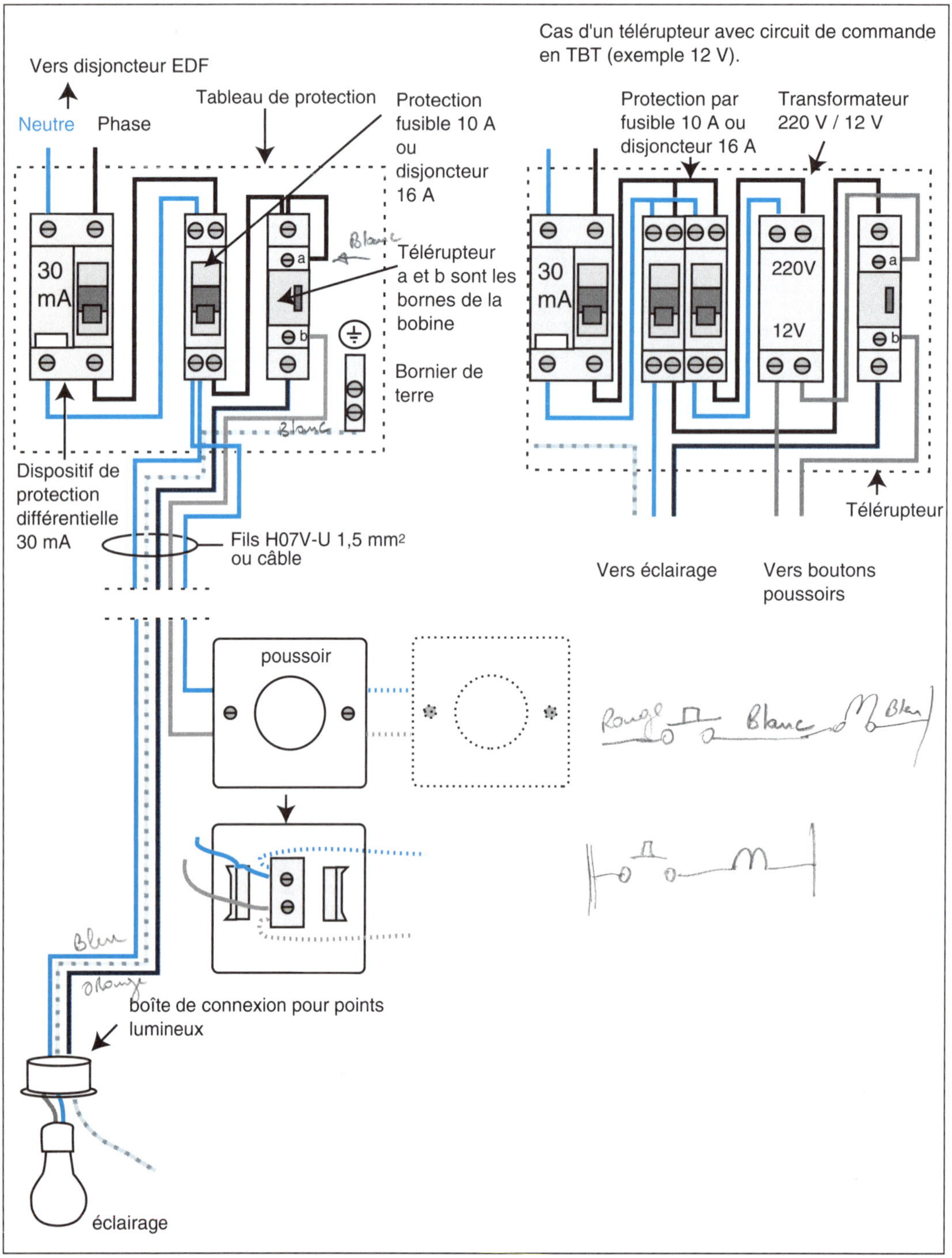

Figure 75 : Le télérupteur (raccordement)

Mais il existe des télérupteurs bipolaires ou tripolaires.

À la figure 75, les circuits de commande et de puissance ont une protection commune ; mais elle peut être indépendante, comme dans l'exemple de la commande en TBT de la même figure (ce système peut être utilisé lorsqu'on place les boutons de commande à l'extérieur).

Le télérupteur est généralement placé dans le tableau de protection. En sortie de la protection (disjoncteur divisionnaire dans notre exemple), la phase est raccordée sur le contact et la bobine du télérupteur.

Le retour lampe est raccordé sur la sortie du contact.

Le retour lampe, la terre et le neutre alimentent le ou les points lumineux.

Le neutre et la sortie de la bobine du télérupteur sont raccordés sur les boutons poussoir.

La figure 76 présente un exemple d'application d'un système de commande d'éclairage par télérupteur.

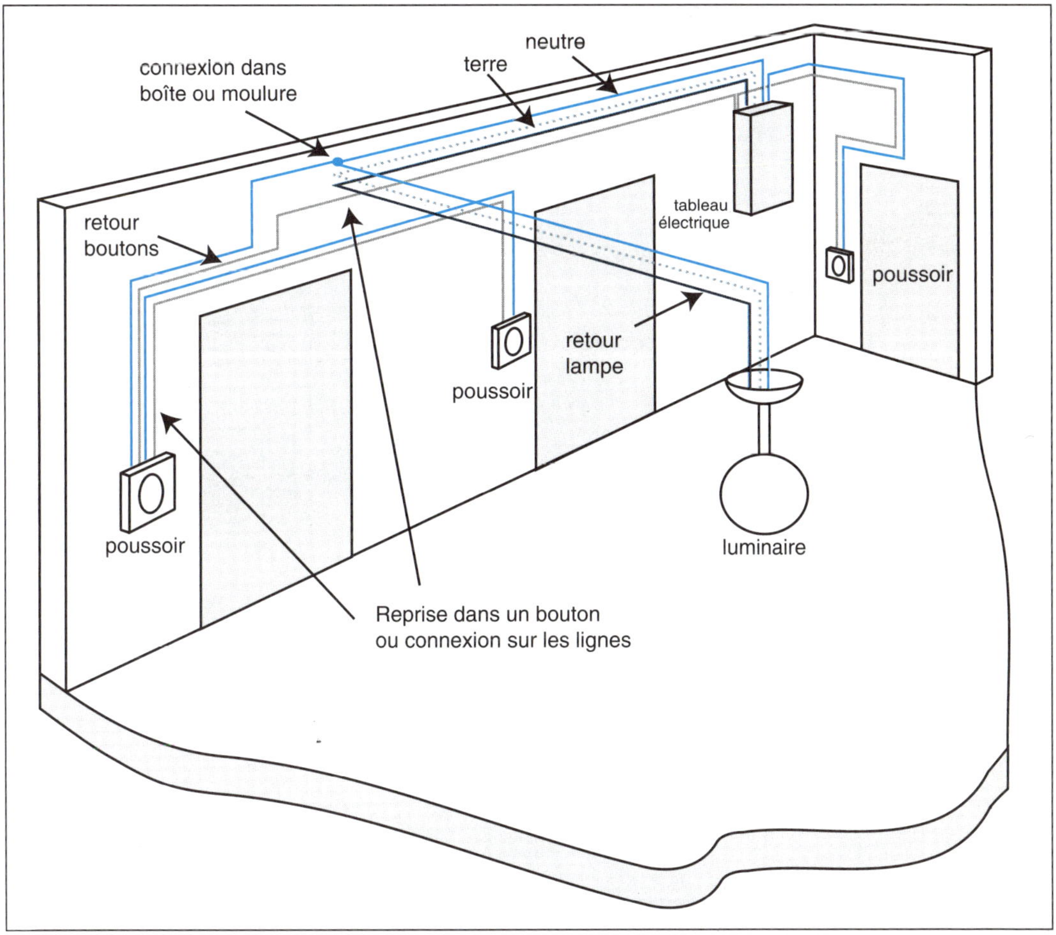

Figure 76 : Le télérupteur (implantation)

Protection analogue à celle d' un circuit interrupteur (figure 69)

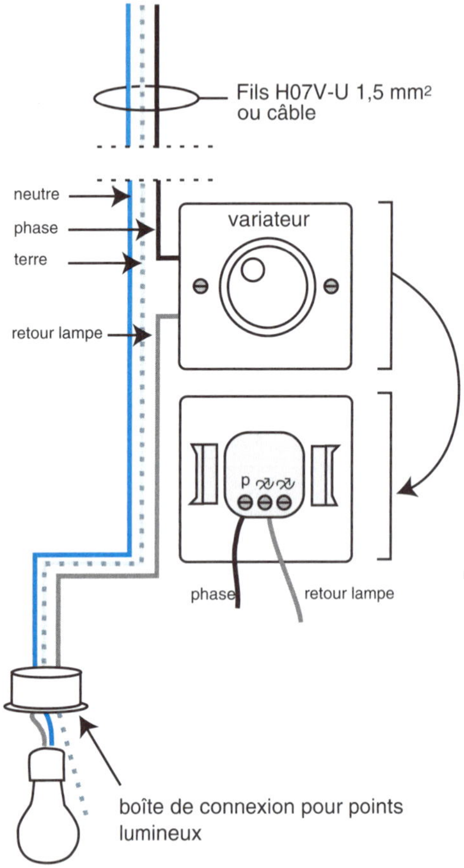

éclairage (plafonnier, lustre, applique)

Variateur branché en va-et-vient (attention : tous les variateurs n'acceptent pas ce branchement)

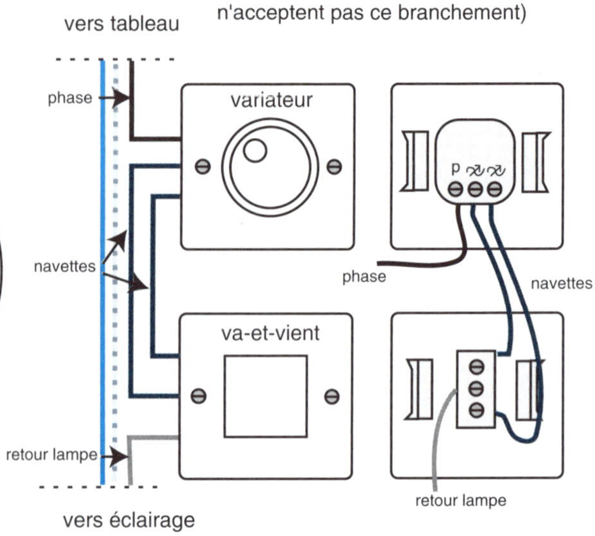

Variateur électronique avec périphériques

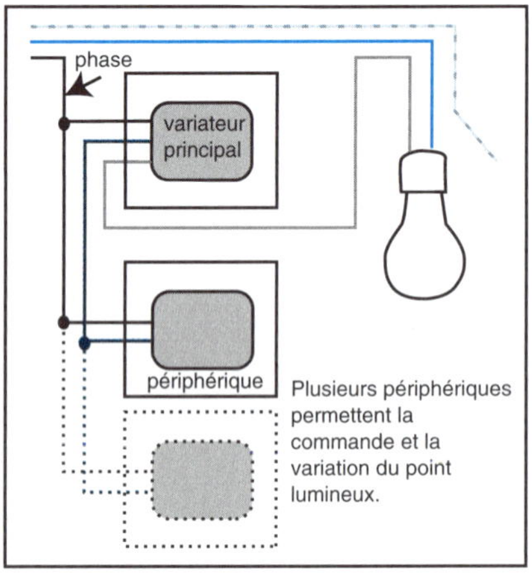

ATTENTION : ne pas faire varier des tubes fluorescents, des ampoules fluorescentes compactes et des transformateurs pour lampes halogènes en Très Basse Tension (TBT 12V).

Certains modèles acceptent la variation des transformateurs TBT (non électroniques) par l'adjonction d'un compensateur.

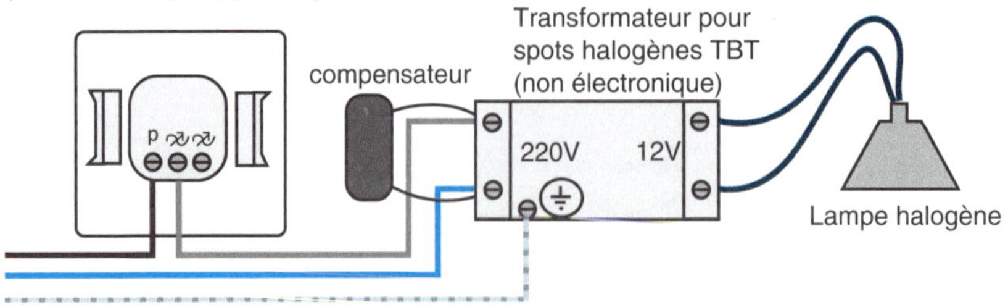

• Le variateur (figure 77)

Le variateur ou gradateur, est un système qui permet la variation de la lumière. Le système inclut un interrupteur pour l'arrêt et la mise en fonction du circuit.
Son installation peut venir en remplacement d'un interrupteur sans modification de l'installation.
Son raccordement est en tous points analogue à un circuit en simple allumage (figure 77).
Vous devez le choisir en fonction de la puissance des éclairages que vous comptez faire varier. Les modèles les plus courants offrent des puissances maximales de 300 ou 500 W.
Certains modèles de variateurs permettent un fonctionnement en va-et-vient.
Dans ce cas, un seul des deux commutateurs est remplacé par un variateur.
L'extinction et la mise en route du point lumineux peuvent s'effectuer indifféremment à partir des deux appareils, mais la variation ne sera possible que sur le variateur.

Un autre système peut se rencontrer : c'est le système avec périphériques (voir figure 77).
Le variateur maître est raccordé comme un simple allumage et les périphériques (modules spéciaux ou simples boutons poussoirs) sont repris sur celui-ci.

Certains modèles permettent la variation de transformateurs pour lampes halogènes TBT (12 V). Dans ce cas, il est généralement nécessaire de rajouter un compensateur sur l'alimentation 220 V du transformateur.

Renseignez-vous bien avant d'acheter ce type d'appareil de façon que le modèle que vous choisirez soit parfaitement adapté à l'utilisation que vous souhaitez en faire.

En règle générale, avec ce type de variateur, on ne peut pas faire varier des tubes fluorescents (sans une adaptation spéciale), des lampes fluorescentes compactes (lampes économisatrices) et des moteurs.

• Le télévariateur (figure 78)

Le télévariateur est un compromis entre le variateur et le télérupteur.
Le schéma de raccordement de la figure 78 n'est proposé qu'à titre d'exemple (selon les marques et les modèles, les raccordements peuvent être légèrement différents).
Le télévariateur est placé dans le tableau de protection (voir figure 78). La diversité des modèles peut permettre des variations pour des puissances allant jusqu'à 25 000 W. Les modèles les plus courants varient selon des puissances de 300 ou 500 W.

Ce télévariateur est commandé par de simples boutons poussoirs à fermeture. Une pression brève sur les poussoirs permet l'allumage ou l'extinction du ou des points lumineux. Une pression prolongée provoque la variation.

Figure 77 : Le variateur (raccordement)

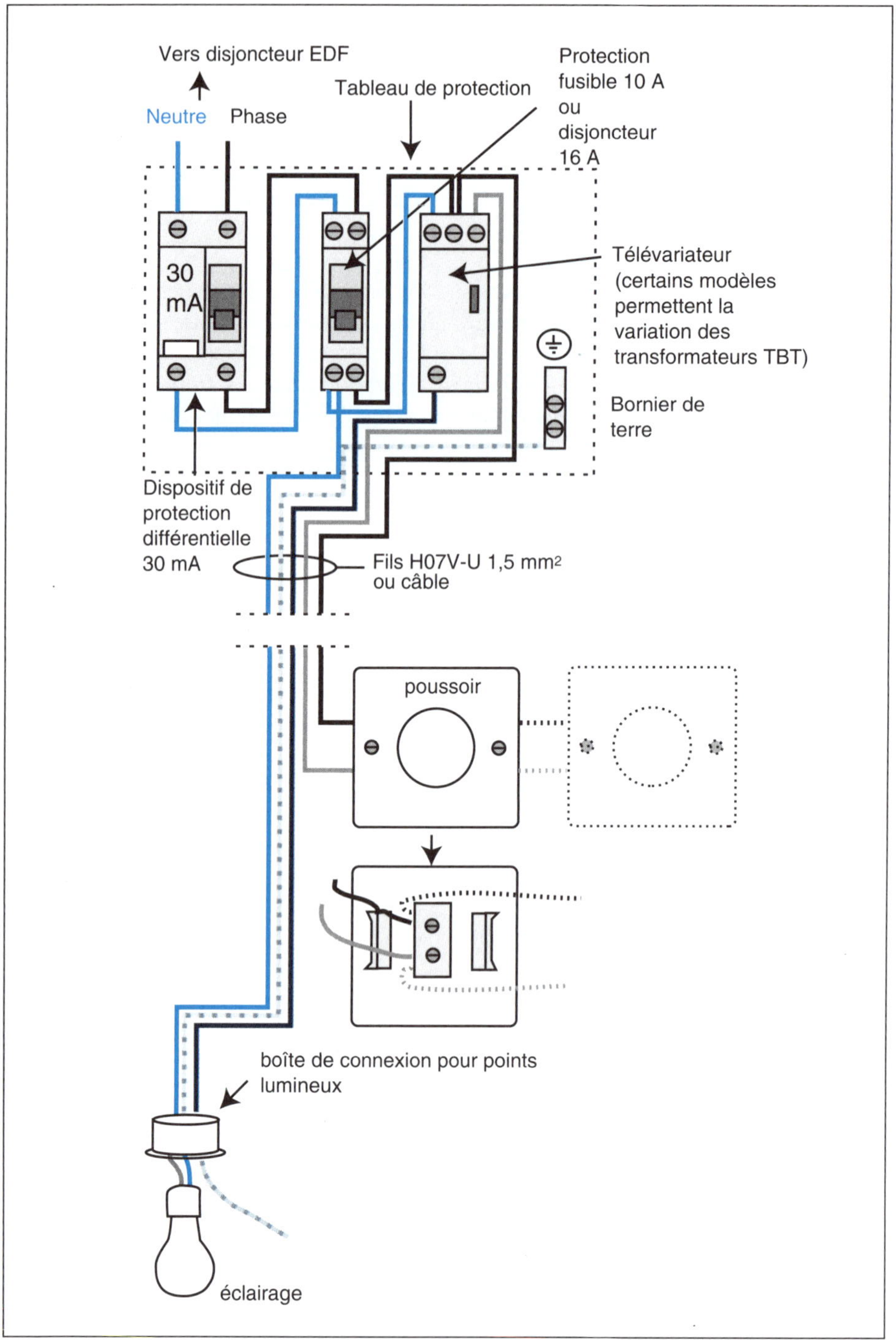

Figure 78 : Le télévariateur (raccordement)

• La commande à distance (figure 79)

Dans ce domaine, on trouve toute une diversité d'appareils dont la qualité n'est pas toujours assurée. Préférez les appareils des grands constructeurs de matériel électrique.

Ne pouvant fournir dans cet ouvrage tous les schémas de raccordement existants, nous nous contenterons d'exposer des cas de figure type.

L'avantage de ce système est de permettre le pilotage d'une partie de l'installation par une simple télécommande ou la possibilité de réaliser des circuits rapidement, simplement, en utilisant un minimum de fileries.

La commande par infrarouges ou ondes radio

La figure 79 présente quelques exemples d'applications.

Dans le premier exemple (la commande d'un plafonnier), il suffit d'alimenter le récepteur (placé dans le faux plafond

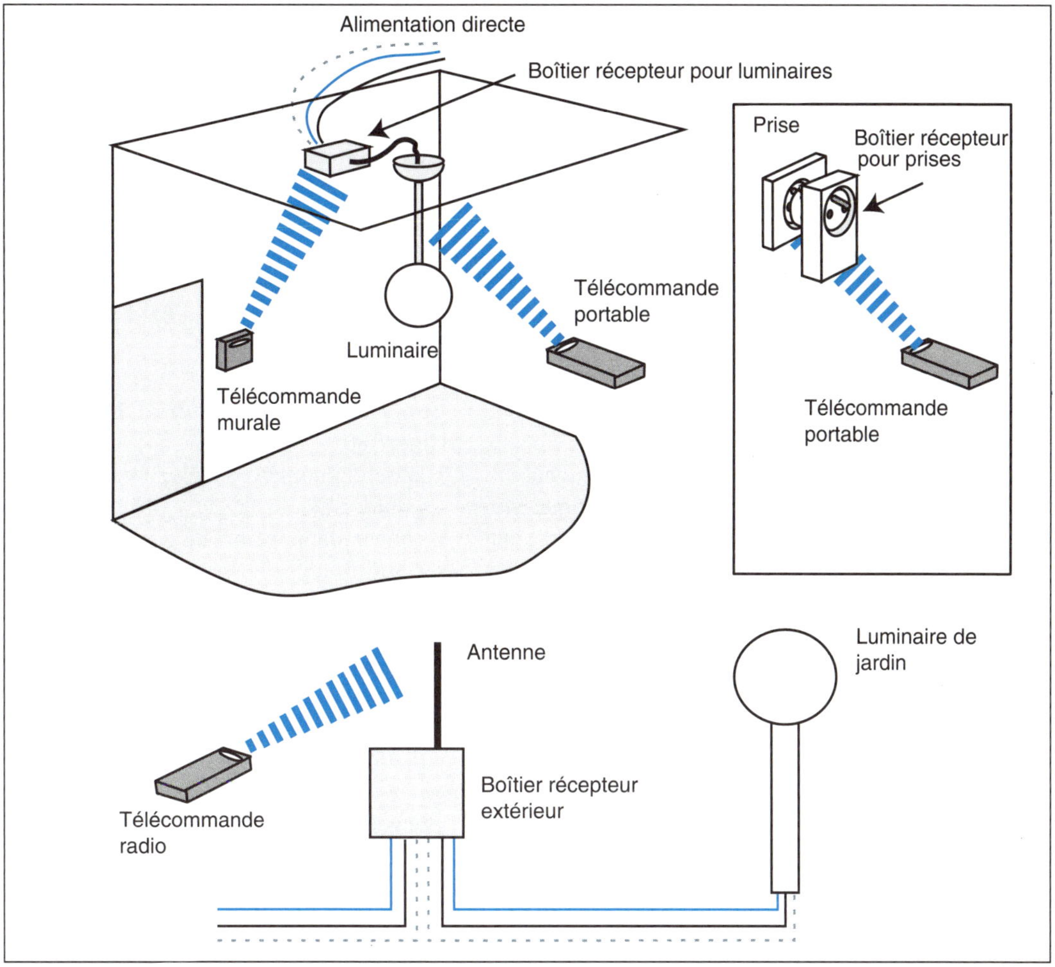

Figure 79 : Commande à distance par rayons infrarouges ou ondes radio

ou à la base du lustre) qui lui-même alimente le luminaire lorsqu'il reçoit un signal.

Les émetteurs (appareils qui envoient le signal) peuvent être muraux (comme dans le cas d'un interrupteur) ou sous forme de télécommande (du type télécommande de TV). Bien sûr, ces émetteurs sont alimentés par des piles.

À l'intérieur des émetteurs, un système de commutateurs permet de programmer un code équivalent pour l'émetteur et le récepteur.

Dans le cas de la télécommande, on peut disposer de plusieurs canaux afin de commander plusieurs luminaires ou prises (figure 79, encadré).

Il existe aussi des boîtiers récepteurs universels qui permettent la commande à distance de n'importe quel appareil (éclairage extérieur, ouverture de porte, etc.).

La commande à distance par courant porteur (figure 80)

Dans ce type de commande à distance, l'installation est pilotée par une télécommande (émetteur) directement raccordée sur une prise de courant.

Cette télécommande envoie un signal sur les fileries de l'installation électrique : on appelle cela un courant porteur. Ce signal est décodé par des récepteurs intercalés sur l'alimentation d'appareils (chauffages, volets roulants, éclairages, etc.) ou placés directement dans le tableau de protection.

Ici aussi, un système de codage permet de faire correspondre chaque touche de la télécommande avec un appareil choisi.

Ce système peut être couplé à un système de commande à rayon infrarouge.

L'émetteur infrarouge agit sur une interface qui transforme le signal infrarouge en signal à courant porteur.

Pilotage à distance d'une installation

Une autre application de ce système consiste à relier un émetteur à courant porteur spécial à un minitel (figure 80).

Ce système permet de commander votre installation depuis un autre minitel situé dans n'importe quel endroit (au bureau, par exemple) ou de commander l'installation de votre résidence secondaire depuis votre résidence principale.

Les informations transitent par le réseau téléphonique.

Il est indispensable que le minitel récepteur reste en veille.

Cet émetteur est raccordé d'une part, à votre installation par une simple prise de courant, à un minitel par la prise DIN et, d'autre part, au réseau téléphonique par une prise téléphonique.

Ce genre d'appareil peut disposer de vingt canaux différents.

Fonctionnement (matériel LEGRAND) (figure 80) :

- appel du numéro de téléphone du site à piloter ;
- connexion, puis mot de passe ;
- écran d'accueil avec cinq possibilités d'action par canal :
  - marche ou arrêt,
  - marche temporisée (de 0 à 3 heures),
  - simulation de présence (allumage et extinction aléatoire),
  - allumage nuit/extinction jour,
  - régulation de la température.

L'appareil est muni d'une sonde de température et d'un détecteur de luminosité.

Figure 80 : Commande à distance par courant porteur

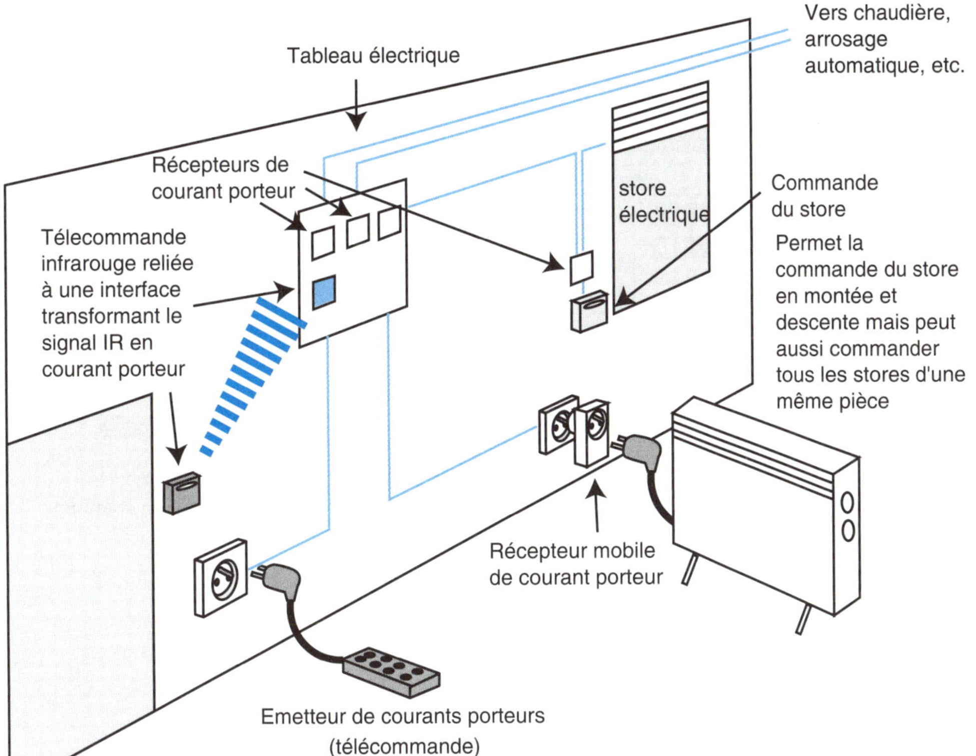

Permet la mise en route, l'arrêt ou la variation de tout appareil raccordé par l'intermédiaire d'un récepteur (chaque récepteur possède un codage particulier). Les récepteurs peuvent être mobiles ou intégrés au tableau de protection. Un émetteur infrarouge peut être utilisé sur ce système par l'intermédiaire d'un dispositif d'interface.

Ce type d'installation peut être géré à distance par minitel

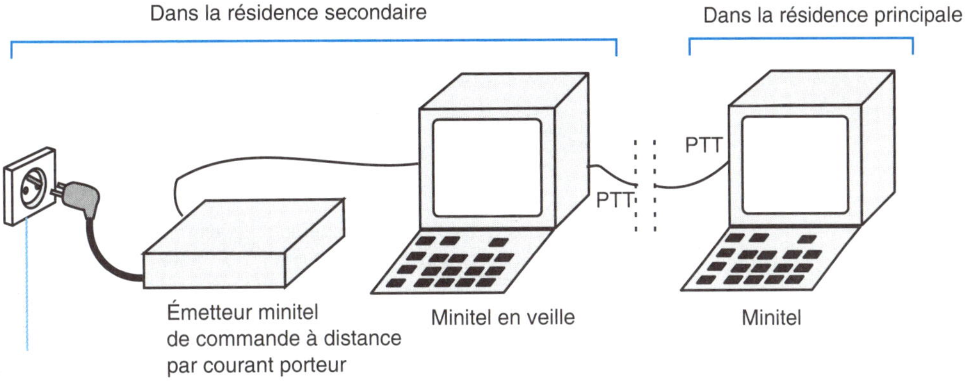

Vers installation pour
commande du chauffage, de l'arrosage, de l'éclairage (simulation de présence), etc.

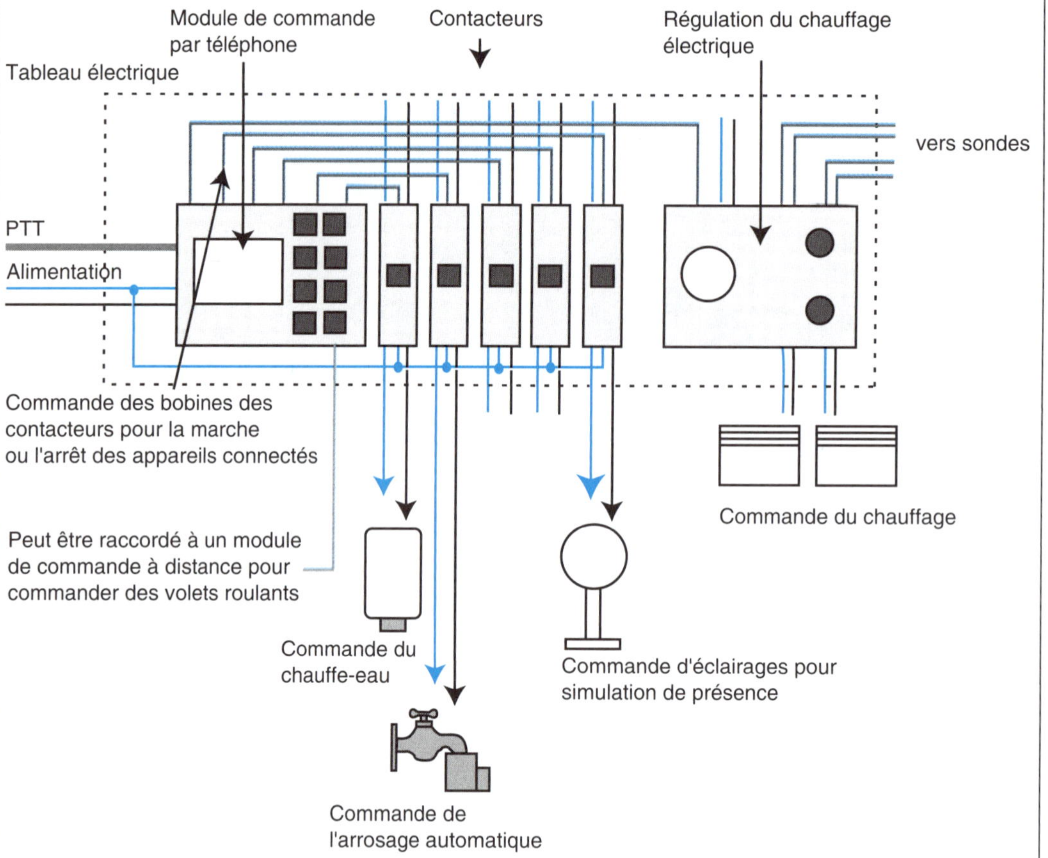

Exemple de fonctionnement (matériel Legrand)

❶ Composez le numéro de téléphone de l'endroit où se trouve le module de commande par téléphone.

❷ Composez le code d'accès personnel.

❸ Un accueil vocal indique la nature des canaux et leur état.
Exemple : canal 1 chauffe-eau - arrêt ;
canal 2 arrosage - marche.

❹ Composez sur le clavier du téléphone le numéro du canal sur lequel vous souhaitez intervenir (le 1 pour canal 1, etc.).

❺ Puis composez le 1 pour mettre l'appareil en fonction ou le 0 pour le mettre à l'arrêt.

❻ La voix indique le numéro du canal puis son état.

Figure 81 : La commande à distance par téléphone

Commande à distance par téléphone (figure 81)

Le principe de la commande par téléphone utilise comme précédemment les lignes téléphoniques pour transmettre des signaux. Dans ce cas, l'installation n'est pas équipée d'une commande à distance.

Le module de commande par téléphone, placé dans le tableau de protection, agit sur l'installation par l'intermédiaire de contacteurs et ne permet que la transmission d'un signal de marche ou d'arrêt.

On peut toutefois interconnecter se système avec un module de commande à distance.

Le fonctionnement en est expliqué dans la figure 81.

La pose des luminaires

• Plafonniers, appliques

La norme NF C 15.100 (installations électriques à basse tension) exige désormais que toute canalisation encastrée se termine par une boîte de connexion. Cela concerne également le raccordement des luminaires.

Plafonniers (figure 82)

On trouve sur le marché des boîtes pour le raccordement des plafonniers en rénovation. Généralement, ces boîtes sont de couleur verte pour ne pas les confondre avec les boîtes utilisées dans les constructions neuves qui, elles, sont de couleur rouge. Ces dernières sont uniquement destinées à être scellées dans les dalles en béton.

Les boîtes pour la rénovation existent en deux modèles :

- pour les plafonds creux ;
- pour les plafonds pleins.

Ces boîtes sont munies d'un crochet pour la pose de la suspension. Mais pour supporter un poids pouvant atteindre la limite de 25 kg, il est nécessaire de fixer le fond de la boîte (muni d'un manchon fileté) à la structure du plafond, ce qui n'est malheureusement pas toujours très évident en rénovation. Il faut souvent faire preuve d'imagination, les concepteurs n'étant pas les installateurs...

Appliques (figure 82)

Ici aussi les boîtes sont de couleur verte, d'un diamètre de 40 mm afin d'être les plus discrètes possible.

Il n'y a pas de contrainte supplémentaire de fixation, car ces boîtes ne supportent pas le luminaire.

Il existe également des modèles pour cloisons pleines et cloisons creuses.

Dans tous les cas, applique ou suspension, le raccordement du luminaire doit impérativement être réalisé dans la boîte et non pas derrière le luminaire.

• Encastrés (figure 83)

Les spots encastrables halogènes en très basse tension étant très à la mode, cette section propose des conseils et des indications pour réaliser un montage correct.

Le principe est simple ; le spot est alimenté par un transformateur lui-même commandé comme n'importe quel circuit lumière.

Deux possibilités existent :

- on installe un transformateur pour plusieurs spots ;
- on installe un transformateur par spot.

La deuxième solution est la plus utilisée, car les transformateurs peuvent se glisser dans n'importe quel faux plafond, du fait de leur petite taille, mais le prix du matériel est plus élevé.

En revanche, si l'on utilise un seul transformateur, ses dimensions nécessitent de prévoir un endroit spécifique où l'installer. De surcroit, plus il est éloigné des spots, plus la section des conducteurs

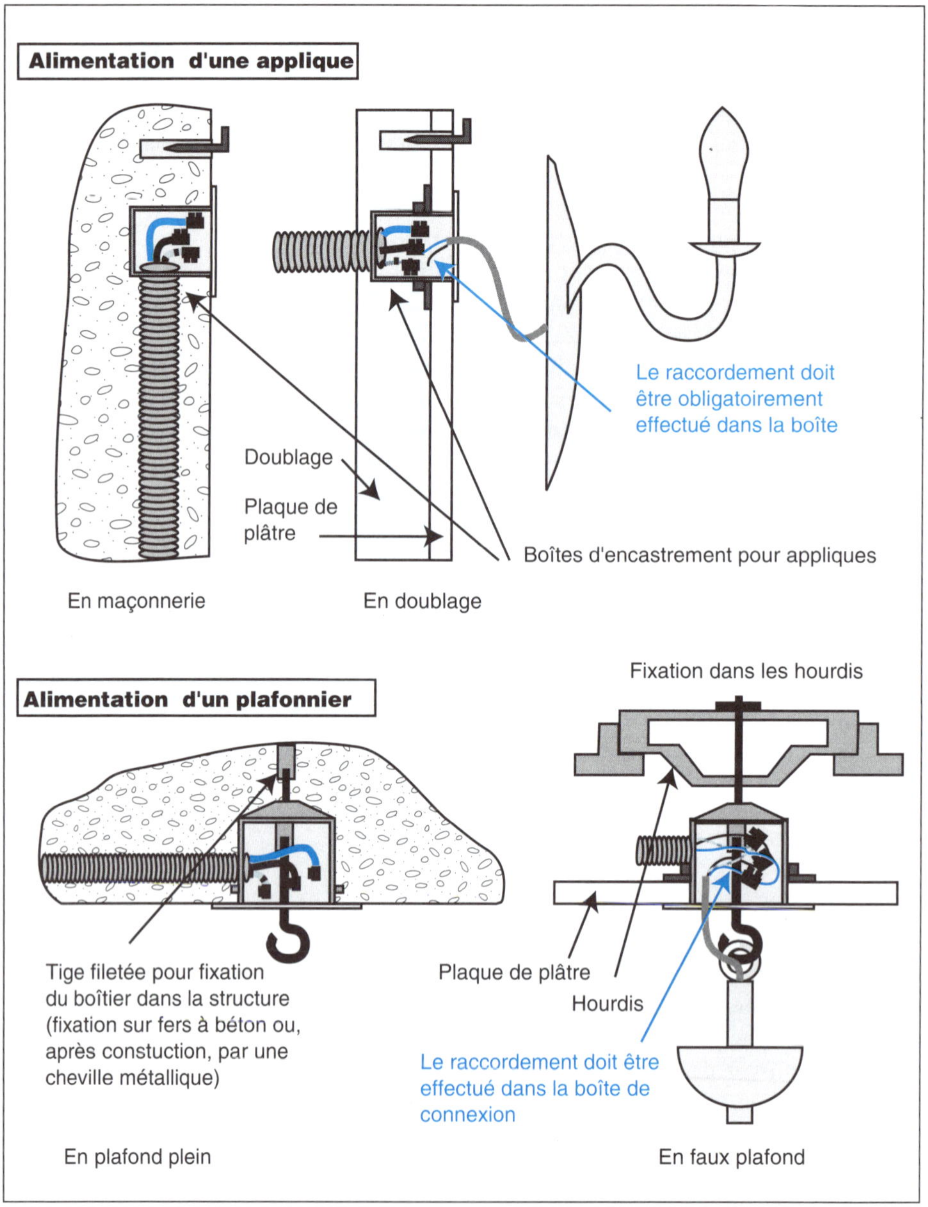

Figure 82 : Pose d'une applique et d'un plafonnier

d'alimentation doit être importante.

Le transformateur utilisé doit posséder une protection interne contre les courts-circuits.

Ce genre de spot a tendance à beaucoup chauffer et il est donc nécessaire de prévoir un espace suffisant dans le faux plafond ou une aération convenable.

La figure 83 présente le mode d'installation de ces spots en faux plafond existant ou à créer.

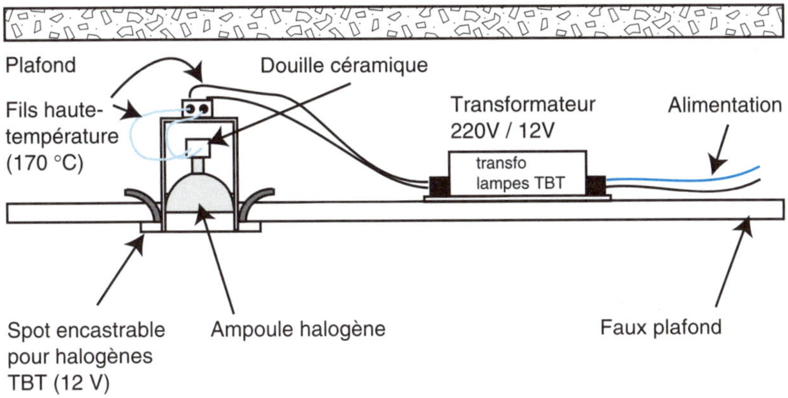

Attention : le transformateur doit pouvoir supporter la puissance de l'ampoule.
Un transformateur 220 V / 12 V de 50 VA supportera une ampoule de 20 ou 50 W (12V), mais un transformateur de 20 VA ne supportera pas une ampoule de 50 W (12V).

Faux plafond existant

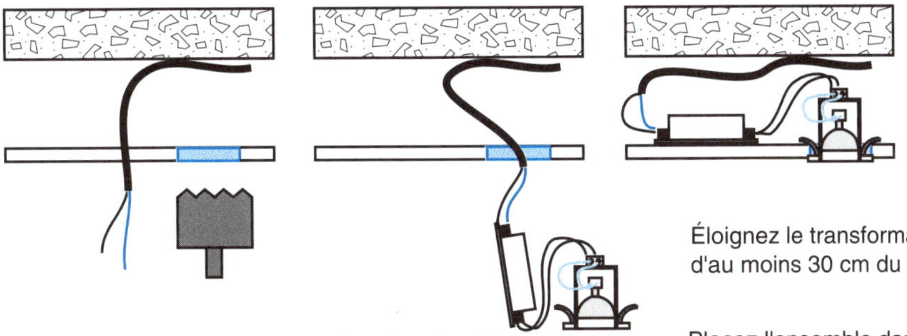

Percez un trou à l'aide d'une scie-cloche et d'une perceuse.

Récupérez le câble existant et raccordez le transformateur et le spot.

Éloignez le transformateur d'au moins 30 cm du spot.

Placez l'ensemble dans le faux plafond.

Faux plafond à créer

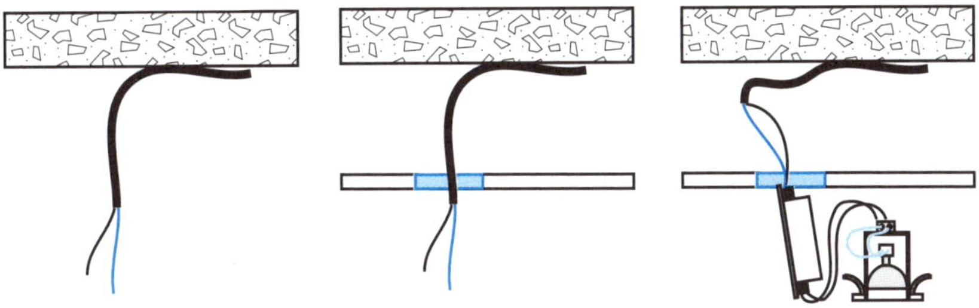

Passez les câbles d'alimentation en les laissant libres à l'emplacement des spots.

Procédez à la pose du faux-plafond en ayant préalablement réalisé des percements à l'emplacement des spots.

Continuez le montage comme ci-dessus.

Figure 83 : Spots TBT encastrés

Les montages particuliers

• La ventilation

La ventilation est indispensable pour le confort et la salubrité d'une habitation. Contrairement à ce que l'on croit, elle ne crée pas de déperditions de chaleur (ou très peu) mais permet une chauffe beaucoup plus homogène du local.

La ventilation centralisée (figure 84) (Ventilation Mécanique Contrôlée)

C'est le système le plus utilisé dans les pavillons. Son installation peut être réalisée en appartement sous certaines conditions (possibilité d'évacuer l'air vicié, ne pas provoquer de gêne sonore).

Le raccordement

L'alimentation d'un tel système nécessite :

- une protection différentielle 30 mA ;
- un fusible 10A ou un disjoncteur divisionnaire 16A.

La plupart de ces appareils disposent de deux vitesses de fonctionnement. Il est nécessaire de placer un commutateur afin de pouvoir choisir l'une ou l'autre des allures (figure 84).

PROMOTELEC recommande de placer ce commutateur au niveau du tableau de protection ; d'autres avis le préconisent dans la cuisine afin de pouvoir passer en vitesse supérieure en cas d'émanation d'odeurs de cuisson ou de buée. Le raccordement de ce commutateur est très simple.

Le conducteur de phase doit être permuté sur l'un ou l'autre des fils d'alimentation pour obtenir la vitesse souhaitée.

Certaines VMC sont hygroréglables, c'est-à-dire qu'elles adaptent automatiquement leur vitesse d'aspiration en fonction du taux d'humidité de l'air aspiré.

L'installation

Le caisson de la VMC peut provoquer des vibrations. Étant donné que cet appareil doit fonctionner en permanence et bien que relativement silencieux, les vibrations qu'il engendre doivent être limitées au minimum.

Généralement, on conseille de le suspendre à la charpente par des fixations en caoutchouc ou similaires de manière à ne pas transmettre le bruit.

Mais une bonne isolation avec des panneaux de laine de roche peut être suffisante.

Le caisson dispose généralement de :

- quatre entrées de 80 mm de diamètre ;
- une entrée de 125 mm de diamètre ;
- une sortie de 150 mm de diamètre.

Les entrées de 80 sont destinées aux salles d'eau et W.-C., l'entrée de 125 à la cuisine et la sortie pour l'évacuation en toiture.

Vous trouverez dans tous les grands magasins de bricolage, des gaines en plastique ou en aluminium pour réaliser les raccordements.

N'oubliez surtout pas de réaliser des entrées d'air dans les pièces de confort (salon, chambres) en partie haute des fenêtres.

Les aérateurs (figure 85)

En appartement, on peut se contenter d'une aération ponctuelle avec des aérateurs situés en cuisine, salle d'eau et W.-C.

Le raccordement le plus simple consiste à alimenter l'aérateur comme un éclairage en simple allumage (figure 85).

Mais le problème de cette installation est que l'on ne pense pas toujours à mettre l'appareil en route et à l'arrêter.

La solution consiste à installer un appareil temporisé. Celui-ci se mettra en route à l'allumage de la lumière et continuera à

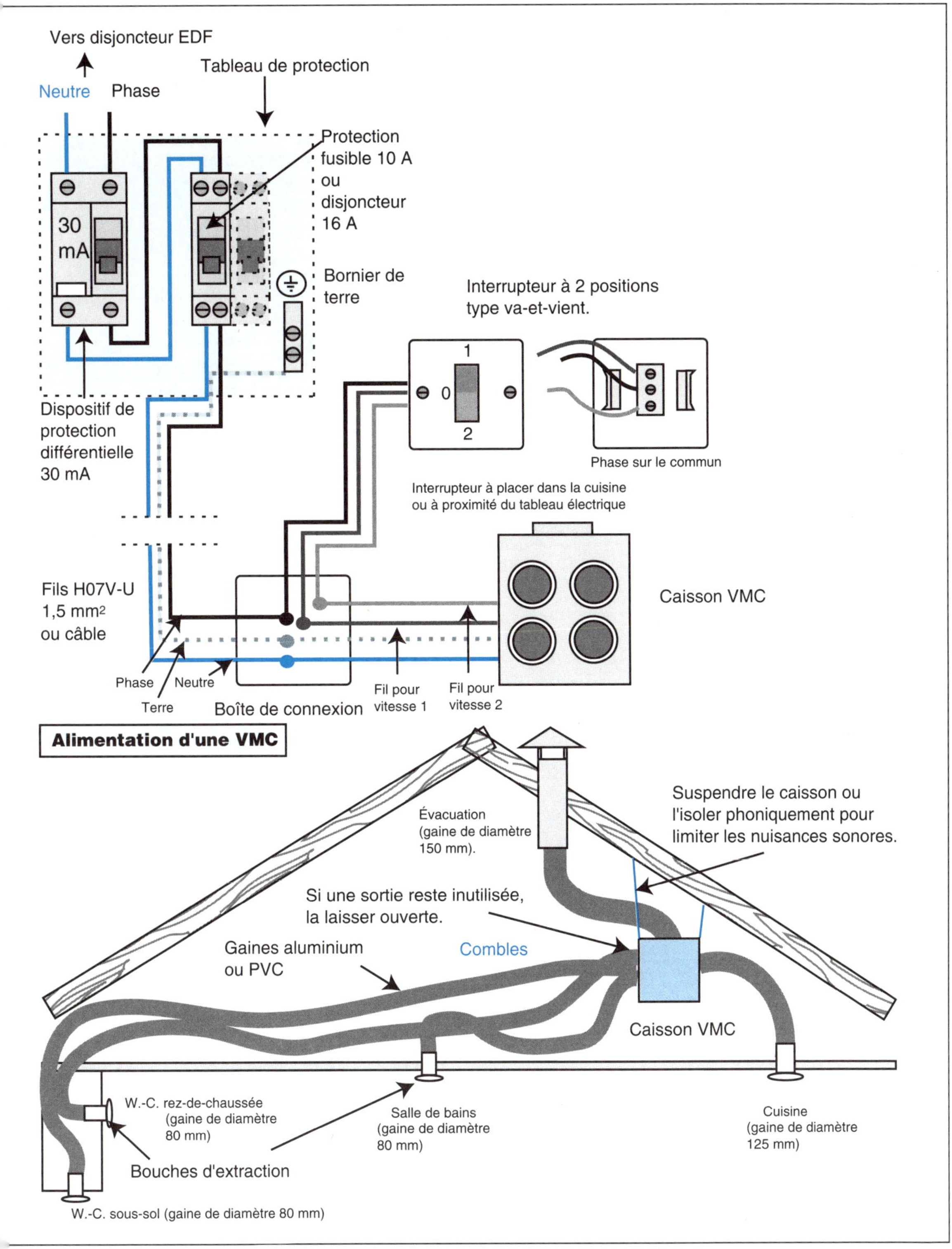

Figure 84 : La VMC (raccordement et installation)

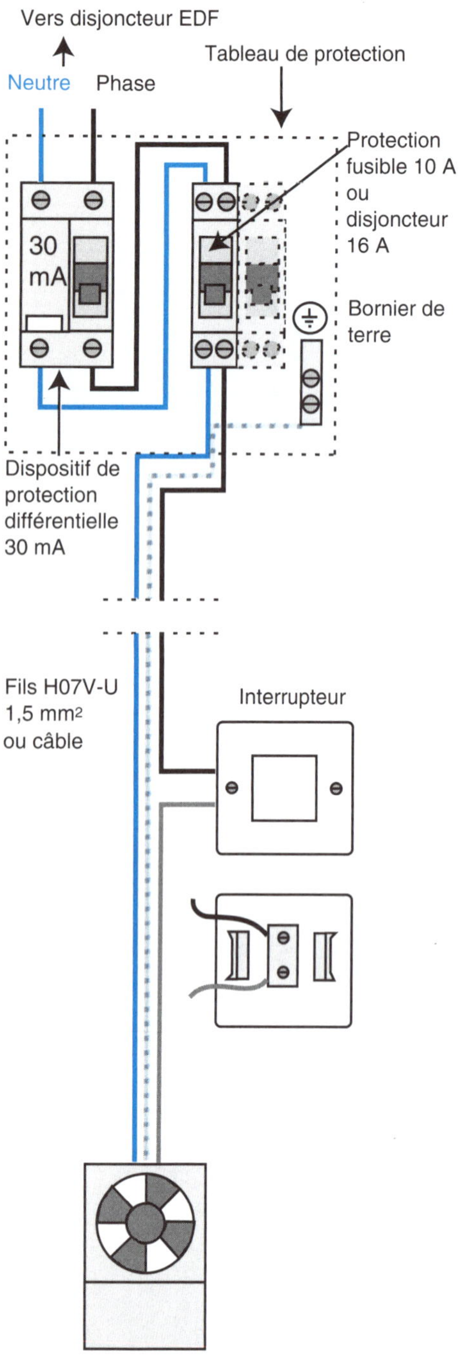

Alimentation d'un aérateur

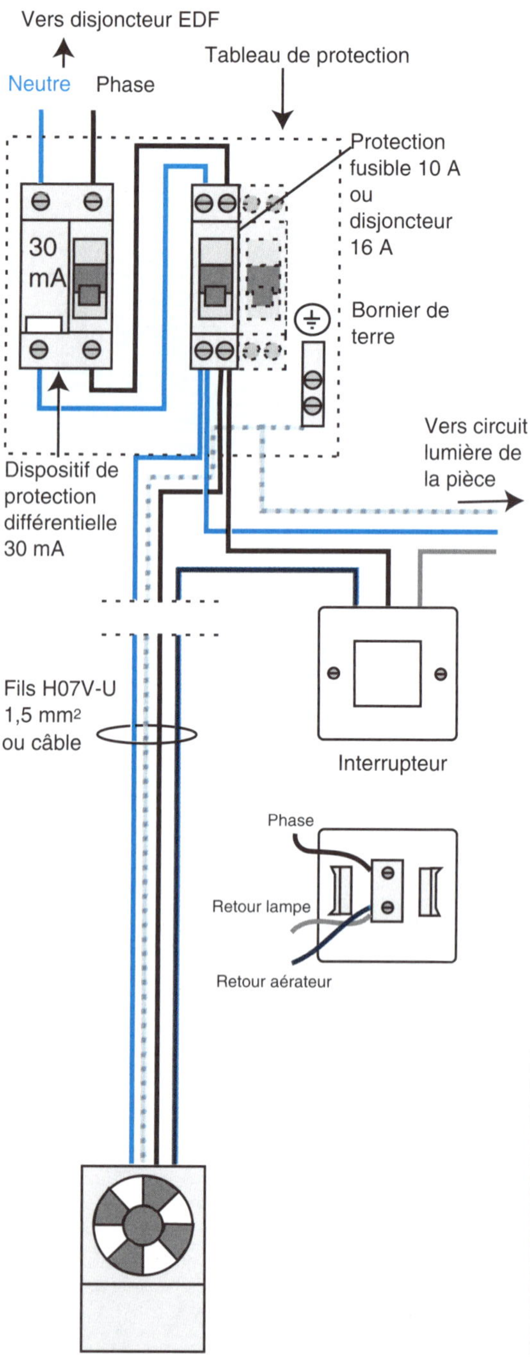

Alimentation d'un aérateur temporisé

fonctionner un certain temps (que vous programmerez) après l'extinction.

Les protections sont les mêmes que précédemment.

L'aérateur est alimenté d'une part par phase, neutre et terre et, d'autre part, par un conducteur (sorte de retour lampe) en provenance de l'interrupteur de commande de la lumière de la pièce (figure 85).

Le réglage du temps de temporisation s'effectue à l'intérieur de l'aérateur.

• Systèmes pour l'accueil des visiteurs

Sonnette, carillon (figure 86)

Ces dispositifs sont protégés de la même manière que les circuits lumière et peuvent être alimentés en sortie d'un fusible ou disjoncteur divisionnaire déjà attribué à un circuit lumière, par exemple.

Il est possible d'alimenter une sonnette (ou un carillon) directement en 220V, par l'intermédiaire d'un bouton poussoir (figure 86).

Cette solution n'est pas très adaptée pour une installation du bouton d'appel à l'extérieur (risque de choc électrique si le bouton était détérioré).

Il est préférable, dans un tel cas, d'alimenter le système en TBT (8 ou 12 V).

La sonnette peut être intégrée dans le tableau de protection, contrairement au carillon qui sera placé à l'extérieur.

Choisissez bien l'emplacement de celui-ci de sorte qu'il soit audible de toutes les pièces de l'habitation.

La commande à distance peut être utilisée également dans ce cas.

Un bouton poussoir émetteur muni d'une pile est placé à l'extérieur. Il envoie un message radio au carillon placé à l'intérieur. Ce carillon est simplement branché sur une prise de courant.

Faites des essais d'emplacements différents avant la pose définitive afin de définir l'endroit où la réception est la meilleure.

Certains de ces modèles de carillon acceptent en outre le raccordement (par fils) d'un bouton poussoir supplémentaire (pour la porte d'entrée, par exemple).

Cet appareil est très apprécié par les débutants, car sa pose est très simple.

Le portier interphone (figure 87)

C'est le système idéal en pavillon pour identifier le visiteur, lui ouvrir ou non, sans sortir de votre habitation.

Ce système se compose, en partie intérieure :

- d'une alimentation placée au niveau du tableau de protection,
- d'un ou plusieurs combinés avec bouton d'ouverture de gâche ;

et en extérieur :

- d'une platine d'appel avec micro, haut-parleur et bouton d'appel (avec une mini caméra dans le cas d'un portier vidéo) ;
- d'une gâche électrique pour l'ouverture automatique de la porte (il sera peut-être nécessaire de prévoir un groom afin que la porte se referme automatiquement après l'entrée du visiteur).

La pose d'un bouton de sortie (non accessible de l'extérieur) n'est utile que si la serrure de la porte ne possède pas de poignée du côté intérieur.

Ces systèmes sont alimentés en TBT et ne présentent donc aucun risque.

Figure 85 : Les aérateurs

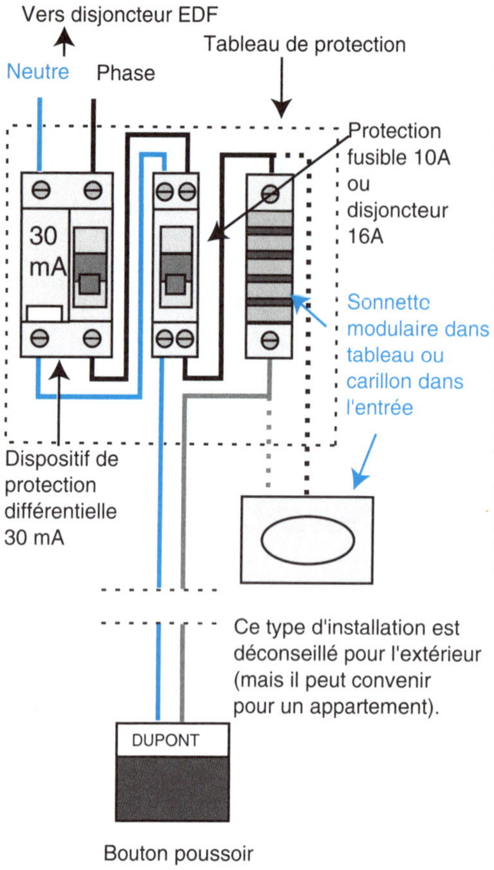

Alimentation d'une sonnette en 220V

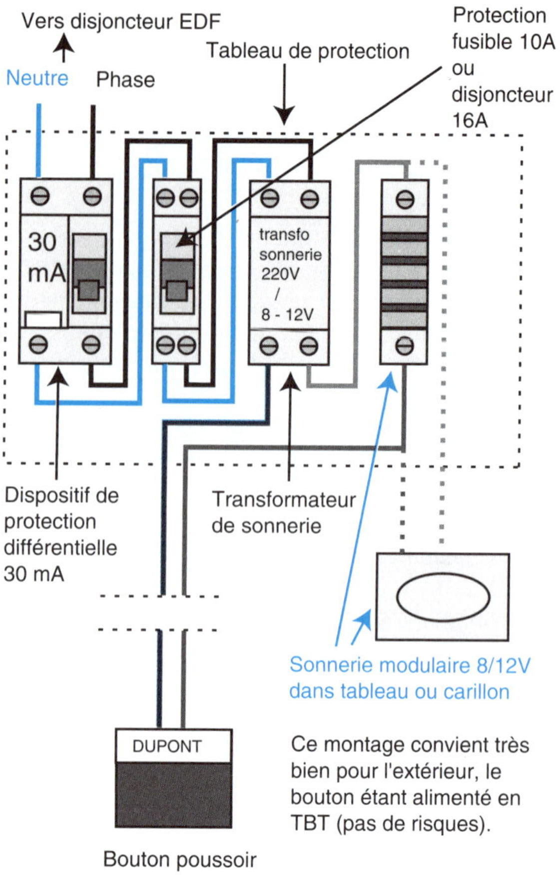

Alimentation d'une sonnette en TBT

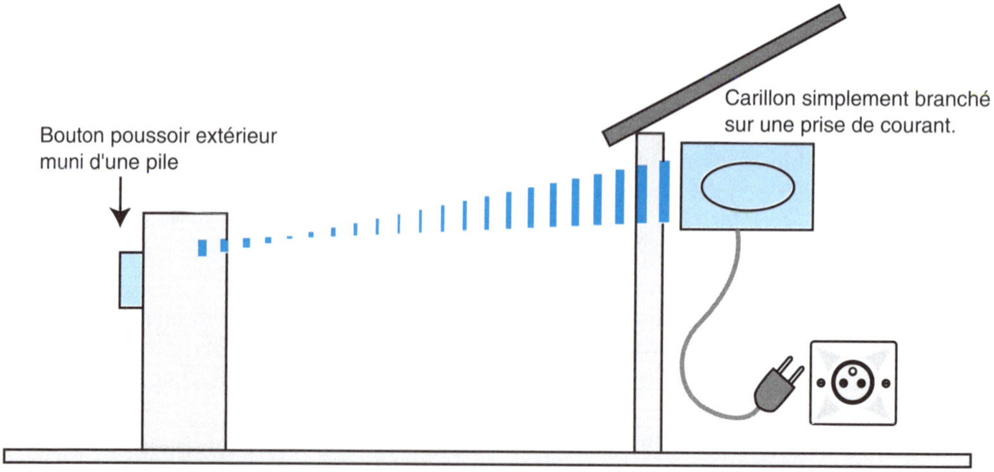

Avantages : pas de fileries à passer, installation rapide.
Inconvénients : penser à changer les piles, portée limitée, certains obstacles peuvent créer des perturbations.

Carillon à commande à distance

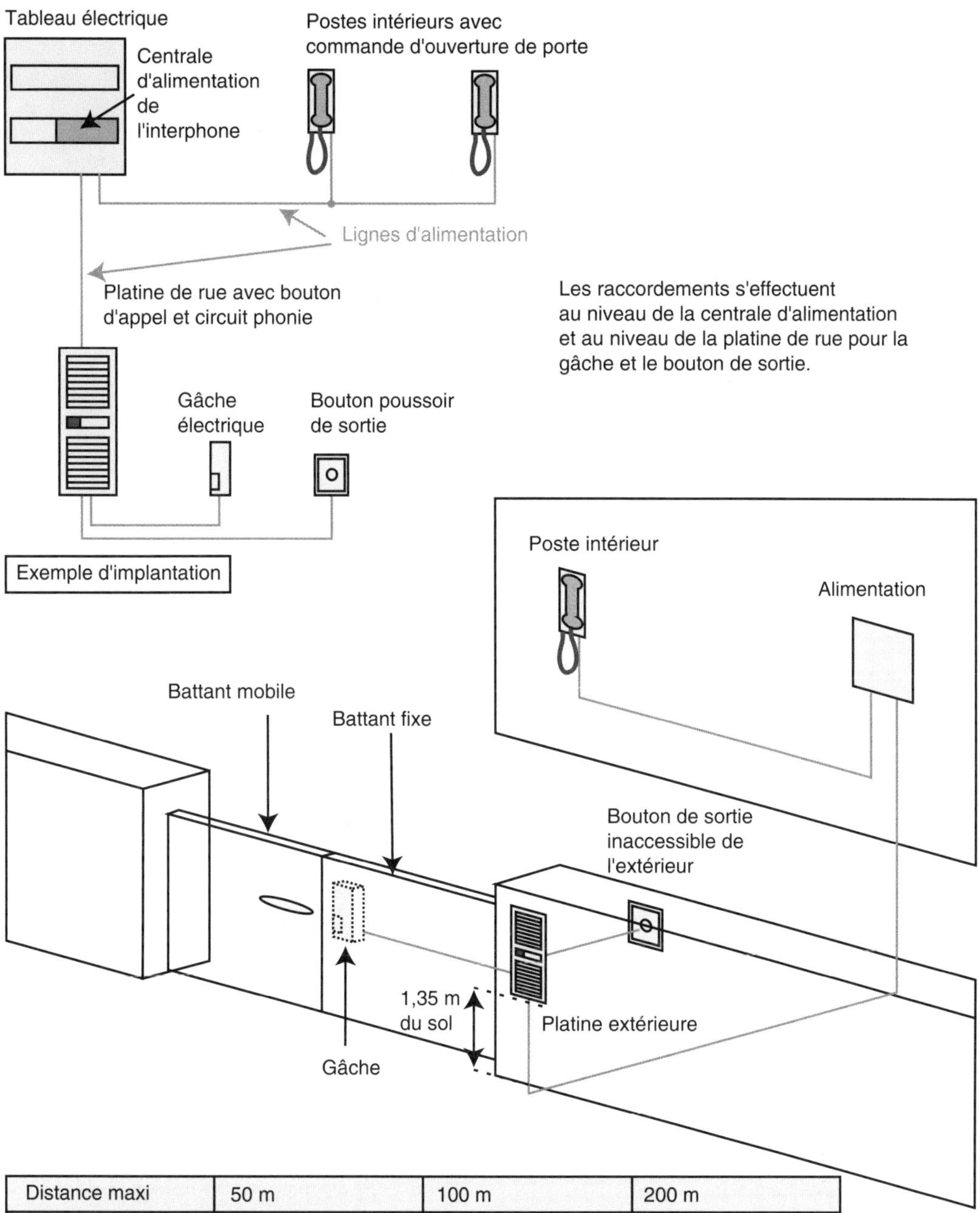

Distance maxi	50 m	100 m	200 m
Alim. gâche	0,75	1	1,5
Phonie et sonnerie	0,5	0,75	1

Section des conducteurs (mm^2) à utiliser selon la distance entre l'alimentation et la platine extérieure)

Figure 87 : Alimentation d'un portier interphone ▲

Figures 86 : Sonnette et carillon

Il convient de prêter une attention particulière aux câbles d'alimentation, car si un câble du type téléphonique est suffisant pour les circuits " phonie ", l'alimentation de la gâche nécessite des conducteurs de section plus importante puisque la gâche consomme plus (voir tableau de la figure 87).

Il existe aussi des modèles d'interphone à deux fils utilisés généralement en remplacement d'un circuit de sonnette. Pour un fonctionnement correct de ce type d'appareil, il est impératif d'utiliser une gâche électrique à faible consommation.

Lorsque vous faites l'acquisition d'une gâche, prenez bien soin de réaliser un dessin de votre porte en notant la partie fixe, la partie battante et le sens d'ouverture, car à chaque type de porte correspond un type de gâche.
Les schémas de raccordement étant tous différents selon les marques, il n'est pas possible d'établir un schéma type.

• L'éclairage extérieur (figure 88)

L'éclairage extérieur nécessite obligatoirement une protection différentielle de 30 mA. La protection contre les surcharges et les courts-circuits est identique à celle de tout circuit lumière.

La commande d'un éclairage extérieur peut être réalisée par :

- un interrupteur en simple allumage (ou double allumage ou va-et-vient comme n'importe quel circuit lumière) ;
- un télérupteur, avec de préférence, un circuit de commande en TBT (voir figure 75) ;
- un système automatique avec détecteur de mouvements (figure 88).

Alimentation par détecteur

Détecteur indépendant

La figure 88 illustre le raccordement type d'un tel système.
La protection est toujours identique à celle de tout circuit lumière.
Le détecteur est alimenté en 220 V (phase, neutre et terre) et possède un contact permettant de commander un éclairage.
Le fonctionnement est simple : lorsqu'une personne passe dans le champ de détection de l'appareil, le contact se ferme et la lumière s'allume pour un temps programmé d'avance. Il est également possible de régler le seuil de luminosité à partir duquel le détecteur doit se mettre en fonction.
L'installation d'un va-et-vient sur le circuit est recommandée afin d'avoir la possibilité d'éclairer en permanence (utilisation de l'éclairage pour une soirée, par exemple).
L'emplacement du détecteur doit être défini avec soin afin de ne pas prendre en compte les mouvements de la rue, par exemple.
Le volume de détection peut être réduit par l'adjonction de caches livrés avec l'appareil.

Détecteur intégré au luminaire

On trouve de plus en plus ce type d'appareils dans les grands magasins de bricolage. N'achetez que des modèles NF ; ne vous laissez pas convaincre par des prix trop bas, rarement synonymes de qualité.

Ces luminaires peuvent être alimentés directement (un interrupteur de coupure est quand même recommandé), car le détecteur et les connexions se trouvent à l'intérieur de celui-ci.

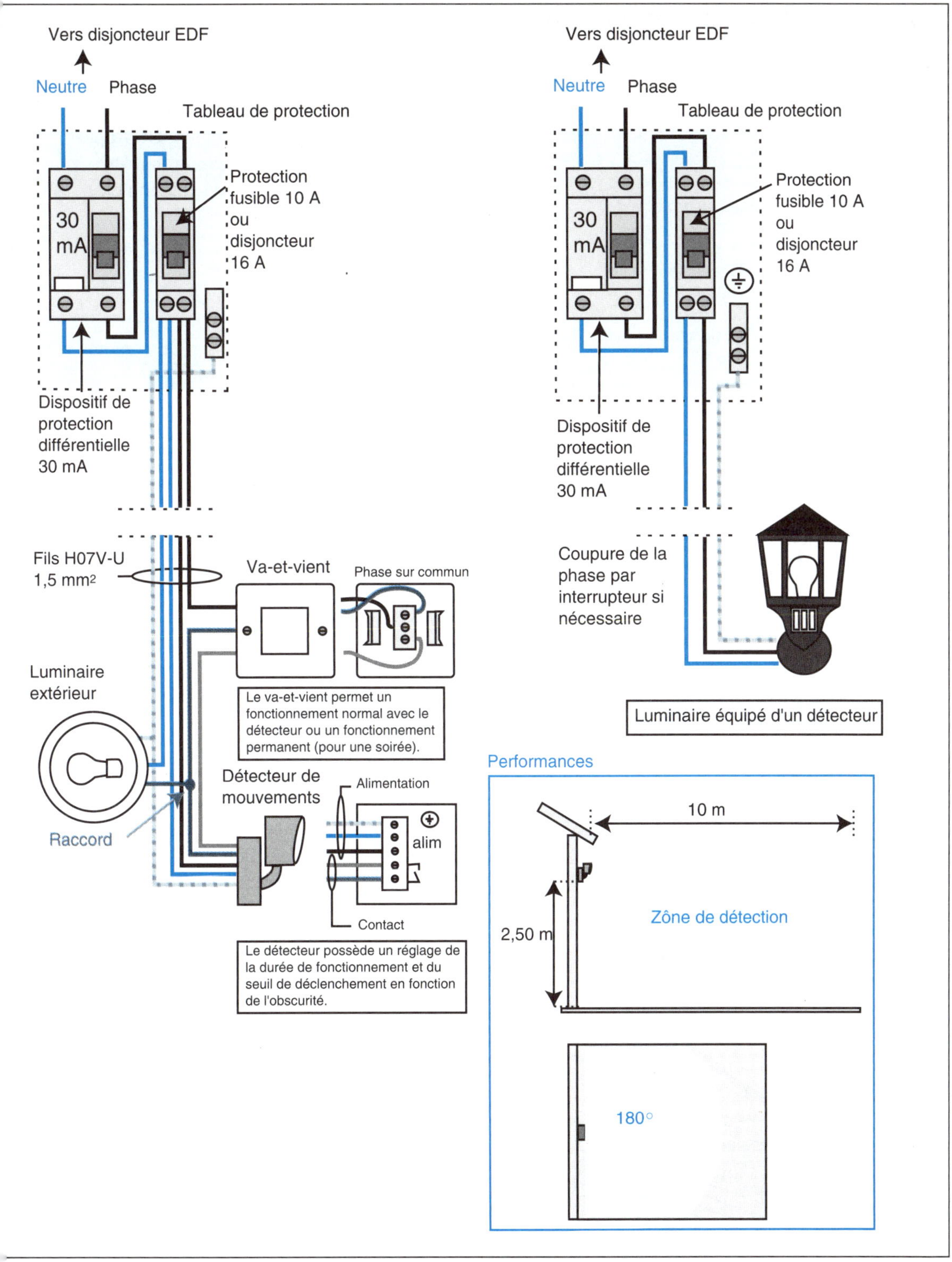

Figure 88 : Alimentation d'un éclairage extérieur par détecteur

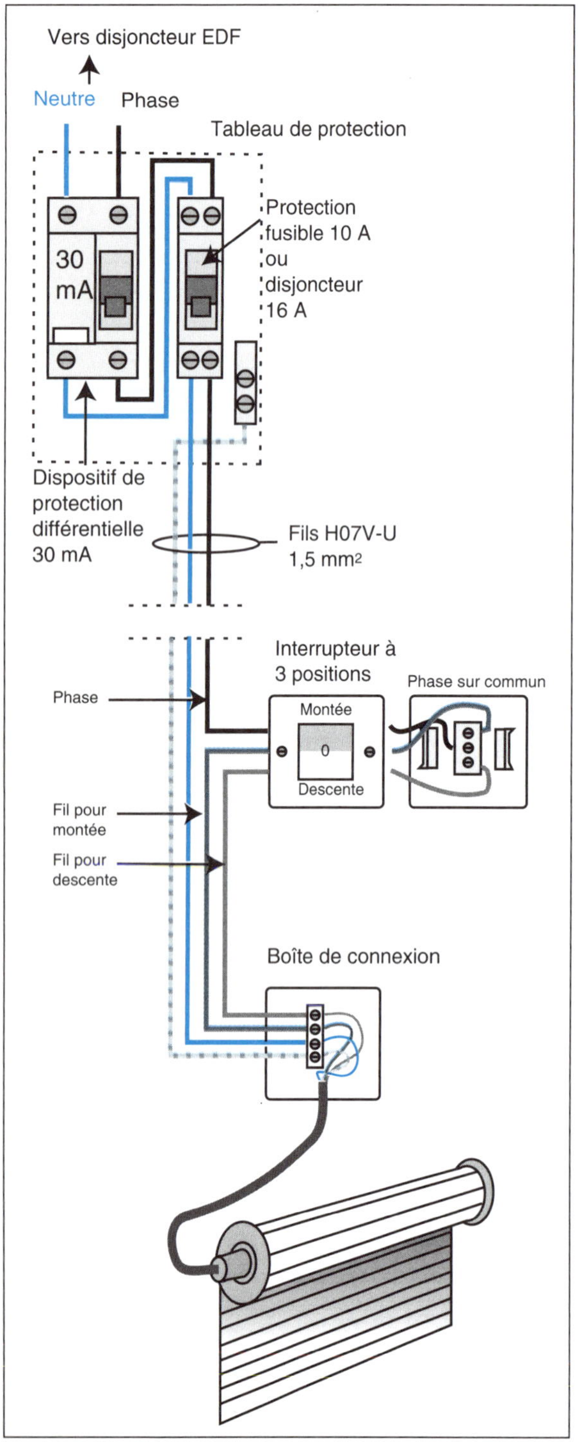

• Les volets roulants (figure 89)

La protection d'un volet roulant électrique est identique à celle d'un circuit lumière.

Le volet dispose d'une alimentation électrique comprenant 4 fils :

- terre ;
- neutre ;
- retour de phase pour montée ;
- retour de phase pour descente.

La commande est réalisée par un commutateur à trois positions :

- montée ;
- arrêt ;
- descente.

• Le téléphone

Il est intéressant de passer les câbles de téléphone en même temps que l'on réalise son installation, car ils présenteront l'avantage de ne plus être apparents.

La pose de ces câbles dans les profilés est réglementée : reportez-vous page 99.

Alimentation téléphonique d'un pavillon (figure 90, en haut)

L'arrivée du câble se fait sur une réglette spéciale avec un bornier à douze plots (pour les installations domestiques).

Ce câble d'arrivée peut être aérien (installation réalisée par France Télécom) ou souterrain (dans votre terrain).

Dans ce deuxième cas, vous êtes tenu d'installer un fourreau TPC de couleur verte sous terre. Le passage du câble et le raccordement de la ligne sont à la charge de France Télécom.

Alimentation téléphonique d'un appartement (figure 90, en bas)

Dans ce cas, France Télécom posera la ligne jusqu'à la réglette de l'appartement.

◀ ***Figure 89 : Alimentation de volets roulants***

Réglette d'appartement
(boîte de connexion de l'arrivée des lignes)

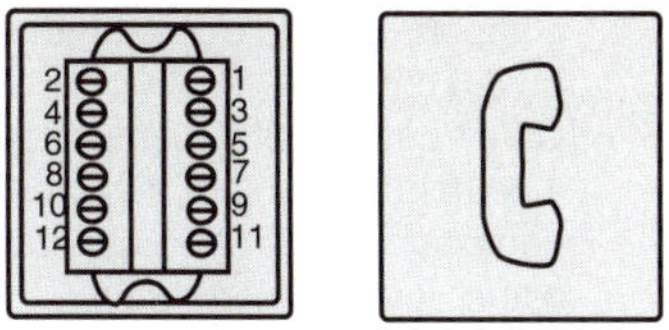

Prise téléphonique

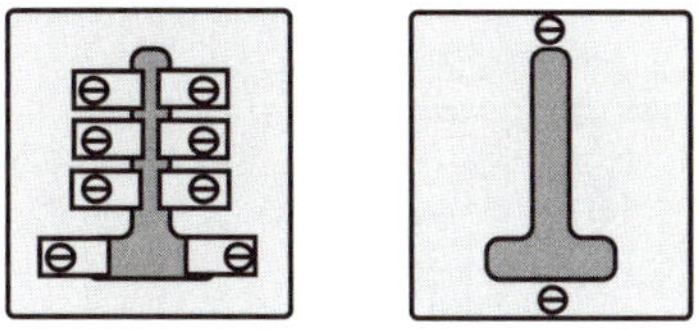

Attention : les prises téléphoniques se fixent en saillie ou sont encastrées dans des boîtes à vis. Les fixations à griffes sont interdites.
Il est interdit de placer une prise de courant et une prise téléphonique dans le même boîtier.
La hauteur de pose se situe entre 8 et 25 cm.
Placer au moins une prise de courant à proximité d'une prise téléphonique.

En pavillon

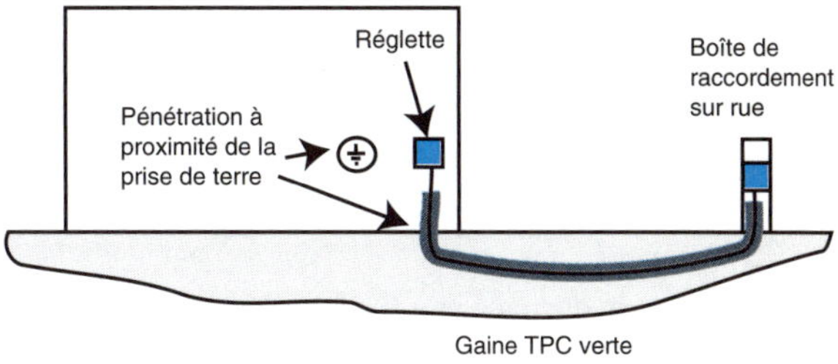

Nota : seule la gaine est à passer, France Télécom se charge du câble.

En appartement

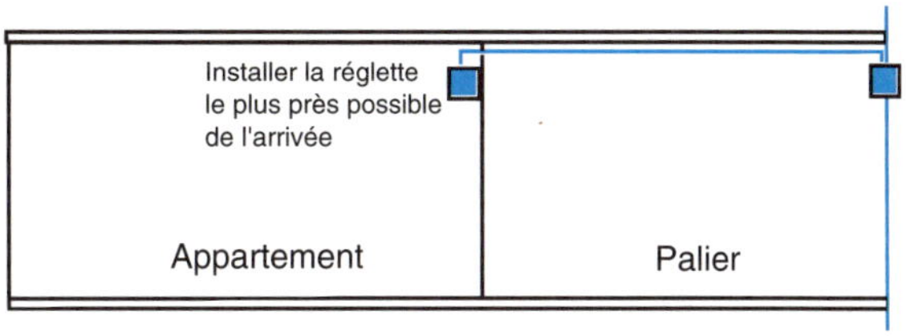

Nota : France Télécom se charge de l'alimentation de la réglette.

Types de distribution

Une branche

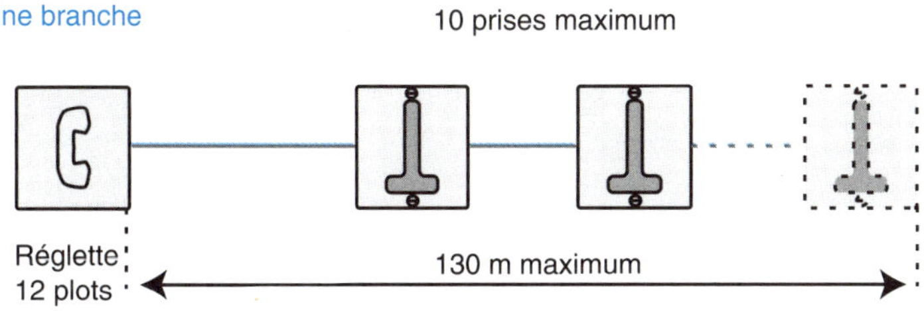

Deux branches

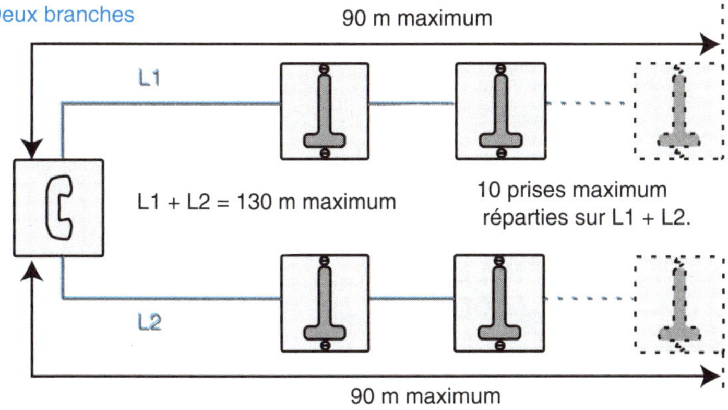

Attention : si vous raccordez plus de trois appareils (téléphones, répondeurs, télécopieurs), vous devrez demander l'installation d'une deuxième ligne.

Figure 90 : Le téléphone (distribution)

Le câble

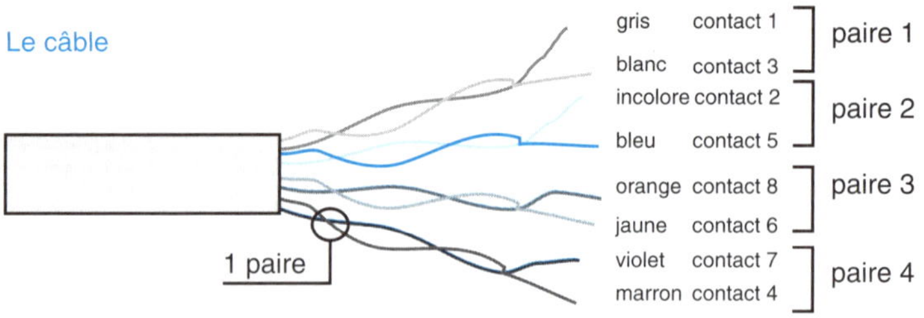

Le câble utilisé pour le téléphone est un câble comportant 8 fils d'un diamètre de 0,6 mm.
On dit que ce câble comporte 4 paires (les fils sont torsadés deux par deux, c'est-à-dire une paire). Il est nécessaire de respecter les couleurs dans les raccordements.

Le raccordement de la réglette

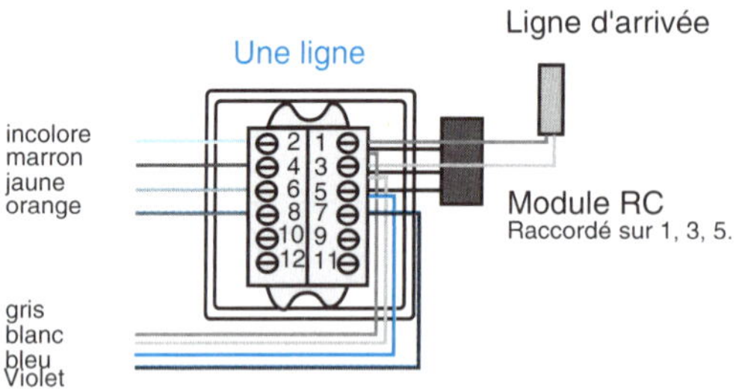

Le module RC sert pour l'essai des lignes. Il est obligatoire.

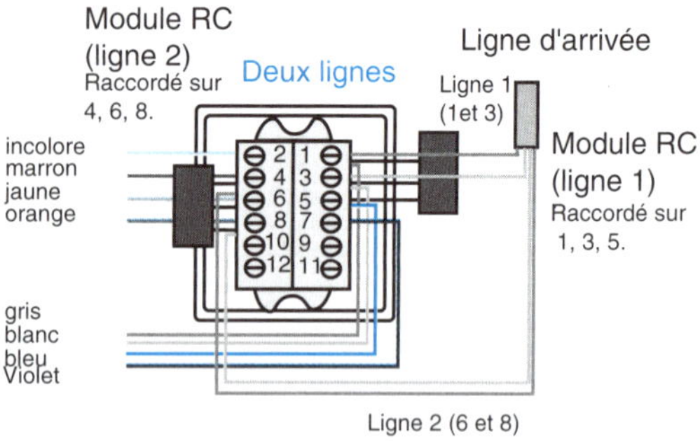

Si deux lignes sont distribuées sur la même prise, ajouter un adaptateur sur la prise pour l'utilisation de la deuxième ligne.

Le raccordement des prises

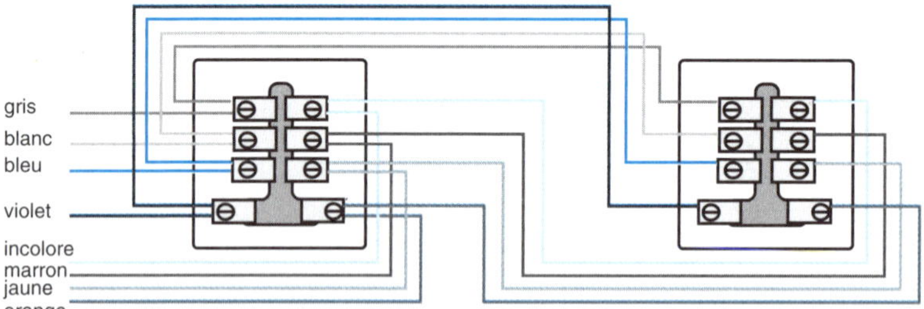

Repérage des contacts sur une prise

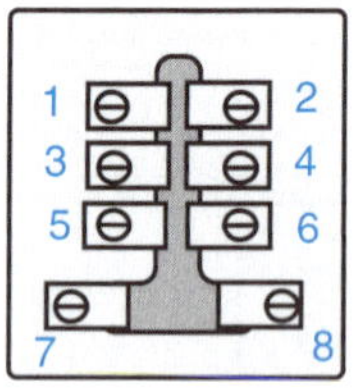

Extension à partir d'une ancienne prise à 6 contacts

Retirez le condensateur entre 4 et 6.
Retirez le fil entre 1 et 5.
Placez le module RC sur 1, 3, 5.

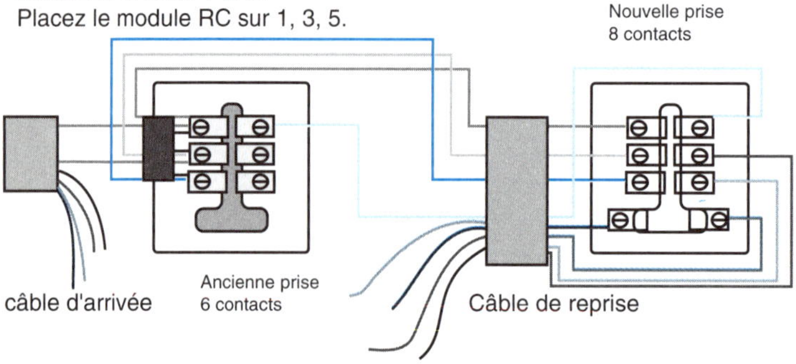

Faites en sorte de la placer le plus près possible de l'entrée de l'appartement, car France Télécom posera ce câble en apparent.

La distribution

La distribution des lignes à partir de la réglette se fait sous deux formes (figure 90) :

- une branche (les prises sont reprises les unes sur les autres depuis la réglette) ;
- deux branches (les prises sont reprises les unes sur les autres avec deux départs depuis la réglette).

Si vous utilisez plus de trois postes sur une même ligne, il est recommandé d'en faire installer une deuxième.

Les prises sont posées en saillie ou encastrées (obligatoirement dans des boîtiers munis de vis) et installées entre 8 et 25 cm du sol.

La pose dans les W.-C. et la salle de bains est interdite ; elle est réglementée pour la cuisine.

Le raccordement

Le câble utilisé pour le téléphone est constitué de huit fils de 0,6 mm de section et de couleurs différentes. On dit que ce câble comporte quatre paires, car les fils sont torsadés deux par deux.

À chaque fil est attribué un contact, que cela soit dans la réglette ou dans les prises (voir figure 91). Respectez impérativement les indications de câblage.

Le raccordement de la réglette (figure 91) indique les deux possibilités avec une ou deux lignes (deux lignes sont distribuées sur les mêmes prises et par le même câble ; on intercale un adaptateur sur la fiche du combiné pour profiter de la deuxième ligne).

La pose d'un module d'essais (module RC) est obligatoire (un par ligne).

Le schéma de câblage des prises est présenté dans la même figure.

• La télévision (figure 92)

La pose de l'antenne sur le toit sera de préférence confiée à un installateur par souci de sécurité et de réglage.

La distribution des signaux d'antenne se fait par un câble coaxial.

L'installation de base comprend simplement l'antenne, le câble et une prise.

Si vous souhaitez plusieurs prises pour raccorder plusieurs récepteurs, l'installation d'un amplificateur est recommandée.

De cet amplificateur, on transite par un répartiteur (boîte de connexion qui limite les pertes de signal) avec plusieurs directions (les directions sont les dérivations).

Ainsi pour quatre prises, on utilise un répartiteur à quatre directions.

Les prises de télévision peuvent être simples ou avec prise FM.

Le raccordement est présenté figure 92.

• La hi-fi (figure 93)

La figure 93 propose un exemple de distribution de hauts-parleurs. Mais vous pouvez faire beaucoup plus en sonorisant plusieurs pièces de votre appartement.

L'avantage de cette solution est de dissimuler les fils. L'inconvénient est qu'il faut définir à l'avance l'emplacement définitif de la chaîne stéréo.

Sinon, il faut interconnecter toutes les prises (une interconnexion pour la voie droite et une pour la voie gauche avec des prises doubles) pour avoir la possibilité de déplacer la chaîne.

Les prises indiquées figure 93 (DIN 41 529) sont les plus utilisées.

Figure 91 : Le téléphone (raccordement)

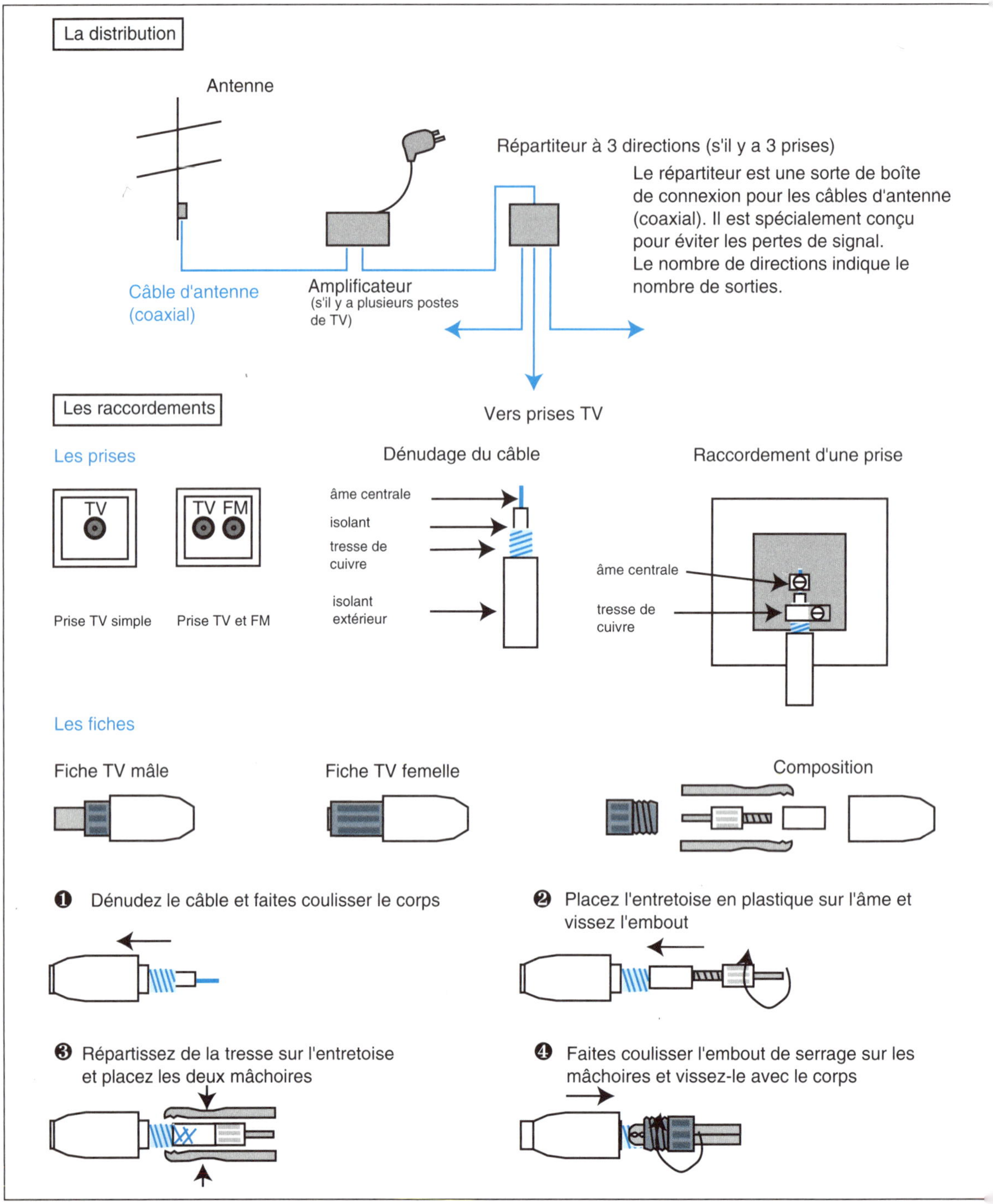

Figure 92 : La télévision

Le câble de liaison peut être un câble téléphonique pour de petites puissances ou un câble spécial haut-parleur pour les grosses puissances et les mélomanes.

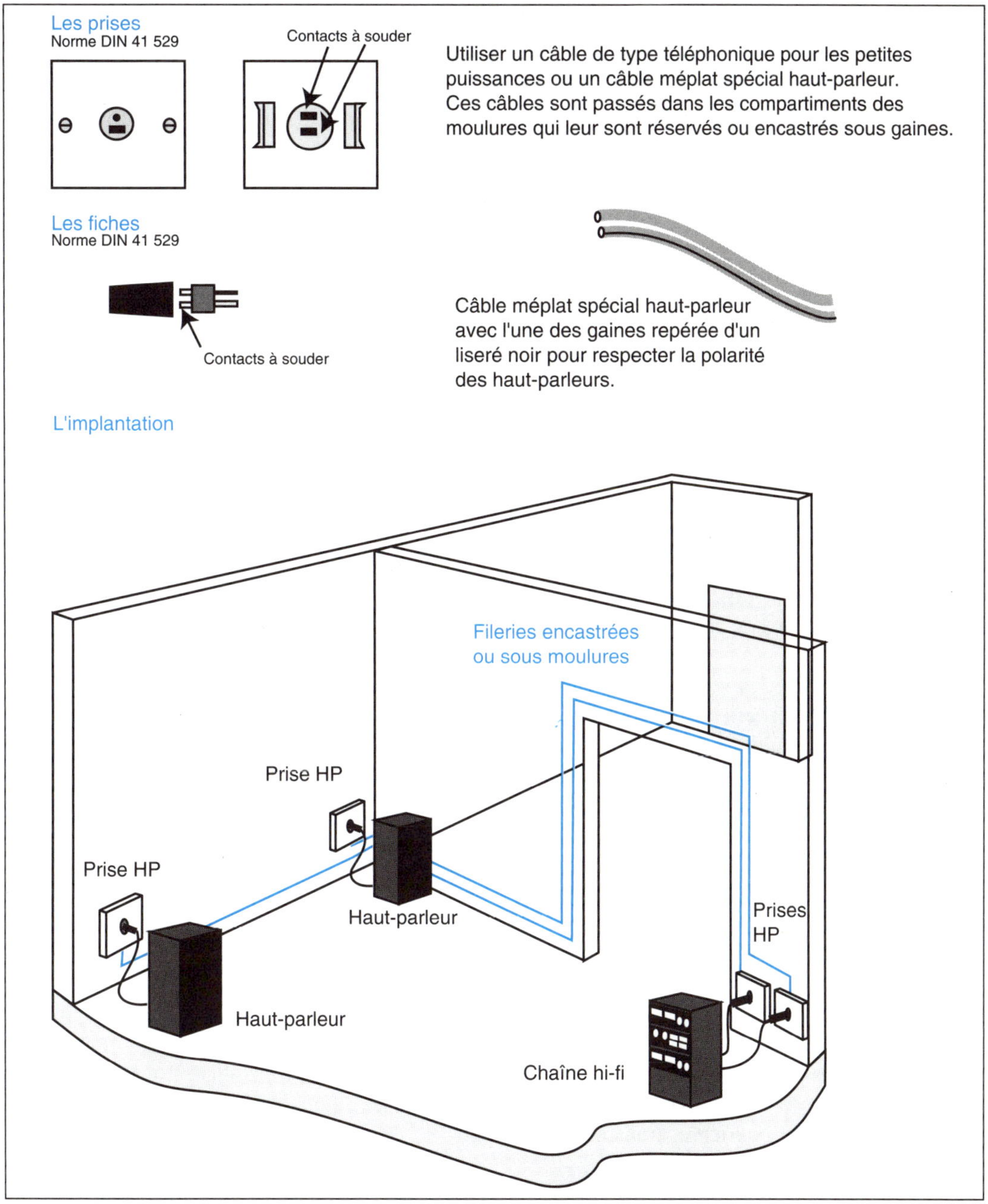

Figure 93 : La hi-fi

• L'alarme

Avant l'installation d'une alarme, il faut analyser les risques. C'est-à-dire qu'il faut déterminer dans votre habitation quels sont :

- les zones sensibles (zones où se trouvent des valeurs matérielles à protéger) ;
- les points d'accès les plus sensibles (passages les plus faciles d'accès pour les intrus éventuels) ;
- les passages obligés (couloirs, escaliers, etc.).

Il faut également estimer le risque en fonction de l'environnement (maison isolée, quartier peu sûr, etc.).

La détection peut être réalisée selon deux systèmes.

La détection périmétrique (figure 94)

Elle constitue une barrière autour de l'habitation à protéger. Elle est constituée de détecteurs d'ouverture (pour portes, fenêtres, porte de garage, etc.) et de détecteurs de bris de vitre (figure 94).

La détection volumétrique (figure 94)

Elle détecte toute présence dans un volume donné (pièce) et est assurée par des détecteurs volumétriques (infrarouges) ou hyperfréquentiels (radars).

En fonction des risques évalués au terme de votre analyse, si le risque d'intrusion est faible, optez pour une protection volumétrique ou périmétrique.

Si le risque est important, choisissez une protection combinant les deux systèmes.

Le système d'alarme type est constitué de trois parties :

- les détecteurs ;
- les avertisseurs (sirène extérieure, sirène intérieure, transmetteur téléphonique, etc.) ;
- la centrale qui gère toutes les informations.

Les zones

Les centrales disposent de plusieurs circuits de surveillance permettant de diviser l'installation d'alarme en plusieurs zones.

Cela peut vous permettre de ne pas faire fonctionner l'alarme sur toute l'habitation lorsque vous le souhaitez. Par exemple : une zone peut surveiller en périmétrique uniquement le rez-de-chaussée du pavillon ; vous ne l'activerez que la nuit, lorsque vous occupez le premier étage. Ainsi le rez-de-chaussée est sous surveillance d'intrusion pendant la nuit.

Vous pouvez aussi consacrer une zone pour un garage indépendant de la maison.

Il existe également des zones temporisées qui permettent une présence pendant quelques secondes avant le déclenchement de l'alarme. Ces zones sont utilisées pour permettre de pénétrer dans l'habitation puis d'arrêter l'alarme.

Les systèmes (figure 95)

Il existe deux systèmes :

- les alarmes filaires (les détecteurs et les avertisseurs sont reliés à la centrale par des câbles). Généralement, ces câbles sont autoprotégés et leur coupure entraîne le déclenchement de l'alarme. Si vous avez choisi ce système, le passage des câbles d'alarme sera effectué en même temps que le passage des fileries de l'installation.
- les systèmes radio (les détecteurs et les avertisseurs sont en relation avec la centrale par ondes radio). Ici le problème de l'installation est simplifié au maximum, car il n'y a plus de fileries à passer.

Les deux systèmes offrent la même fiabilité de fonctionnement mais l'alarme radio est plus onéreuse.

Les détecteurs périmétriques

Ils servent à protéger les issues. On distingue les contacts magnétiques d'ouverture et les contacts de bris de glace.

Les contacts magnétiques

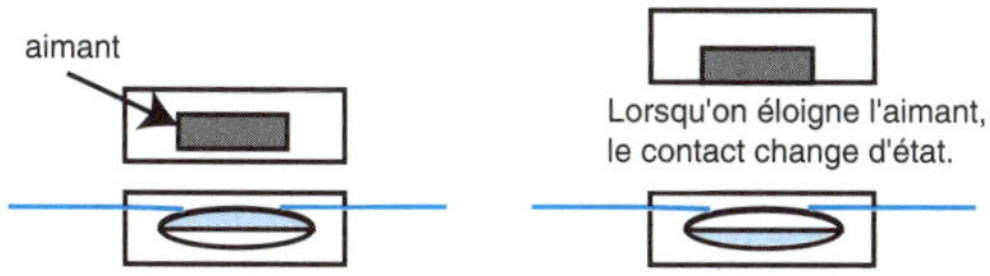

Applications

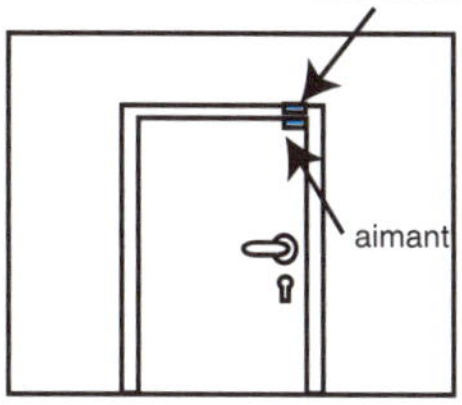

Sur porte

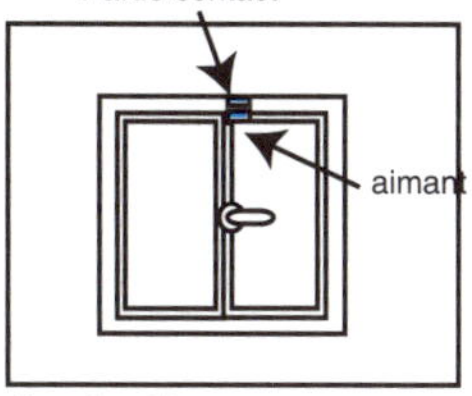

Sur fenêtre

Les contacts de bris de glace

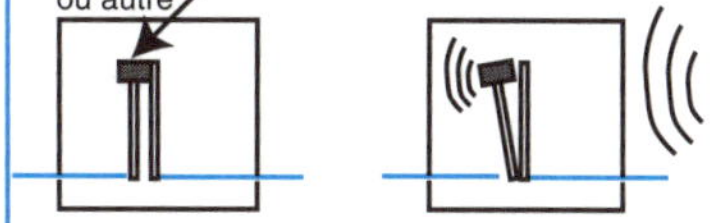

Les détecteurs volumétriques

Ils servent à protéger des volumes. Ils sont sensibles aux mouvements ou détectent la chaleur émise par le corps (infrarouge) ; ou encore, ils fonctionnent sur le principe du radar (hyperfréquence).

Les détecteurs infrarouges

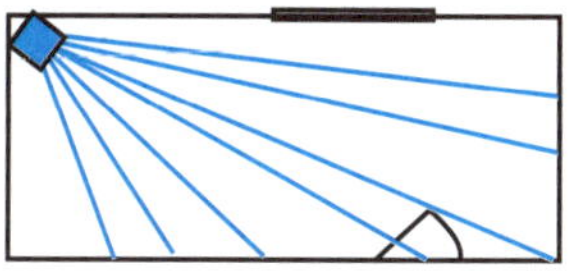

Précautions à respecter :
- ne pas placer ces détecteurs à l'extérieur ;
- ne pas les orienter vers une source de chaleur (cheminée, convecteur, fenêtre) ;
- éviter de masquer un détecteur (rideau, plante verte) ;
- éviter que les rayons de deux détecteurs ne se croisent ;
- la meilleure détection est obtenue par un mouvement transversal aux rayons.

Les détecteurs hyperfréquentiels

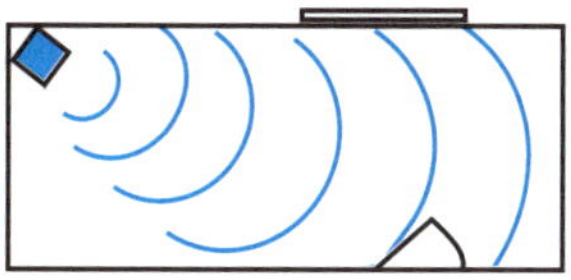

Précautions à respecter :
- éloigner l'appareil des tubes fluorescents ;
- l'appareil est sensible aux vibrations de la paroi sur laquelle il est fixé, aux mouvements extérieurs (feuillages sous l'action du vent), aux horloges à balancier, aux miroirs, au passage d'eau dans des canalisations plastiques ;
- éviter que les rayons de deux déteteurs ne se croisent ;
- la meilleure détection est obtenue par un mouvement face aux détecteurs.

Figure 94 : Les détecteurs

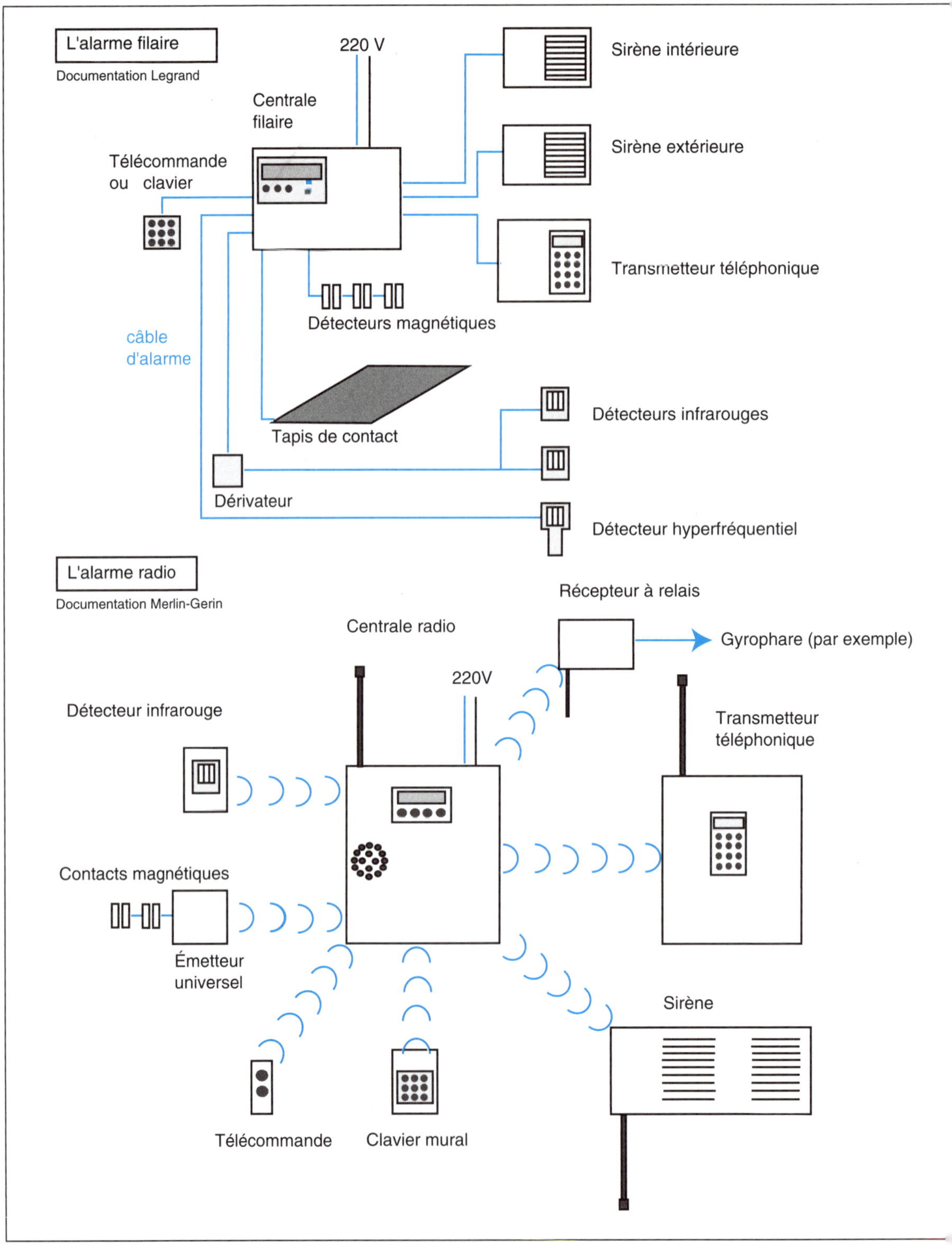

Figure 95 : Les systèmes d'alarme

LA PROTECTION

La prise de terre

La prise de terre est indispensable, en association avec un dispositif différentiel, afin de couper l'alimentation électrique en cas de défaut.

Elle permet l'évacuation du courant de défaut en éliminant tout risque pour les personnes.

Le système de mise à la terre est constitué de :

- la prise de terre ;
- le conducteur de terre (conducteur reliant la prise de terre à la barrette de mesure) ;
- la barrette de mesure ;
- le conducteur principal de protection (reliant la barrette de mesure au tableau de répartition) ;
- les conducteurs de protection (mise à la terre de chaque circuit électrique) ;
- la liaison équipotentielle de la salle d'eau ;
- la liaison équipotentielle principale (pour un immeuble ou une maison individuelle).

• En maison individuelle (figure 96)

La mise à la terre doit comporter tous les éléments cités ci-dessus.

La liaison équipotentielle principale doit

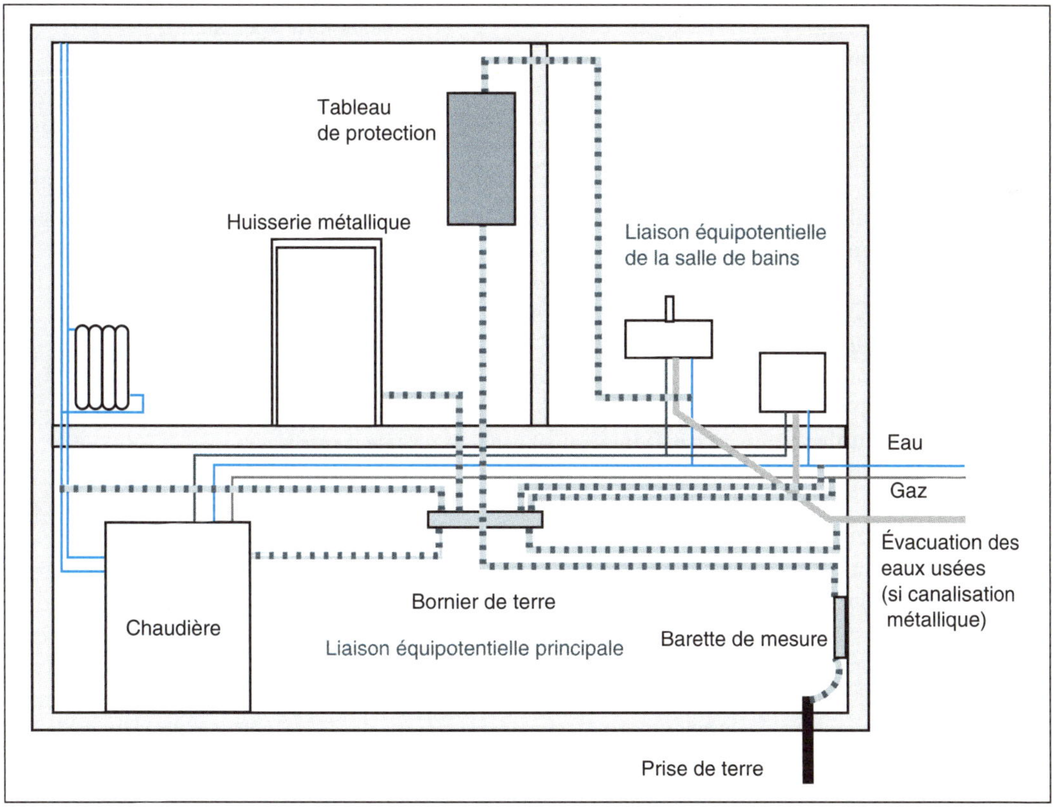

Figure 96 : La terre en maison individuelle

relier au conducteur principal de protection :

- les canalisations métalliques pénétrant dans le bâtiment (eau avant compteur, gaz) ;
- les canalisations métalliques de chauffage central ;
- les canalisations métalliques de gaz liquéfié ou de fuel (si le stockage est extérieur) ;
- les éléments métalliques de la structure du bâtiment qui sont accessibles (charpente métallique, poutrelles métalliques).

Pour réaliser ces connexions, on peut intercaler, sur le conducteur principal de protection, une barrette de raccordement. Ce type de barrette ne nécessite pas la coupure de ce conducteur, mais simplement le dénudage.

Le reste de la distribution comporte tous les éléments décrits précédemment (voir figure 96).

• En immeuble collectif (figure 97)

Pour raccorder un appartement, il suffit de vous raccorder à la borne de raccordement située sur le palier (si l'immeuble est équipé d'une colonne de terre).

Les constructions récentes en sont toutes équipées et leur installation dans les immeubles anciens se fait de plus en plus.

Cas particuliers

Immeubles anciens desservis par une conduite d'eau comportant une partie privative enterrée (figure 97).

Les conduites d'eau peuvent être utilisées comme colonne de terre à condition :

- de s'assurer de la continuité électrique des conduites ;
- d'installer un tronçon isolant de deux mètres en aval du compteur ;
- d'apposer une pancarte en cave à côté de la conduite d'eau signalant que celle-ci est utilisée comme prise de terre.

Immeuble desservi par une conduite de distribution publique.

Il est possible de réaliser une prise de terre en cave reliant la colonne montante d'eau (figure 97) à condition :

- de poser un tronçon isolant de deux mètres en aval du compteur ;
- de s'assurer de la bonne continuité électrique des conduites ;
- d'apposer une pancarte indiquant que la colonne montante d'eau est utilisée comme prise de terre.

Ces deux solutions sont tolérées mais ne présentent pas la même sécurité qu'une colonne de terre spécialement établie.

Attention :

- il est interdit d'utiliser une conduite de distribution publique d'eau comme prise de terre ;
- il est interdit d'utiliser comme conducteur de protection une conduite de gaz ou de chauffage central.

• Réalisation d'une distribution de terre (figure 98)

La prise de terre

Elles est réalisée comme suit :

- soit par un câble enterré en cuivre nu de 25 mm^2 de section ;
- soit par un piquet en acier galvanisé d'un diamètre de 25 mm et d'une longueur minimale de 2 m. Ce piquet sera de préférence installé en cave afin de ne pas dépendre des conditions climatiques qui influencent la valeur de la prise de terre. On coiffera ce piquet de terre d'un regard de visite scellé dans le sol.

Distribution de la terre en immeuble collectif

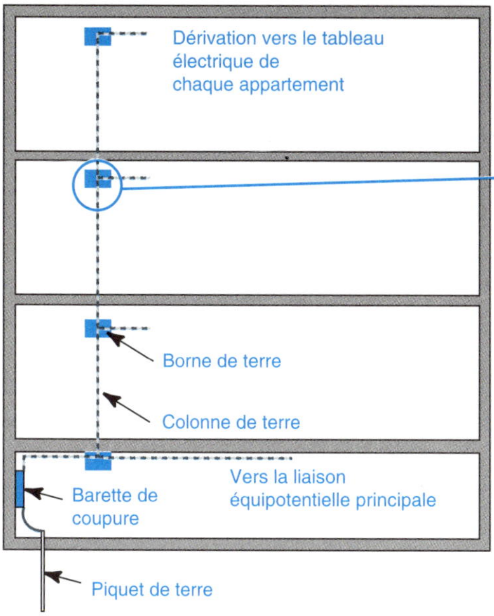

Borne de terre

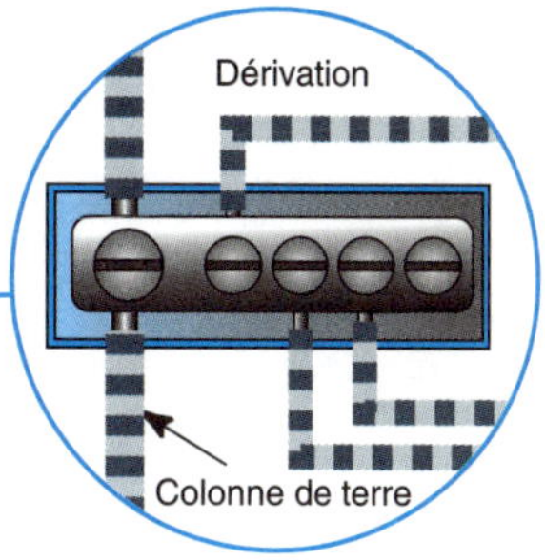

Mise à jour 2002

En cas d'abscence de prise de terre, il est conseillé d'adresser une lettre recommandée avec accusé de réception au propriétaire, gérant ou syndic de votre immeuble en l'informant que cette carence peut engager sa responsabilité en cas d'accident.

Si vous rénovez l'installation électrique d'un appartement et que vous êtes en attente de la réalisation d'une prise de terre dans l'immeuble, vous devez protéger toute l'installation à son origine (en tête du tableau de protection) par un interrupteur différentiel d'une sensibilité au plus égale à 30 mA. Prévoyez également un conducteur de protection en attente pour son raccordement à la borne de terre du palier.

Cas particuliers (utilisation d'une conduite d'eau comme colonne de terre)

Ces solutions existantes ne répondent plus aux normes actuelles et il est indispensable de vérifier la bonne continuité de la conduite d'eau.

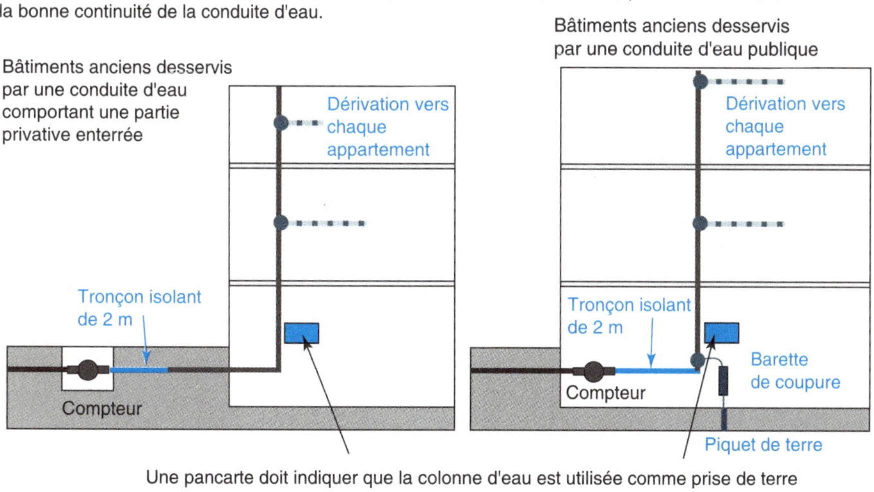

Figure 97 : La terre en immeuble collectif

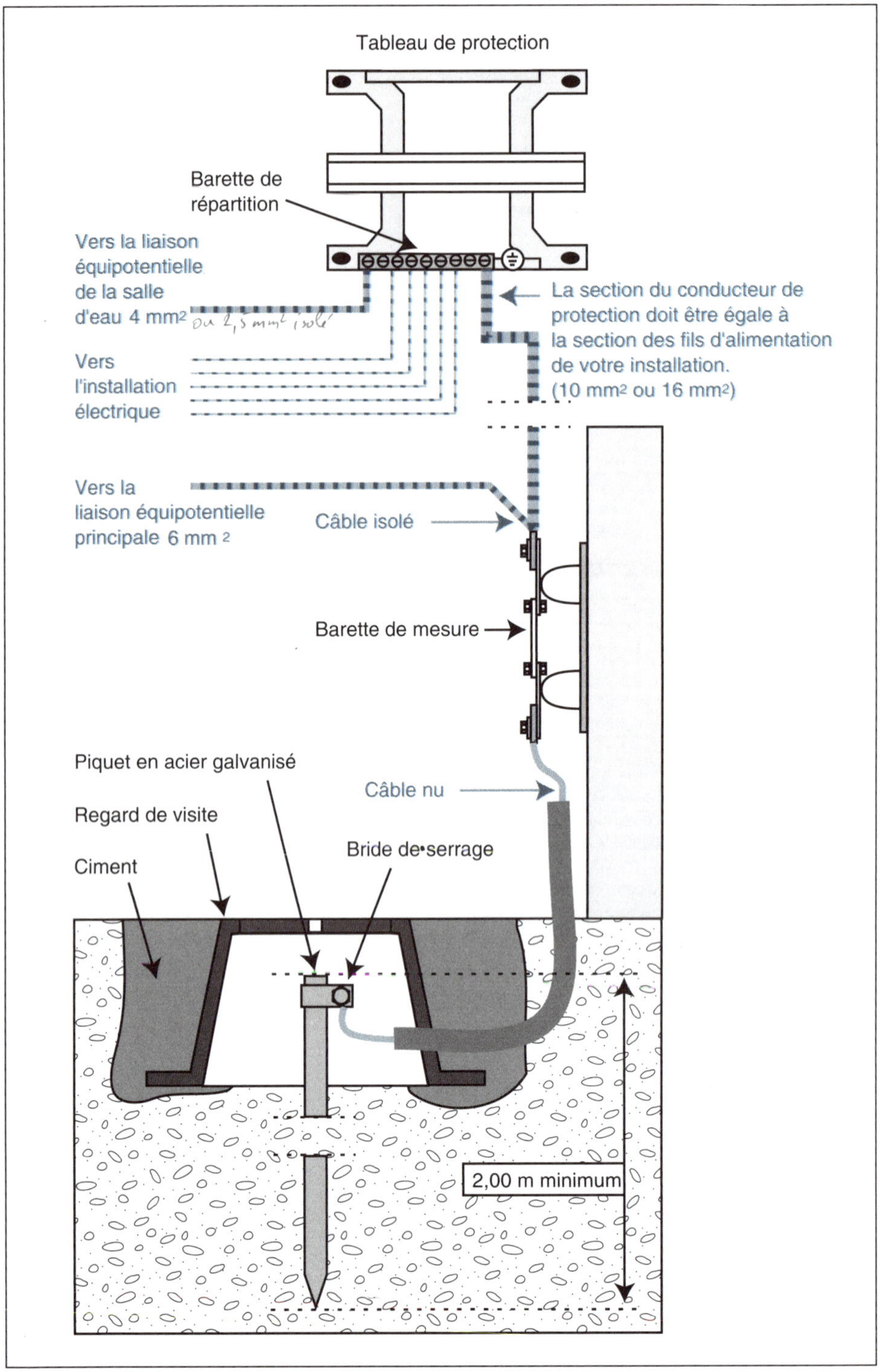
Tableau de protection
Barette de répartition
Vers la liaison équipotentielle de la salle d'eau 4 mm2
Vers l'installation électrique
La section du conducteur de protection doit être égale à la section des fils d'alimentation de votre installation. (10 mm2 ou 16 mm2)
Vers la liaison équipotentielle principale 6 mm 2
Câble isolé
Barette de mesure
Piquet en acier galvanisé
Câble nu
Regard de visite
Bride de serrage
Ciment
2,00 m minimum

Le conducteur de terre Du piquet à la barrette

Le conducteur de terre est réalisé ainsi :

- soit en cuivre isolé de section 16 mm^2 ;
- soit en cuivre nu de section 25 mm^2.

Ce conducteur sera protégé par une gaine dans la partie enterrée.

La barette de mesure

La barrette de mesure est disponible dans tous les grands magasins de bricolage ou chez les grossistes en matériel électrique.

Le conducteur principal de protection

Sa section dépend de la section des conducteurs de l'alimentation de votre installation : De la barrette au Tableau

- si les conducteurs d'alimentation ont une section de 10 mm^2, le conducteur de protection aura une section de 10 mm^2 ;
- si les conducteurs d'alimentation ont une section de 16, 25 ou 35 mm^2, le conducteur de protection aura une section de 16 mm^2.

La liaison équipotentielle principale

La liaison équipotentielle principale est réalisée avec un conducteur en cuivre isolé de 6 mm^2.

La liaison équipotentielle de la salle d'eau

Elle est réalisée avec un conducteur cuivre de 4 mm^2 nu ou de 2,5 mm^2 isolé.

Le tableau de protection

Seront raccordés sur une barrette spécialement prévue à cet effet :

- le conducteur de la liaison équipotentielle de la salle d'eau ;
- le conducteur principal de protection ;
- les conducteurs de protection des lignes. Il est recommandé de ne raccorder qu'un conducteur par alvéole (sur la barrette).

Le tableau de protection

• Généralités

Le tableau de répartition est le cœur de votre installation.

Il regroupe les protections (dispositifs différentiels, disjoncteurs divisionnaires ou coupe-circuits à fusibles) de l'installation, tous les organes de régulation et les automatismes (contacteurs, télérupteurs).

Il est généralement placé à proximité du tableau de comptage ou du disjoncteur, à une hauteur comprise entre 1 m et 1,80 m.

• Les normes

La pose du tableau de protection est interdite :

- dans la salle d'eau ;
- à l'extérieur ;
- au-dessus d'un point d'eau ;
- au-dessus d'un appareil de chauffage ou de cuisson ;
- dans les volées d'escalier ;
- dans les W.-C. ;
- dans les chambres ;
- au fond d'un meuble de cuisine (rien ne doit gêner son accès).

Chaque circuit doit être protégé en fonction de sa destination (voir figure 99) par des appareils (fusibles ou disjoncteurs) coupant la phase et le neutre. L'ancien système de protection, qui ne protégeait et ne coupait que le conducteur de phase (protection unipolaire), est maintenant interdit.

> La protecction unipolaire des lignes (un seul fil coupé) est interdite.

Figure 98 : La terre (raccordement)

Circuit	Nombre de points d'utilisation		Section des lignes (mm^2)	Protection (en A)	
	Norme	Promotelec		Disjoncteur	Fusible
Éclairage	8	5	1,5	16	10
Prise de courant	8	5	2,5	25	20
Lave-linge	1	1	2,5	25	20
Lave-vaisselle	1	1	2,5	25	20
Sèche-linge	1	1	2,5	25	20
Congélateur	1	1	2,5	25	20
Cuisinière ou plaque de cuisson	1	1	6	38/40	32
Four seul	1	1	2,5	25	20
Convecteurs jusqu'à 2 200 W	–	–	1,5	16	10
De 2 200 à 4 400 W	–	–	2,5	25	20
De 4 400 à 5 500 W	–	–	4	32	25
De 5 500 à 7 300 W	–	–	6	38/40	32
Câble chauffant jusqu'à 1 700 W	–	–	1,5	16	10
De 1 700 à 3 400 W	–	–	2,5	25	10
De 3 400 à 4 200 W	–	–	4	32	25
Chauffe-eau	1	1	2,5	25	20
VMC	1	1	1,5	16	10

Figure 99 : Rappel du calibre des protections en fonction des lignes

L'alimentation du disjoncteur au tableau de protection est réalisée par des conducteurs en cuivre isolé de 10 mm^2 (jusqu'à 9 kW) et de 16 mm^2 au-delà. Choisissez de préférence du fil souple (plus facile à raccorder).

L'alimentation des dispositifs de protection se fait toujours par le haut et le départ des lignes par le bas.

Le conducteur de neutre est situé sur la gauche des appareils ; le conducteur de phase sur la droite.

À la fin de la réalisation de votre tableau, tous les circuits doivent être repérés avec précision.

L'installation de dispositifs de protection différentielle de 30 mA est obligatoire pour les prises de courant, l'installation électrique de la salle d'eau et pour les câbles chauffants (chauffage par le sol). La solution la plus adaptée consiste à protéger toute l'installation dans un souci de sécurité maximale.

• Le matériel de protection

Le parafoudre (figure 100)

Le rôle du parafoudre est de limiter les surtensions dues à la chute de la foudre

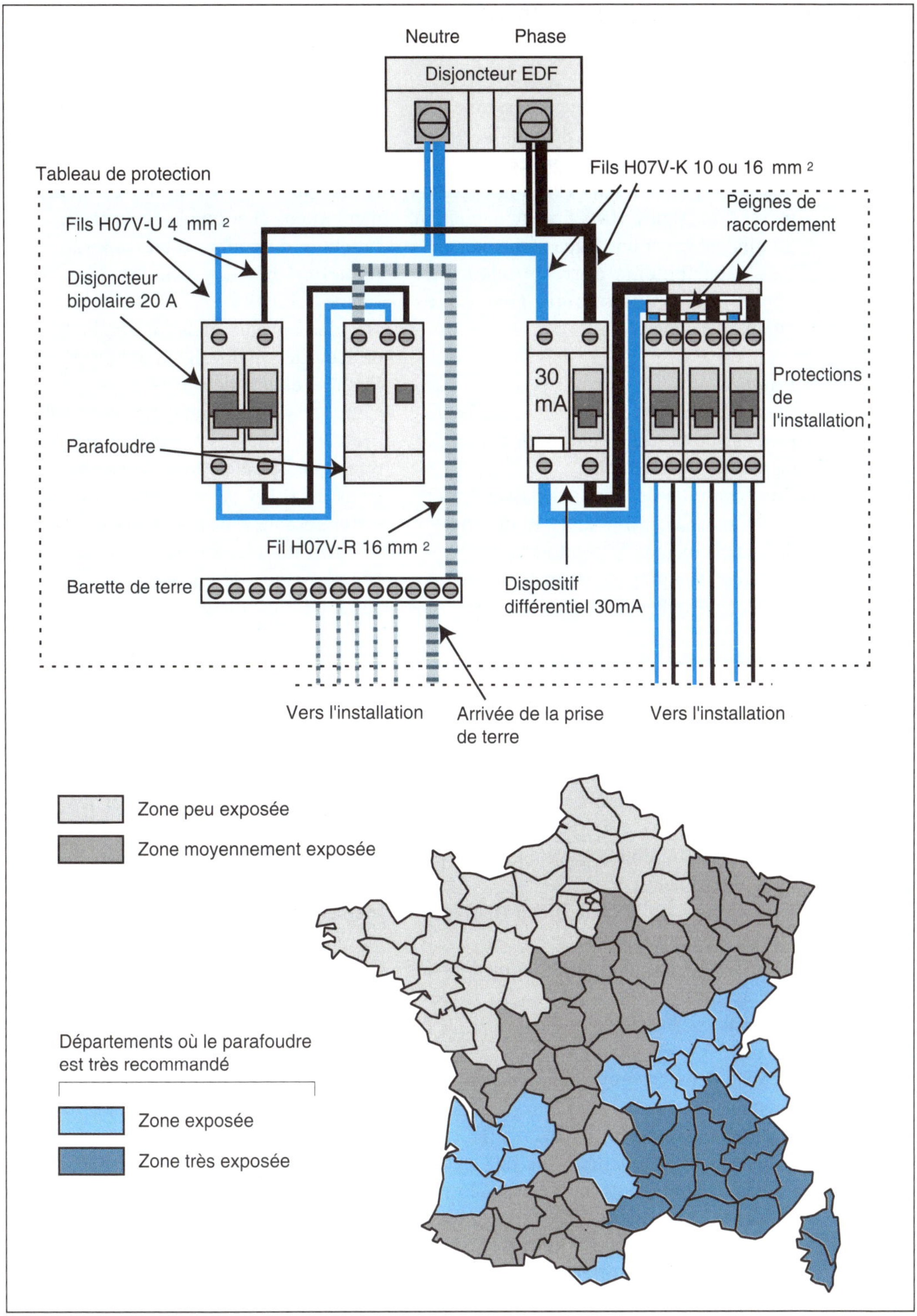

Figure 100 : Le parafoudre

sur des lignes électriques aériennes. Il protège l'installation en déviant la surtension sur le conducteur de protection.
Il est obligatoire dans certains départements (voir figure 100) si votre habitation est alimentée par une ligne aérienne.
Ces départements correspondent aux endroits les plus soumis aux orages durant une année.

Installation
Le parafoudre est installé en aval du disjoncteur de branchement et en amont des dispositifs différentiels.
Il est conseillé de ne pas dépasser 0,50 m de longueur de câble entre le disjoncteur de branchement et le parafoudre.
La figure 100 propose un exemple de raccordement (matériel LEGRAND).

Le différentiel (figure 101)
Comme nous l'avons vu précédemment, l'installation d'un dispositif différentiel de haute sensibilité (30 mA) est obligatoire pour :
- les prises de courant (10/16A, 20A et 32A) ;
- les prises de courant commandées par un interrupteur ;
- les circuits de la salle d'eau (lumières, prises et chauffage) ;
- les circuits des appliques lumineuses de la cuisine ;
- les câbles chauffants.

Il existe deux catégories de dispositif différentiel :
- les disjoncteurs différentiels : ils regroupent la fonction d'un disjoncteur divisionnaire (protection contre les surcharges et les courts-circuits) et la fonction d'un dispositif différentiel ;
- les interrupteurs différentiels : ils n'assurent que la protection différentielle. Ils sont munis d'une manette de commande pour le réenclenchement après un défaut ou pour couper volontairement le circuit.

L'interrupteur différentiel est généralement moins cher que le disjoncteur.
Le choix du calibre d'un dispositif différentiel est détaillé dans le tableau de la figure 101.
De plus en plus, dans un meilleur souci de sécurité, on installe un interrupteur différentiel en tête de l'installation.
Cette solution apporte certes une meilleure protection mais, en cas de défaut, cela provoque l'arrêt de toute l'installation.
Dans un souci de confort d'utilisation, il est préférable d'utiliser plusieurs dispositifs afin de décomposer autant que possible le risque de couper une trop grande partie de l'installation.

Les cinq exemples de la figure 102 proposent quelques exemples des solutions de raccordement les plus utilisées.

Exemple 1 : utilisation d'un seul dispositif différentiel pour protéger les lignes des prises de courant et les lignes de la salle d'eau (prises, éclairage et chauffage).
Inconvénient : toute l'installation n'est pas protégée.
Cette solution est acceptée par PROMOTELEC (dans le cadre de l'obtention d'un label) pour des logements d'une surface inférieure à 35 m^2.

Exemple 2 : utilisation d'un seul dispositif différentiel (interrupteur) en tête de l'installation.
Avantage : toute l'installation est protégée.
Inconvénient : en cas de déclenchement, toute l'installation est coupée.
Cette solution n'est pas conforme pour l'obtention d'un label PROMOTELEC.

Les appareils

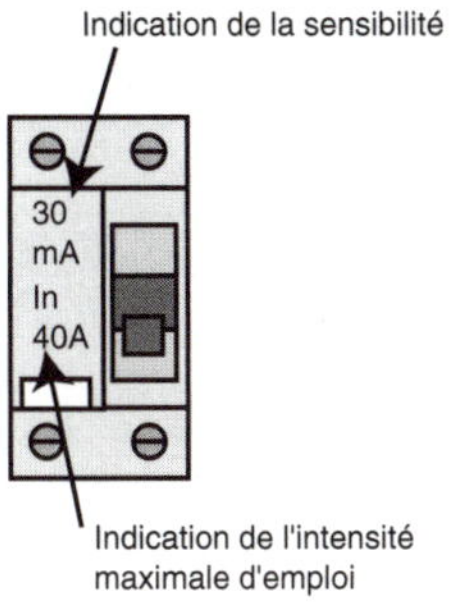

L'interrupteur différentiel

Il dispose d'une commande manuelle de mise en route ou d'arrêt du circuit qu'il protège et d'une protection différentielle automatique

Le disjoncteur différentiel

Il dispose d'une protection différentielle automatique et d'une protection contre les surchages et les courts-circuits (automatique elle aussi)

Emploi

L'emploi d'un dispositif de protection différentielle à haute sensibilité est obligatoire pour :

- les circuits des prises de courant ;
- les circuits de la salle d'eau (lumière, prise, chauffage d'une puissance maximale de 2 000W).

Installation

Le dispositif différentiel s'installe entre la sortie du disjoncteur EDF et le circuit à protéger ou entre la sortie du disjoncteur et les protections des lignes à protéger dans le cas d'un interrupteur différentiel.

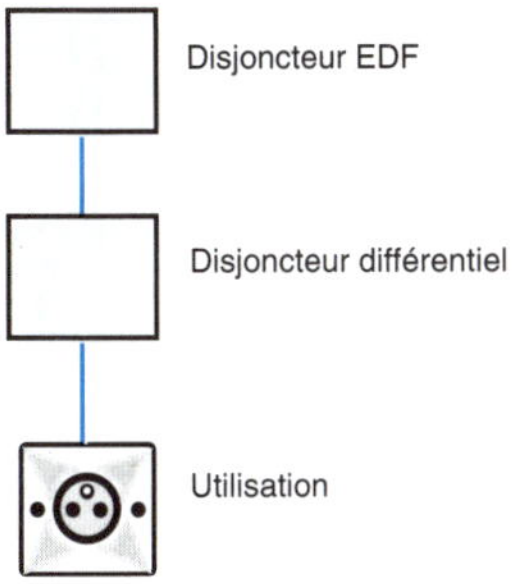

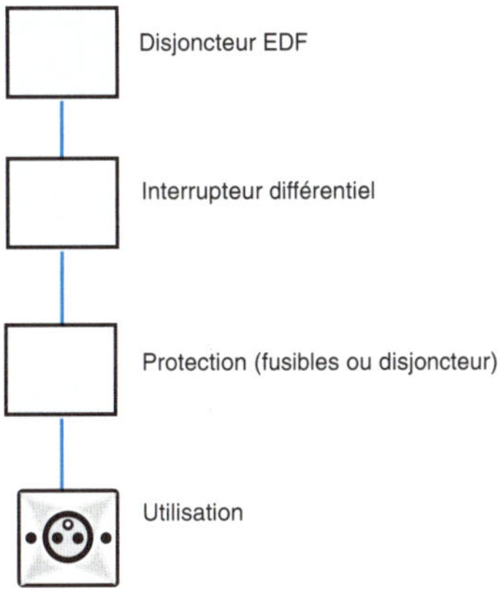

Équipement minimum

Habitation pour un abonnement monophasé inférieur à 18 kVA	Intensité maximale et nombre de dispositifs différentiels
Surfaces inférieures à 35 m^2	1 de 25A
Surfaces comprises entre 35 et 100 m^2	1 de 40A
Surfaces supérieures à 100 m^2	1 de 63A ou 2 de 40A

Pour une protection de la salle de bains seule (prises, lumière, chauffage de 2 000 W maximum), utiliser un appareil différentiel de 25 A.

Lors de l'utilisation d'un seul appareil différentiel, son intensité nominale doit être au moins égale à l'intensité de réglage maximale du disjoncteur.
Exemple : pour un disjoncteur 30/60 A, utiliser un appareil différentiel de 63 A.
Dans le cas d'un disjoncteur 15/45 A, l'emploi d'un appareil différentiel de 40 A est autorisé.

Figure 101 : Le différentiel

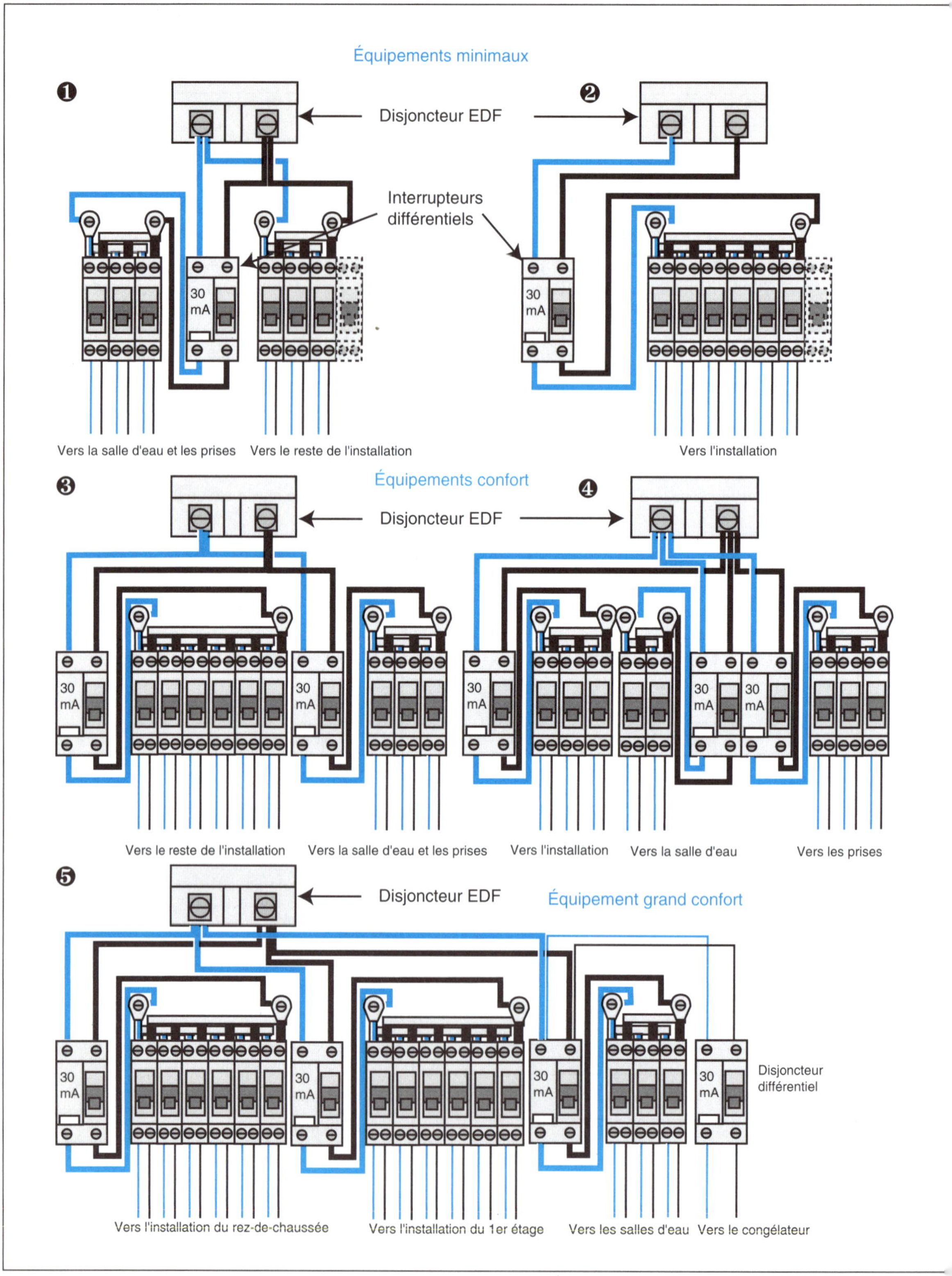
Équipements minimaux
❶
Disjoncteur EDF
❷
Interrupteurs
différentiels
30
mA
Vers la salle d'eau et les prises
Vers le reste de l'installation
Vers l'installation
❸
Équipements confort
Disjoncteur EDF
❹
Vers le reste de l'installation
Vers la salle d'eau et les prises
Vers l'installation
Vers la salle d'eau
Vers les prises
❺
Disjoncteur EDF
Équipement grand confort
Disjoncteur
différentiel
Vers l'installation du rez-de-chaussée
Vers l'installation du 1er étage
Vers les salles d'eau
Vers le congélateur

Exemple 3 : utilisation de deux dispositifs différentiels (un pour les prises et la salle d'eau, l'autre pour le reste de l'installation).
Avantage : meilleure répartition des circuits et meilleure sélectivité.
Cette solution est acceptée par PROMOTELEC (pour l'obtention d'un label) pour des logements dont la surface est comprise entre 35 m^2 et 100 m^2.

Exemple 4 : utilisation de trois dispositifs différentiels (un pour la salle d'eau, un autre pour les prises, un dernier pour le reste de l'installation).
Avantage : l'installation est bien décomposée en plusieurs secteurs.
Cette solution est acceptée par PROMOTELEC pour des logements dont la surface est supérieure à 100 m^2.

Exemple 5 : utilisation de trois interrupteurs différentiels et un disjoncteur différentiel afin de rendre le congélateur indépendant.
Avantage : protection excellente.

En conclusion, plus on installe des dispositifs différentiels, meilleure est la protection et meilleure est la sélection (en cas de déclenchement, seulement une petite partie de l'installation est coupée).
Il est souhaitable, par exemple, d'installer un dispositif différentiel de 30 mA par appareil ménager (lave-linge, lave-vaisselle et sèche-linge) mais cela augmente rapidement le prix de l'installation.

Les fusibles (figure 103)
Ils assurent la protection contre les surcharges et les courts-circuits.
Chaque calibre de coupe-circuit à fusible reçoit une cartouche fusible de taille différente (voir figure 103).
Le problème que pose ce genre de protection peu onéreux est l'obligation de toujours se munir de cartouches fusibles de remplacement.
La détection d'un fusible fondu sur du matériel standard n'est pas très aisée ; il est préférable de disposer d'un contrôleur électrique.
Heureusement, il existe des coupe-circuits à voyant. Le repérage du fusible détérioré est instantané, car on voit immédiatement lequel est allumé ou éteint (selon les modèles).
Un autre système est intégré aux cartouches. Quand le fusible fond, une pastille de couleur située à une extrémité de celui-ci est éjectée (voir figure 103).
Attention : l'utilisation de coupe-circuits ne coupant qu'un seul pôle est interdite.

Les disjoncteurs (figure 104)
Les disjoncteurs assurent eux aussi la protection contre les surcharges et les courts-circuits. Contrairement aux coupe-circuits à fusibles, il n'y a dans ces appareils aucune cartouche à remplacer. Lors d'un court-circuit, par exemple, l'appareil se déclenche et la manette s'abaisse. Après élimination du défaut (débranchement de l'appareil, par exemple), il suffit de remonter la manette et le circuit est rétabli.
Le repérage du circuit hors service est rapide, car on remarque tout de suite la manette qui a changé de position.
Par contre, ces appareils sont plus chers que les coupe-circuits à fusibles mais combien plus pratiques !

Figure 102 : Le différentiel (raccordement)

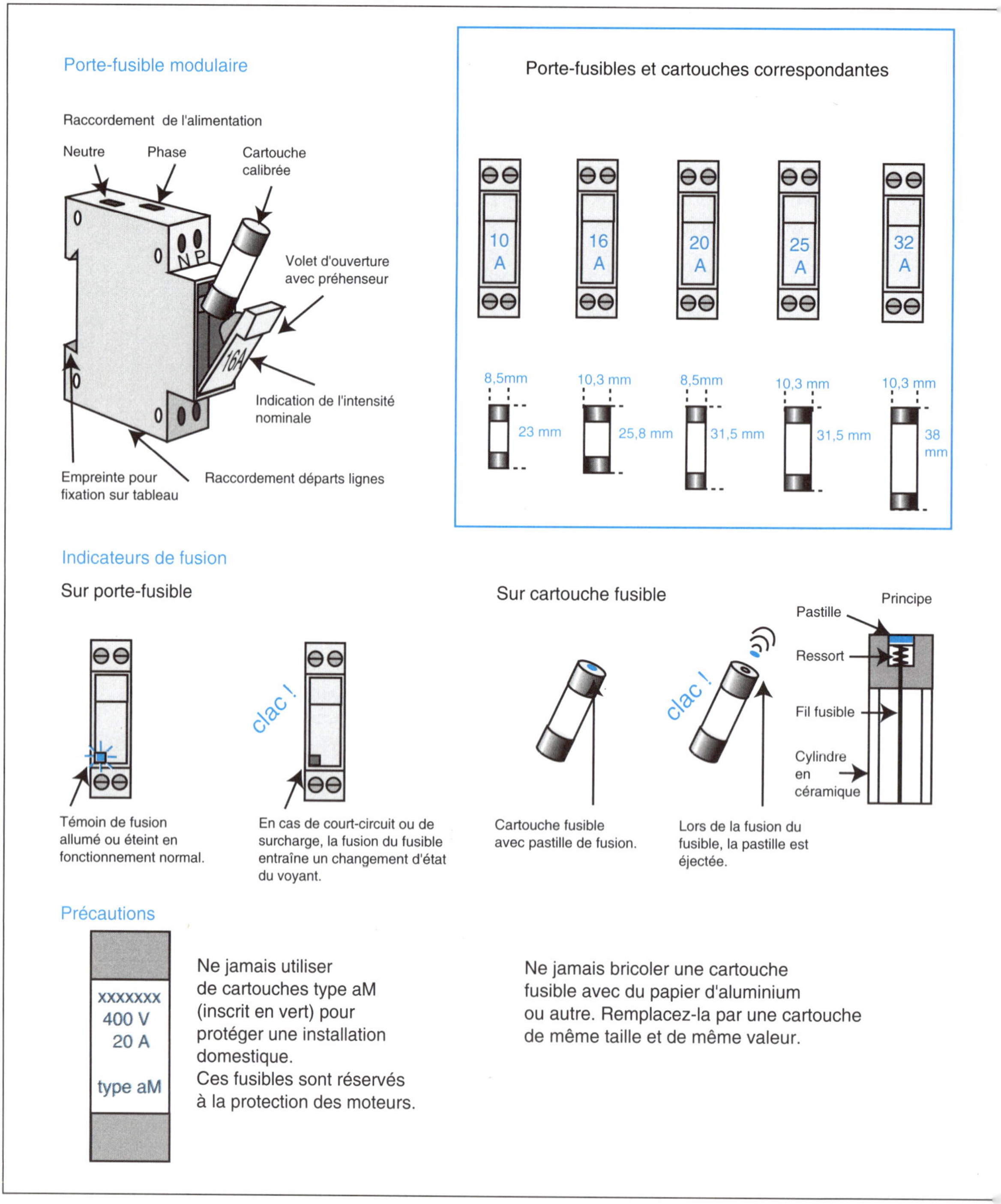

Figure 103 : Les fusibles

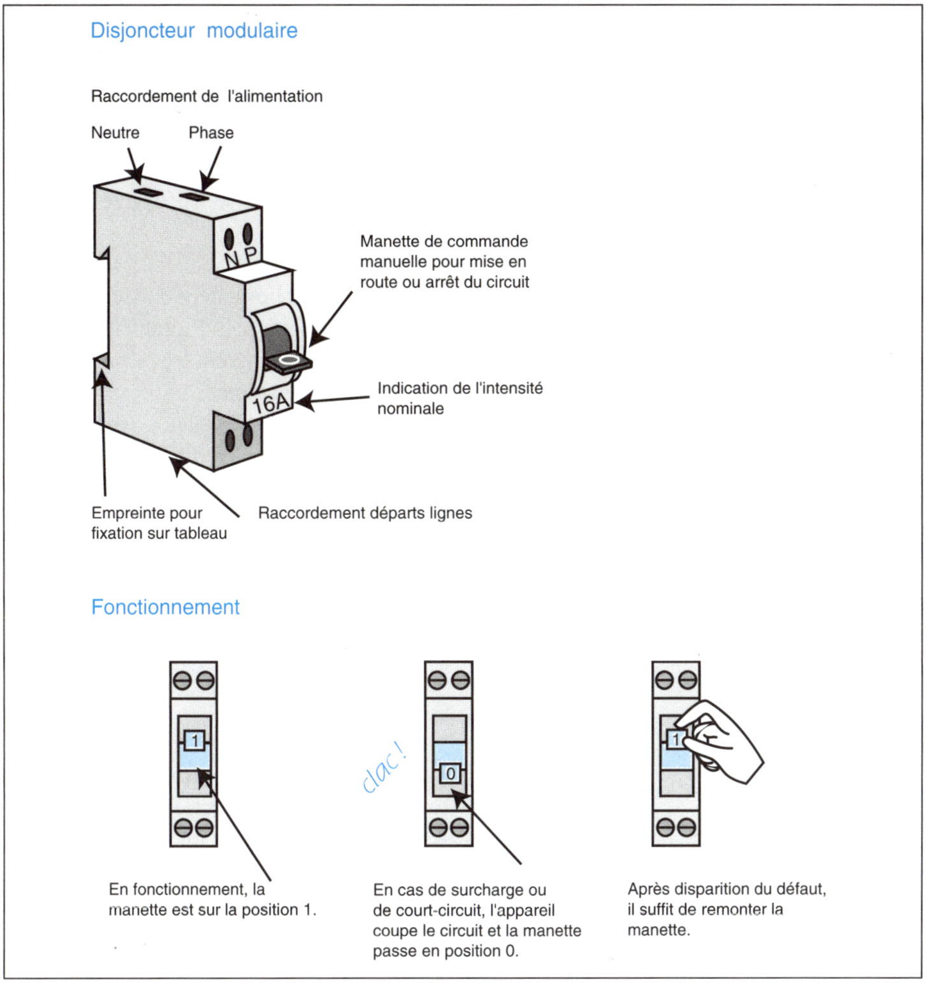

Figure 104 : Les disjoncteurs divisionnaires

• Le délesteur (figure 105)

Le délesteur est utilisé en cas d'installation d'un chauffage électrique permettant de souscrire un abonnement EDF moins cher. L'appareil gère la consommation électrique de votre installation.

Réglez son calibre comme le calibre du disjoncteur EDF.

Lorsque vous utilisez de gros appareils ménagers, le délesteur coupe certains circuits de chauffage afin de ne jamais dépasser la puissance souscrite.

L'installation est donc divisée en plusieurs parties :

- les circuits prioritaires (lumière, prises, appareils ménagers, etc.) ;
- les circuits non prioritaires (chauffage).

Les circuits non prioritaires peuvent être coupés en plusieurs étapes (en fonction du type de délesteur utilisé). On choisira pour la première étape les chauffages peu

Les appareils

Délesteur à tore intégré

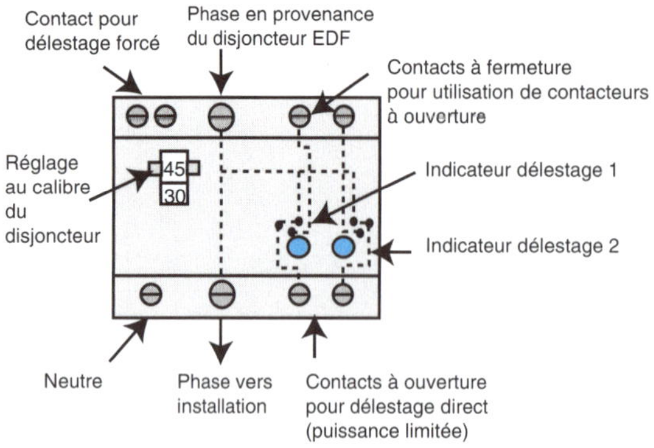

Délesteur à tore séparé

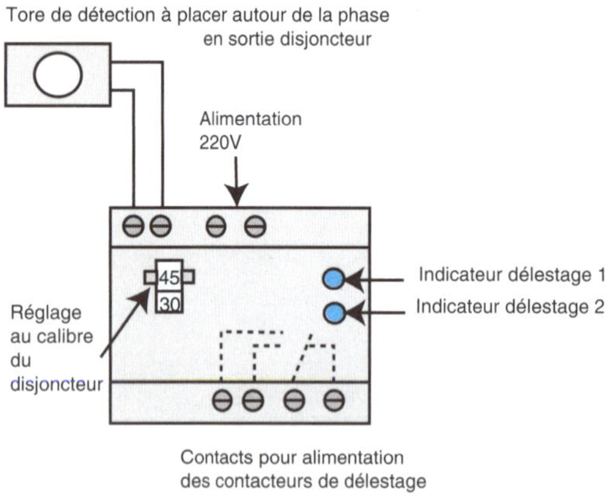

Fonctionnement

Le délesteur est surtout utilisé pour les installations avec chauffage électrique.
Il permet de souscrire une puissance d'abonnement inférieure à la puissance nécessaire en optimisant votre consommation.
Il calcule en permanence l'intensité de l'installation de sorte que vous ne dépassiez jamais l'ampérage de votre abonnement.
Pour cela, vous devez choisir des circuits non prioritaires (en général des circuits de chauffage électrique) qui seront coupés (délestés) en même temps ou les uns après les autres, afin de permettre l'utilisation d'appareils indispensables (cuisinière, lave-linge, etc.) et d'éviter le déclenchement du disjoncteur pour surcharge.
Lorsque la consommation diminue, les circuits non prioritaires sont rétablis.

importants (couloir, chambres) et, au fur et à mesure, les plus importants.
Il existe deux types de délesteurs :
- les délesteurs à tore intégré ;
- les délesteurs à tore séparé.

Le tore est un détecteur qui permet de mesurer la quantité de courant (voir figure 105).

Les délesteurs possèdent des circuits de délestage directs mais l'intensité pouvant les traverser est souvent très limitée, d'où l'emploi de contacteurs.
La figure 106 propose deux exemples de raccordement pour les différents types de délesteurs. Ils ne sont donnés qu'à titre indicatif.
Nous avons présenté des exemples de délestage avec un contacteur bipolaire afin de simplifier le schéma. Si vous avez plusieurs circuits à couper, utilisez des contacteurs tripolaires ou tétrapolaires (voir figure 63).

• Le gestionnaire d'énergie pour option tarifaire tempo* (figure 107)

Nous avons évoqué ce nouveau type d'abonnement proposé par EDF depuis la mise en place des nouveaux compteurs électroniques (voir page 42).
Ce type d'abonnement est divisé en plusieurs périodes de tarification comprenant des jours bleus, blancs et rouges.
L'installation d'un gestionnaire est indispensable pour piloter automatiquement une installation tout électrique en fonction des périodes de tarification.

> Tempo est un nouveau type d'abonnement, voir page 42.

* *Documentation Hager.*

◀ ***Figure 105 : Le délesteur***

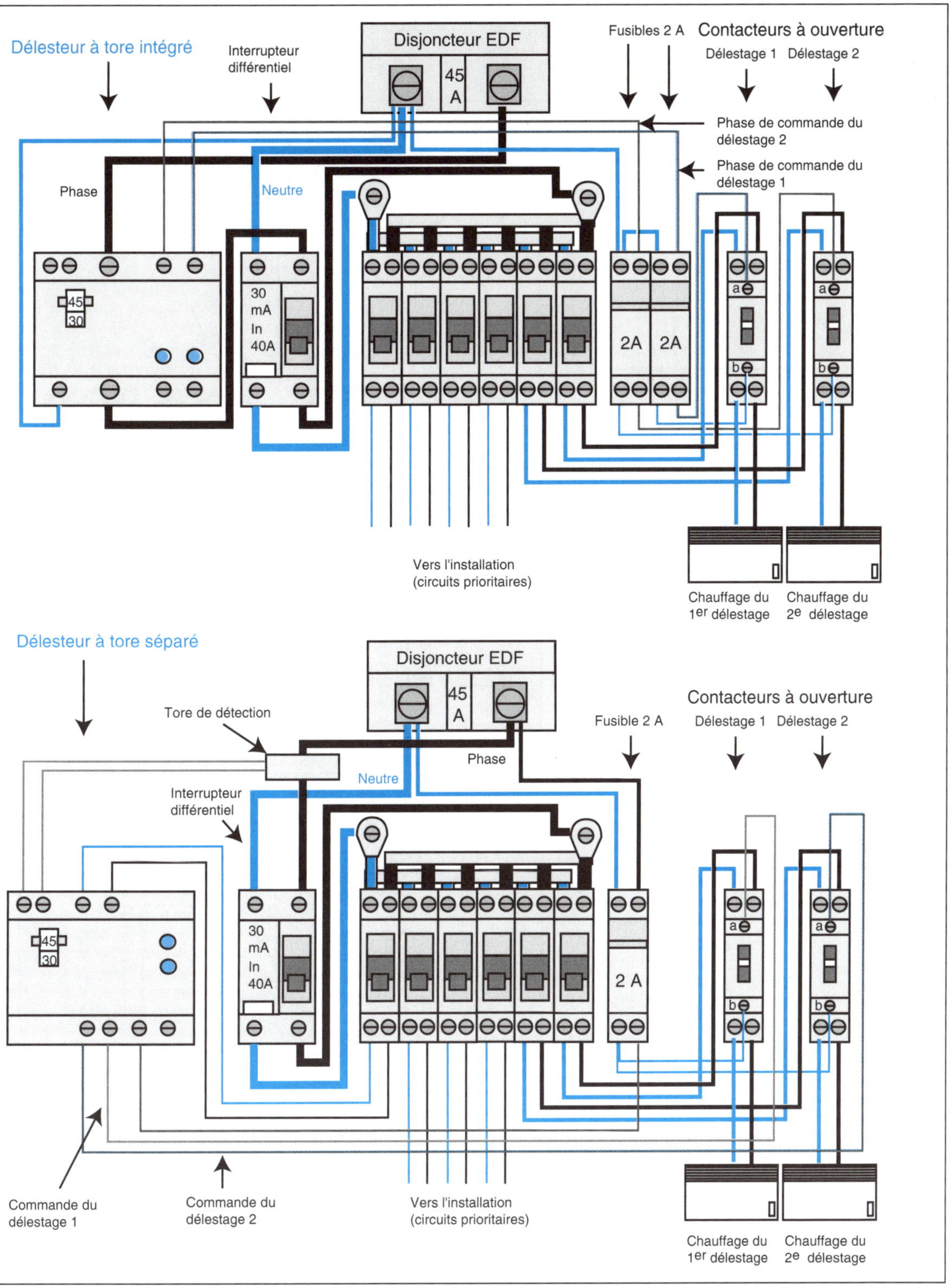

Figure 106 : Le délesteur (raccordement)

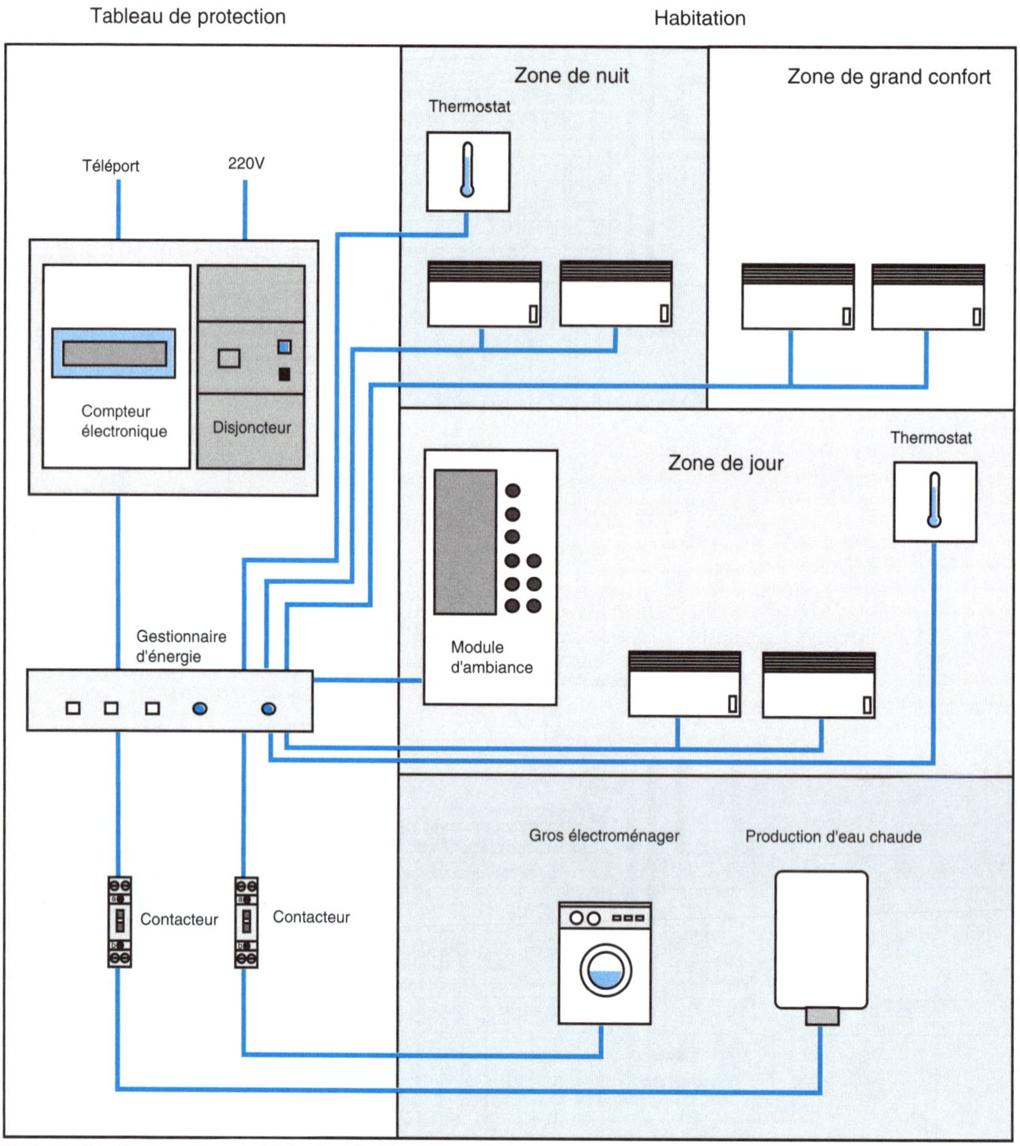

L'option tarifaire Tempo pour une installation tout électrique ne sera intéressante que si la gestion de l'énergie est maîtrisée.

Figure 107 : Le gestionnaire d'énergie pour Tempo

Le chauffage électrique doit être assuré par des convecteurs munis de thermostats électroniques assurant quatre niveaux de régulation :

- confort ;
- réduit ;
- hors gel ;
- arrêt.

Le gestionnaire d'énergie est composé :

- d'un boîtier technique placé dans le tableau électrique ;
- d'un module d'ambiance placé dans une zone de vie qui sert à piloter le gestionnaire ;
- de deux sondes de température pour la régulation des zones nuit et jour.

Ce gestionnaire est relié au compteur électronique grâce à la liaison de télé-information. Il assure la conduite de trois usages électriques principaux :

- le chauffage ;
- la production d'eau chaude sanitaire ;
- le fonctionnement du gros électroménager.

Il permet aussi le délestage de l'installation et la gestion des périodes d'absence.

La gestion du chauffage

Le gestionnaire permet la programmation hebdomadaire du chauffage sur trois zones :

- la zone jour (salon, cuisine) ;
- la zone nuit (chambres) ;
- la zone grand confort (salle d'eau, chambre d'enfant).

Pour chaque zone, l'utilisateur aura le choix entre plusieurs programmations.

Le niveau de confort est asservi aux périodes tarifaires (pour les zones nuit et jour) selon quatre niveaux différents :

- niveau quatre étoiles : grand confort (le convecteur est piloté par son thermostat) ;
- niveau trois étoiles : grand confort - 1 °C ;
- niveau deux étoiles : grand confort - 2 °C ;
- niveau une étoile : grand confort - 3 °C.

Vous choisirez le niveau de confort en fonction des jours de tarification.

Le gestionnaire permet aussi le fonctionnement ou l'arrêt de la production d'eau chaude sanitaire et du gros électroménager selon les périodes de tarification. Le rôle du gestionnaire est de réduire la consommation électrique pendant les périodes où le prix du kWh est élevé.

• Le raccordement

Le choix du tableau (figure 108)

Les appareillages destinés à être installés dans les tableaux de protection (coupe-circuits à fusibles, disjoncteurs, différentiels, etc.) sont de taille à peu près normalisée (quelques différences peuvent subsister selon les marques).

La largeur d'un appareil est exprimée en pas ou modules (figure 108).

Les tableaux de protection sont prévus pour un certain nombre de modules.

On trouve des tableaux pour deux, quatre, six, neuf, treize modules et plus selon le nombre de rangées.

Vous devez déterminer le tableau dont vous avez besoin. Pour cela, comptez le nombre d'appareillages (d'après le nombre de lignes) nécessaire. Définissez le nombre de modules par type d'appareillage et additionnez le tout. Rajoutez entre 20 et 30 % afin de bénéficier de place disponible pour de futures extensions.

Le raccordement (figure 109)

C'est la partie la plus intéressante à réaliser et la plus agréable puisqu'elle indique que vous arrivez à la fin de la réalisation de votre installation. La figure 109 illustre la chronologie des opérations.

Les modules ou pas

Selon les marques, les appareillages modulaires sont de tailles à peu près analogues.

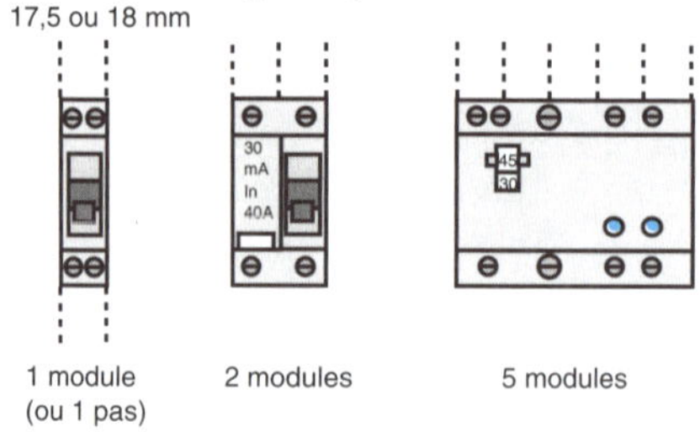

Les tableaux

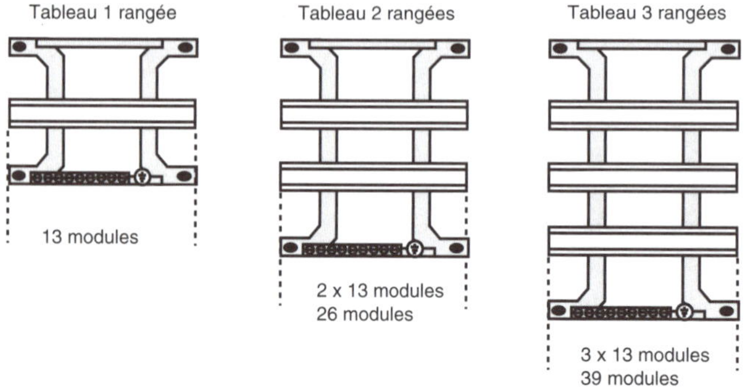

Calcul

Après avoir déterminé l'appareillage nécessaire, calculez le nombre de modules et prévoyez environ 20 % de place supplémentaire.

Exemple :
- 5 disjoncteurs 16A = 5 modules ;
- 6 disjoncteurs 25A = 6 modules ;
- 1 disjoncteur 38A = 1 module ;
- 1 interrupteur différentiel 40A = 2 modules ;
- 1 contacteur chauffe-eau = 1 module ;
- 1 porte-fusible pour protection bobine contacteur = 1 module ;
- 1 télévariateur = 4 modules ;
- 1 régulation chauffage = 4 modules.

Total : 24 modules + 20% = 28,8 modules.
Choisissez un tableau de 3 rangées.

Figure 108 : Choix du tableau

Quelques conseils

Le raccordement entre le disjoncteur et le dispositif différentiel est réalisé avec des conducteurs souples de section 10 ou 16 mm^2.

Pour l'alimentation des disjoncteurs divisionnaires, utilisez des peignes de raccordement isolés et des connecteurs spéciaux pour les raccorder aux câbles d'alimentation. Raccordez dans un premier temps tous les fils de terre sur la barette prévue à cet effet, en prenant soin de ne placer qu'un seul conducteur par alvéole de serrage. Si vous ne disposez pas d'une barette suffisante, il est possible d'en ajouter une.

(suite à la page 211)

❶

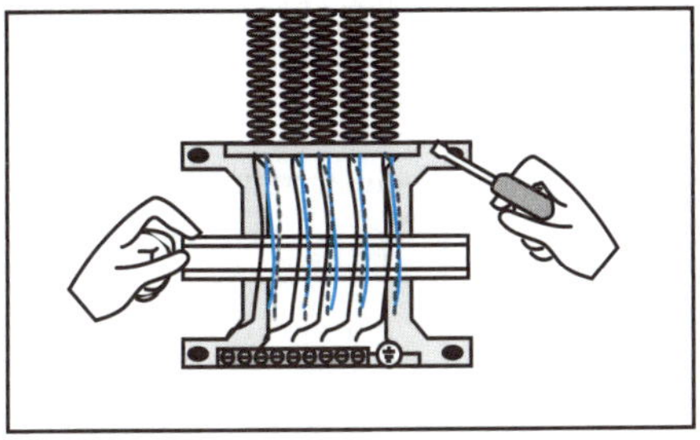

Mettez en place la platine de tableau et fixez-la avec vis et chevilles.

❷

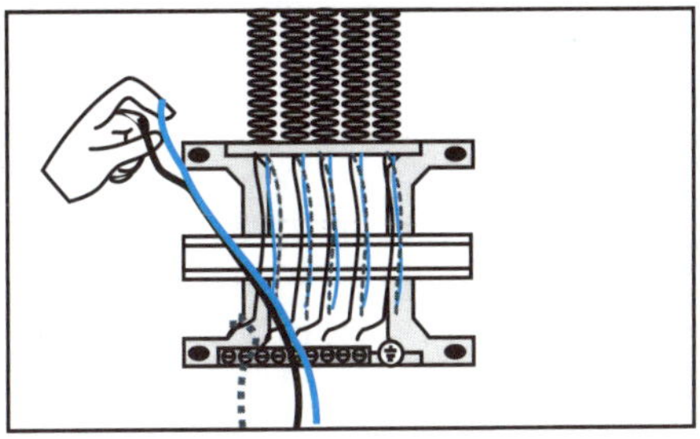

Passez les fils d'alimentation depuis le disjoncteur et le fil de la prise de terre que vous raccordez sur la barette prévue à cet effet.

❸

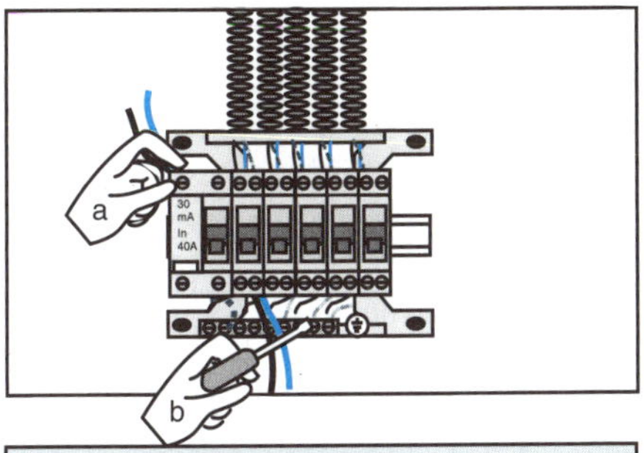

Mettez en place l'appareillage en le clipsant sur le rail métallique (a).
Raccordez les conducteurs de terre (b).

❹

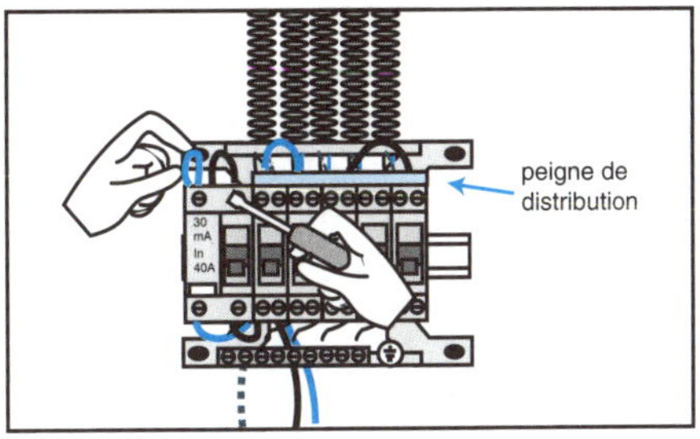

Placez les peignes de distribution, raccordez les fils d'alimentation sur le différentiel, puis de la sortie de celui-ci à l'alimentation des peignes.

❺

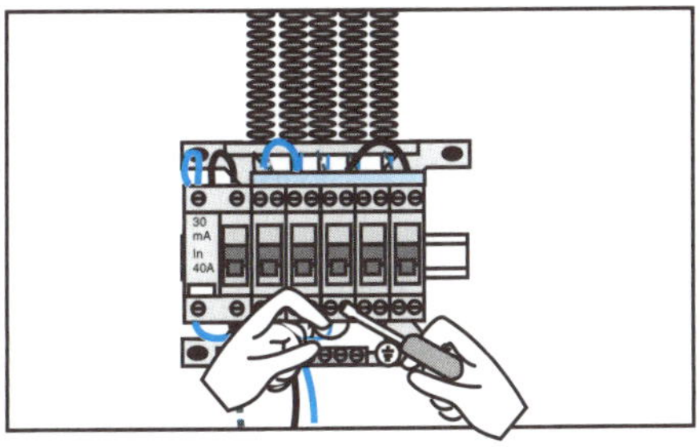

Raccordez les départs de lignes en ayant soin de laisser plus de fil que nécessaire. Repérez les lignes au fur et à mesure du raccordement.

❻

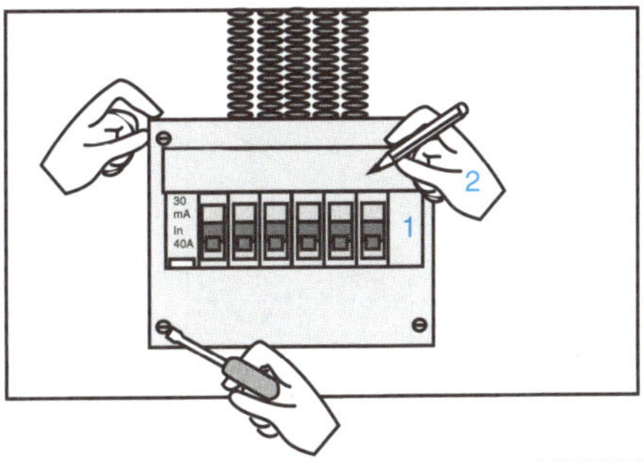

Placez le capot de fermeture, placez des obturateurs (1) sur les emplacements inutilisés et repérez les circuits (2).

Figure 109 : Le raccordement du tableau de protection

Exemple de tableau de protection pour un studio ou deux pièces avec un abonnement double tarif, chauffe-eau électrique, chauffage électrique avec programmateur une zone et plaques de cuisson électriques.

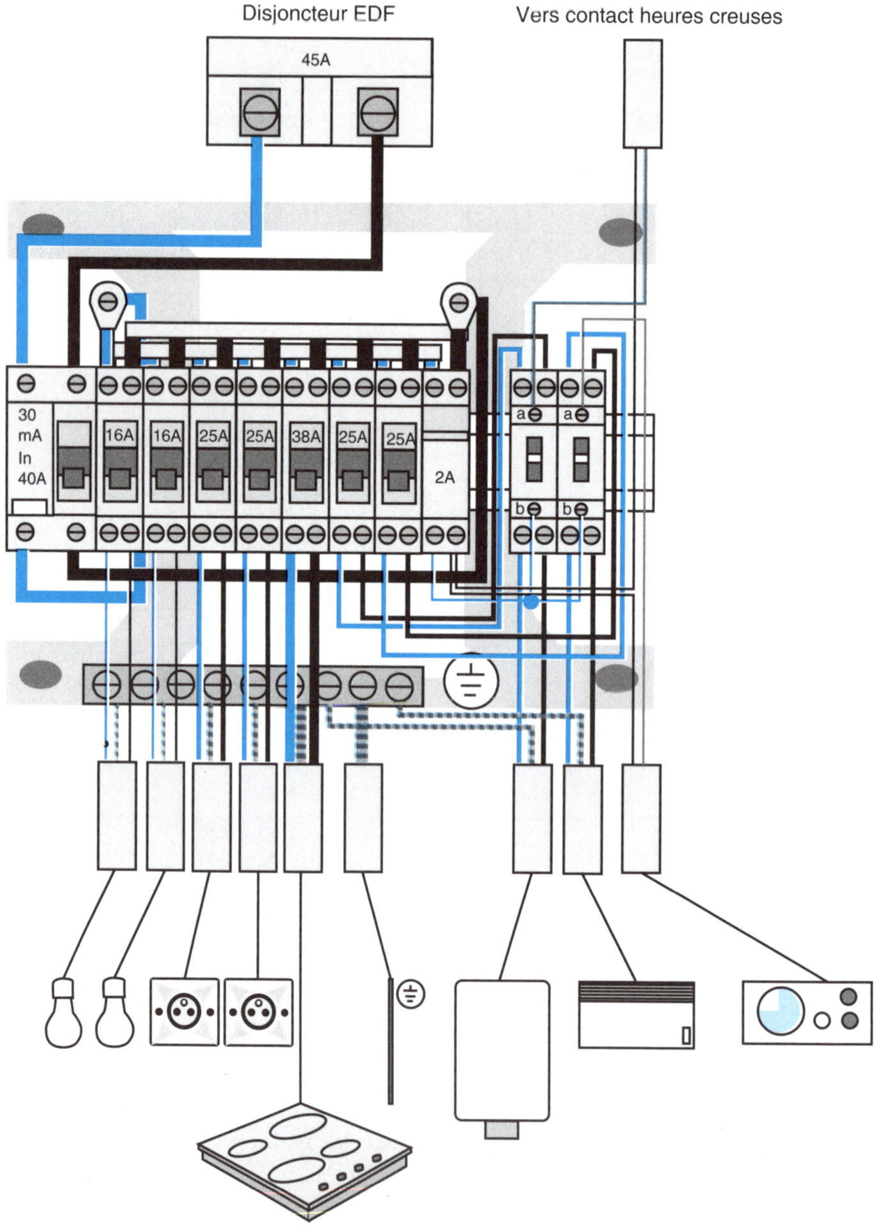

Figure 110 : Exemple de tableau (1)

Utilisez un tournevis adapté à la tête des vis et serrez généreusement toutes les vis de connexion. Une fois tous les fils raccordés, revérifiez le serrage de toutes les vis.
Vous aurez pris soin de laisser des longueurs de fils suffisantes à l'intérieur du tableau dans le cas où vous devriez changer de place un départ de ligne.
Tout le raccordement se fera hors tension.
Le raccordement au disjoncteur se fera au dernier moment.
Vous placerez le capot de protection avant la mise en service.
Les figures 110 et 111 proposent deux exemples de réalisation.
Ces exemples ne représentent qu'un seul dispositif différentiel en tête de l'installation pour des raisons de simplification du dessin.
Il ne vous reste plus qu'à mettre l'installation sous tension et à vérifier le bon fonctionnement de tout ce que vous avez réalisé. Vérifiez également que votre repérage des circuits est correct.
Tout fonctionne ! Alors bravo ! Nous espérons que cet ouvrage vous a aidé à mener à bien cette réalisation.
Malheur ! le disjoncteur saute.
Pas de panique. Coupez toutes vos protections divisionnaires (fusibles ou disjoncteurs).
Réenclenchez le disjoncteur d'abonné.
Réenclenchez les circuits un à un.
Si le disjoncteur se déclenche lorsque vous remettez un circuit en route, laissez-le coupé et remettez tous les autres.
Recherchez quelle erreur vous avez commise sur ce circuit.

Le remplacement d'un ancien tableau

Vous pouvez être amené, dans un premier temps, à ne souhaiter remplacer que le tableau de protection sans toucher au reste de l'installation.
Si vous disposez de fusibles comme ceux de la figure 112, alors n'hésitez pas un instant.

• Avant de se lancer

Vous devez être très méthodique avant de vous lancer dans ce travail. Si vous avez tout démonté sans rien repérer, ce sera très difficile : appelez vite un professionnel pour vous sortir de cette situation.
Repérez si vos circuits sont coupés sur un seul pôle ou sur deux pôles.
Pour cela, allumez une pièce et retirez un fusible protégeant cette pièce : la lumière s'éteint. Remettez le fusible en place et retirez le deuxième protégeant lui aussi ce circuit. Si la même chose se produit, vous disposez d'une protection bipolaire.
Sinon, si un seul fusible coupe le circuit, vous disposez d'une protection unipolaire.

• Réalisation

Protection bipolaire
Coupez le disjoncteur.
Démontez le tableau.
Dévissez les fileries des fusibles circuit par circuit en les repérant comme dans la figure 8, page 87, et repérez également le neutre et la phase avec des rubans adhésifs de couleur différente.
Vérifiez que des lignes ne sont pas reprises directement sous le disjoncteur (c'est souvent le cas dans de vieilles installations où l'on a ajouté des circuits). Dans ce cas, il est nécessaire de les intégrer dans le nouveau tableau de protection.
Lorsque toutes les lignes sont repérées, procédez à la pose du nouveau tableau comme indiqué à la figure 109.

Exemple de tableau de protection avec abonnement double-tarif comprenant :

- un chauffe-eau électrique ;
- un télévariateur ;
- un chauffage électrique deux zones ;
- une ligne congélateur ;
- une sonnette 220V.

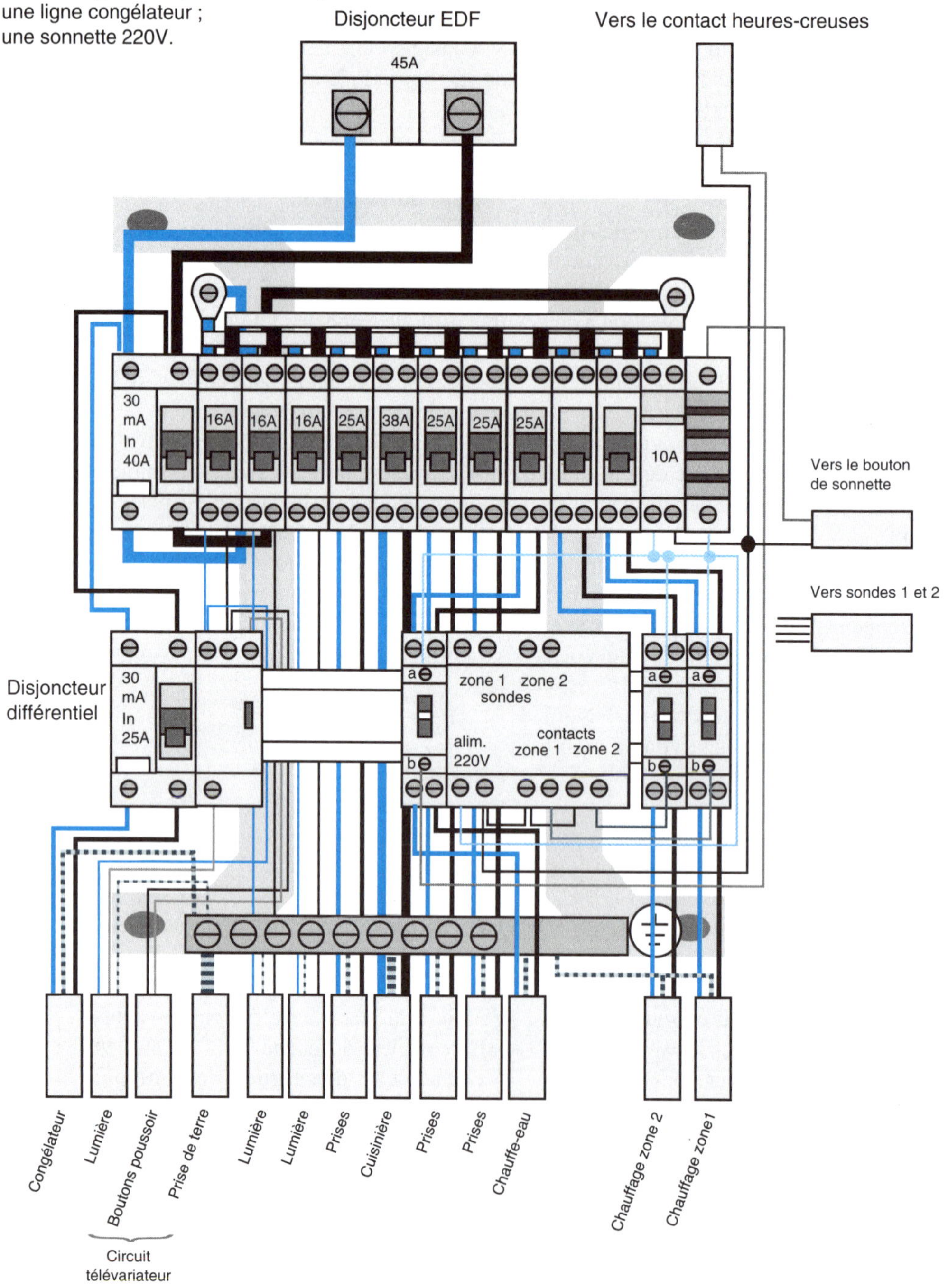

Figure 111 : Exemple de tableau (2)

Matériel ancien à remplacer impérativement

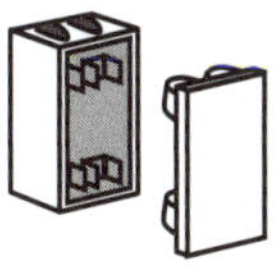

Porte-fusible tabatière

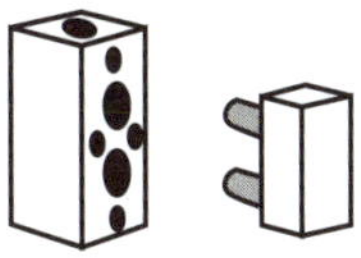

Porte fusible à broches

Le raccordement unipolaire

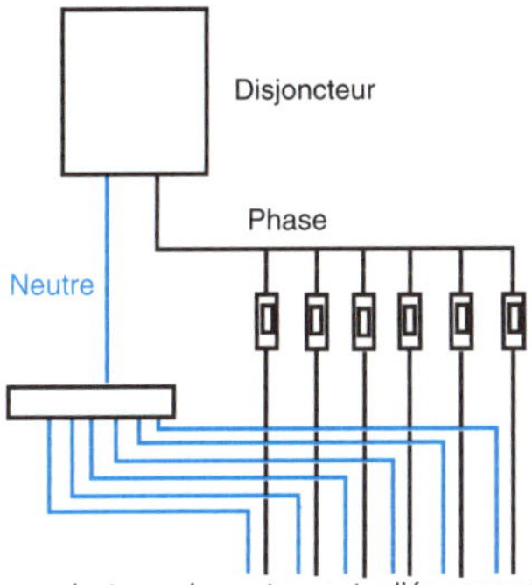

Les conducteurs de neutre sont reliés ensemble ; seuls les conducteurs de phase sont protégés par des fusibles.

Pour le remplacement d'un tel type de tableau, vous devez regrouper les conducteurs neutre et phase de chaque ligne.
Pour cela, disjoncteur coupé, fusibles enlevés, testez avec un ohmmètre chaque phase avec tous les neutres afin de trouver celui correspondant.
Si vous ne trouvez pas pour certaines lignes le neutre correspondant à la phase, raccordez des lampes sur les prises, actionnez les interrupteurs, simulez la mise en marche de gros appareils électroménagers (toutes ces opérations se déroulent disjoncteur coupé).

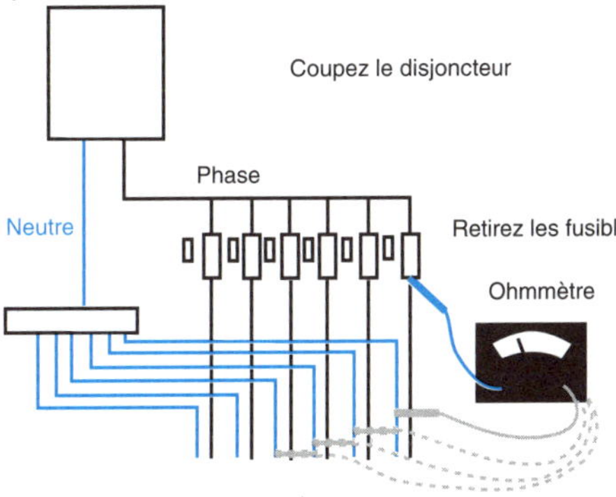

Lorsque vous avez retrouvé les lignes, vous pouvez raccorder le tableau avec du matériel moderne, comme pour une installation neuve.

Les protections

Pour les anciennes fileries

Diamètre des fils (mm)	Courant assigné maximal	
	Fusibles	Disjoncteurs
12 / 10 e	–	10A
16 / 10 e	10A	16A
20 / 10 e	16A	20A

Figure 112 : Remplacement d'un ancien tableau

Protection unipolaire

Ici, le travail se complique.

Coupez le disjoncteur.

Démontez le tableau.

Vous trouverez les conducteurs de neutre reliés tous ensemble, seuls les conducteurs de phase étant coupés par les fusibles.

Il est maintenant indispensable de repérer les lignes.

Si vous observez un conducteur de neutre et un conducteur de phase empruntant la même moulure ou le même conduit, il y a de grandes chances qu'ils concernent le même circuit et qu'il s'agit d'une ligne.

Pour les autres lignes, il faut déconnecter les conducteurs de neutre et les conducteurs de phase en les repérant avec du ruban adhésif de couleur différente pour les identifier.

Il est ensuite nécessaire de retrouver les lignes à l'aide d'un ohmètre.

Toujours disjoncteur coupé, manœuvrez tous les interrupteurs de façon qu'ils soient en position allumée ; raccordez des lampes de chevet sur des prises (une dans chaque pièce au moins), toujours en position allumée.

Prenez chaque fil de phase et, à l'aide de l'appareil de mesure, testez les conducteurs de neutre un à un (figure 112). Lorsque l'aiguille de l'appareil de mesure dévie, cela indique qu'il existe une résistance entre les deux fils (les lampes que vous avez placées). Vous avez donc trouvé une ligne.

Prenez un autre conducteur de phase et procédez de la même façon et, ainsi de suite, jusqu'a ce que vous retrouviez toutes les lignes.

Une fois les circuits retrouvés, procédez à la pose et au raccordement du nouveau tableau.

• Difficultés possibles

Si les fils sont d'anciens conducteurs de sections différentes de celles utilisées actuellement, le tableau de la figure 112 indique quelle protection adopter.

Un fil de neutre correspond à plusieurs fils de phase. Vous devez regrouper ces circuits sous une seule protection.

Un seul fil de neutre alimente tout l'appartement.

Le remplacement du tableau seul est compromis : il est nécessaire de rénover au minimum l'installation du couloir afin de retrouver les alimentations (phase et neutre) de chaque pièce et de les amener au nouveau tableau.

Si les isolants des fils sont déteriorés, il est indispensable de les reconstituer avec du ruban adhésif isolant ou avec des manchons thermorétractables.

Additif à la norme NF C 15-100

Depuis le 1er janvier 1997, l'additif 2 de la norme NF C 15-100 est entré en vigueur. Cet additif précise que tout local d'habitation neuf (individuel ou collectif) doit posséder une gaine technique logement. Cette gaine doit regrouper au même emplacement toutes les arrivées de courants forts et faibles : alimentation électrique, téléphone, télévision, câble, etc. Elle contient aussi les tableaux de protection, de commande et les coffres de distribution des courants faibles.

La gaine technique doit être placée de préférence à l'intérieur des logements ou dans un garage s'il y a communication directe avec l'habitation. Elle doit avoir les dimensions intérieures minimales suivantes : largeur 600 mm, profondeur 200 mm, hauteur du sol au plafond. Cette gaine sera réalisée en saillie, encastrée ou semi-encastrée avec un matériau autorisé pour les locaux d'habitation (bois, maçonnerie, etc.).

Adresses utiles

Cette liste n'est qu'indicative ; il existe d'autres organismes et fabricants que nous ne pouvons pas tous citer ici.

Organismes

Promotelec
ESPACE ÉLEC
CNIT - B.P.9
2, place de la Défense
92053 PARIS LA DÉFENSE
Tél. : (1) 41.26.56.60

C.O.N.S.U.E.L
52, boulevard Malesherbes
75008 PARIS
Tél. : (1) 45.22.87.70

Fabricants de matériel électrique

Hager Electro S.A.
boulevard d'Europe
B.P. n° 3
67215 OBERNAI Cedex

Legrand
128, av. du Mal-de-Lattre-de Tassigny
87045 LIMOGES Cedex

Merlin Gerin
Schneider Electric S.A.
F-38050 GRENOBLE cedex 9

Fabricants d'appareils de chauffage électrique

Airelec
32, rue du Landy
93308 AUBERVILLIERS Cedex

Applimo
13, rue Jean Dollfus
75018 PARIS

Noirot
107, boulevard Ney
75883 PARIS Cedex 18

COMPOSITION ET FLASHAGE : EDIE
DÉPÔT LÉGAL : AOÛT 2002
N° D'ÉDITEUR : 5813
ACHEVÉ D'IMPRIMER
SUR LES PRESSES DE
L'IMPRIMERIE DU LION
90700 CHÂTENOIS-LES-FORGES
N° D'IMPRIMEUR : E2079668